U0124178

天下雜誌
觀念領先

the four

四騎士主宰的未來

解析地表最強四巨頭
Amazon、Apple、Facebook、Google的兆演算法，
你不可不知道的生存策略與關鍵能力

THE HIDDEN DNA OF AMAZON, APPLE, FACEBOOK, AND GOOGLE

史考特・蓋洛威 Scott Galloway——著
許恬寧——譯

本書獻給諾南與艾列克

我抬頭仰望星辰，問題縈繞心頭。

低頭看見兒子，茅塞頓開。

Contents

各界推薦

「作者直言不諱，勇於點出真相。這本書會觸發各位的『戰或逃』神經，挑戰你跳脫人云亦云，從不同角度思考。」

——卡爾文・麥當勞（Calvin McDonald），Sephora 執行長

「本書是很罕見的書，除了有真知灼見，還趣味性十足。讀完後，你會以完全不同的眼光看待四騎士。」

——約拿・博格（Jonah Berger），《瘋潮行銷》（*Contagious*）作者

「本書單刀直入，指出如今屈指可數的幾家公司，就重塑了這個世界。變化就在我們眼皮子底下發生，我們卻渾然不覺。書中揭曉的事實可能使你不安，但早一點知道，總比被蒙在鼓裡好。」

——賽斯・高汀（Seth Godin），暢銷作家

「本書就和蓋洛威本人一樣，尖銳中肯，又幽默風趣，點出許多基本事實，就好像在上蓋洛威教授出名的 MBA 課程，勇敢點名企業龍頭，該批評就批評，該指正就指正，本書是絕不能錯過的必讀。」

——亞當・奧特（Adam Alter），《欲罷不能》（*Irressitible*）作者

「紐約大學商學院教授蓋洛威，向世人揭曉 Amazon、Apple、Facebook、Google 如何打造出龐大帝國，深入檢視科技巨頭的力量。」

——《出版者周刊》（*Publishers Weekly*）

「2017 年秋季十大商業選書」

「沒見過網路上有哪位專家比蓋洛威還要直言不諱、有話直說、有什麼說什麼。」

——菲力普・埃爾默 - 德威特（Philip Elmer-DeWitt）

《財星》（*Fortune*）雜誌

「蓋洛威擅長抓住聽眾的注意力，以慣常的幽默口吻，加上有時相當尖銳的批評，擔憂著社會情勢的發展。」

——喬安娜・湯布瑞寇絲（Joanne Tombrakos）

《赫芬頓郵報》（*Huffington Post*）

推薦序

大霹靂時代的產業競合

文／DIGITIMES 總經理暨電子時報社長　黃欽勇

網路時代的驅動力來自高速電腦運算與資料存儲能力，而這兩種能力都與摩爾定律息息相關。也許您擔心摩爾定律會面臨極限，但我們不難發現，包括雲端服務、車聯網、大數據、AR/VR、人工智慧等多種應用，都在以摩爾定律的速度推進中。我們可以說，此刻的地球，正處於資訊爆炸的大霹靂時代，而從黑洞中傳來了什麼樣的訊息？企業、國家如何在下一個階段的產業競合中取得最有利的地位？

截至 2018 年年 7 月中，書中的四騎士，除了 Facebook 市值約為 5,500 億美元，其餘三家都超過 8,000 億美元，Apple 甚至被視為地表上最可能挑戰一兆美元市值的科技公司。這些企業主宰了產業標準、用戶行為、大數據，甚至資金，也利用人工智慧，讓生產效率、城市監控功能達到前所未有的境界。

Apple 高度垂直整合，能夠優化、差異化產品，讓高端顧客取得極致產品體驗。Apple 透過這樣的定位，贏取顧客的信賴，並從中賺取高額利潤。Google 則靠多元免費服務，提升用戶體驗，綁住用戶後，在後端精確分析用戶行為，藉以取得廣告商機的大型網路服務商。

Amazon 從網路書局發跡，除了電商服務，2017 年 6 月收購 Whole Foods 後更跨足食品，Amazon 擴及藥品配銷也已不是新聞。Amazon 無所不在，這也是為什麼儘管 Amazon 營業利潤率低於其他網路巨擘，估值依舊名列前茅。Facebook 是靠著人們的社交行為提升用戶體驗，並藉由用戶使用過程，傳遞廣告訊息的數位行銷公司。台灣 Facebook 的滲透率全球第一，而台灣人口約占全球 0.3%，GDP 占了 0.65%，估算 Facebook 在台灣的收入貢獻 Facebook 全球營收的 1%，亦即 Facebook 一年可從台灣市場取得約 4 到 5 億美元廣告營收，這個數據很可能高於台灣四大報社的廣告營收總額，也意味著 Facebook 讓我們告別了大眾媒體時代！

雲端起舞：騎士們無所不在

微軟沒有名列四騎士之中，多少有點遺珠之感。2014 年 2 月，微軟 CEO 納德拉上任時，微軟股價僅剩 20 多美元。2018 年 7 月，微軟股價來到 105 美元，市值離 8,000 億美元僅一步之遙，微軟已經從以產品營收為主的企業，成功轉型為以服務掛帥的軟體與網路服務業者。

此外，過去亞洲企業專注製造與供應鏈，而美國為主的西方世界，在產業標準、技術創新與需求驅動的結構下引領風潮。過去10年，四騎士這些美系企業帶動市場，但隨時間的推移，過度偏重歐美市場的結構出現了經營上的軟肋，亞洲新興市場的角色也開始被重視。

以中國市場為驅動力量的阿里巴巴、騰訊、百度正試圖挑戰美國科技大廠的領導角色，5G將是下一波產業競爭的主戰場。對大多數歐美與中國的領導企業而言，台灣與韓國，可能只是生態系中被期待眾星拱月、負責抬轎的業者，但也可能是在關鍵時刻發揮硬體價值的關鍵。

如果世界將因為科技、網路而改頭換面，領頭羊必然是太平洋右岸的美國；如果有國家能對美國帶領的方向表達異見，那麼必然來自太平洋左岸的中國。中國企業步步進逼，美國以Apple、Google、微軟、Amazon、Facebook為首的網路巨擘已經進入全方位戰鬥位置。他們橫跨金融、醫療、汽車、製造，也從人工智慧橫越到大數據，企圖虛實整合、軟硬通吃，而中美企業的對決氛圍，也開始出現在川普政府的貿易政策上。

亞洲製造廠如何對接無限擴張的市場商機？

Alexa、Hey Google 等對於智慧語音的發展不遺餘力，也帶動了產業新風潮，亞洲的硬體供應商更關心智慧語音背後的商機，微機電麥克風的需求，甚至最後的封裝測試都可能會回到台商手上。亞洲的製造廠，現階段當夥伴比較實在，但在多元需求的新市場，如何以有限產能追逐無限商機，將是製造廠最大的考驗。

人工智慧將會無所不在的提供周到服務，雲端服務將會顛覆傳統的系統整合業務，網路巨擘進軍車聯網，傳統車廠可能會是下一個被顛覆的產業，而進軍東南亞與南亞市場的網路巨擘，是美國的 Apple、Amazon 會勝出，還是中國來的阿里巴巴、騰訊將成為亞洲市場的主宰？

接下來的競爭，將是全方位爭取最大綜效的產業布局之爭。美系的網路巨擘，不會僅侷限於傳統的虛擬世界之爭，落實到最後一里路的硬體科技，也將成為關鍵環節。

推薦序

當寵物變成怪獸

文／矽谷 Acorn Pacific 創投共同創辦人　鄭志凱

數大便是美，社群基數大，企業價值便呈指數增加。透過數位經濟加持，Amazon、Facebook、Google 等公司都成為新世紀亞歷山大，建立橫跨全球的日不落虛擬帝國，擁有空前的商業力量。

Facebook 有 20 億活躍用戶，比中國人口還多。帝國如此龐大，又如此深入子民的生活，人類史上前所未見，其他虛擬帝國也都有同等級影響力。大有什麼問題？在多數人享受虛擬帝國提供的種種方便、快速、便宜的產品或服務時，有少數人開始憂慮它們帶來的長遠影響。本書作者蓋洛威就是其一，他詳盡分析為何 Amazon、Apple、Facebook、Google 這四騎士的成長速度與規模，已經徹底改變市場，而且將對每個人與企業的未來，產生絕大的影響。

首先是獨占壟斷。Google 市占率 67%，Facebook 市占率超過 70%，Amazon 占 75%，幾乎沒有競爭對手。這些數字早已超出壟斷標準，雖然用戶樂於享受低價或免費服務，卻已在不知不覺中失去了選擇權。

其次，虛擬帝國善用獨占優勢，像八爪章魚般進入其他領域。充沛的現金水位允許四騎士在內部進行各種追月計畫，對外選擇潛力新創公司直接投資，高價收購表現好、具戰略意義的新創公司。收購不成，就自行開發，與之競爭。這種天羅地網的系統，基本上斷絕了未來任何新創挑戰四騎士地位的可能性。

最後則是治理和監督。雖然 Google 標榜「不做惡事」，但權力的過度集中，本身便是可能的罪惡來源。

問題是，我們能防止虛擬帝國在現實中無限擴張嗎？標準石油公司、ATT 都曾因反壟斷法被強迫分解。四騎士的壟斷程度較當年有過而無不及，它們可能被迫分家嗎？未來十年，這樣的機率幾乎為零。但總得有人開始杞人憂天，思考這些人見人愛、片刻不能分離的超大寵物，會不會變成失控咬人的怪獸？

標準石油壟斷石油資源，ATT 壟斷接到每個家庭的電話線，四騎士壟斷的則是數據（data）。分解四騎士並不實際，但他們仍可以被規範。例如，要求各事業部間不能互通經營策略，也不可用交互銷售、捆綁價格或分享用戶資料，造成不公平優勢，也可以強迫他們收集的資料開放給競爭者。另外也可改善董事會結構，加強提名制度、增加董事獨立性等。

這些討論跟台灣有關嗎？當然，台灣是四騎士的邊緣市場，在角力賽上只能旁觀，難以施力。不過如果知道 Facebook 一年在台灣虹吸 100 億廣告收入，Google 更高達 200 億，將來 Apple Pay 也會有類似吸金效果，就應該意識到虛擬帝國跨國界的經濟實力，已對全球產業生態造成了根本衝擊。台灣，也難以置身事外。雖然國微言輕，但如果能跟隨歐洲的各種管控法令，也不失為一個借力使力的策略。

推薦序

在快速競爭的明天，搶下一席之地

文／先行智庫／為你而讀執行長　蘇書平

我們很多人每天的生活，就是拿起 iPhone，再打開 Facebook 看看家人同事朋友的動態，接著可能從親朋好友圈看到有趣的商品或消息，再透過 Google 搜尋相關資訊或影片，最後再透過 Amazon 購買，這就是我們現在生活和工作的模式。未來，這四家公司不但會左右我們的生活，也將對全球產業和工作以及你我的消費行為，產生難以估計的巨大影響。

過去十年，主宰全球經濟的產業主要為金融或能源製造業。但現在，所有產業的遊戲規則正在被重塑，科技公司正快速改變電信、醫療、零售、媒體、行動支付等所有產業。這代表，未來的遊戲規則將被這些新數位科技快速顛覆與破壞。而這本同時探討 Apple、Facebook、Amazon，以及 Google 的好書，剛好可以協助我們了解四騎士的成功模式。

我覺得本書最精彩的地方就是，作者用了人類學、心理學和人類行為學來解釋商業現象，讓我們更清楚地了解四騎士為何能在這麼短的時間，成為左右全世界的科技巨獸。其實，所有科技的創新應用還是要回歸人類最原始的需求面，如何運用數位技術讓生活體驗更美好，而四騎士也因為掌握了最基本的核心問題，才得以快速改變各種行業的生態環境。

你可以看到，短短十年，世界變化的速度愈來愈快。跨界競爭已變成常態，未來很多工作會消失。每個人都必須永保好奇心，熱愛學習，過去的知識很可能明天就被淘汰，換工作的頻率也會愈來愈高，我們要重新思考生涯規劃，為自己鋪路。

讓我們學會隨時打掉重練、隨時刷新腦袋、擁抱新知。透過本書，你不只能學到新的商管知識，還能利用書中觀點，找到下一波工作成長的參考。

第 1 章

四大超級公司

掌控世界的四騎士是誰？為什麼我們需要了解它們？

過去 20 年間，四大科技巨頭帶來史上前所未有的歡樂、繁榮與發現之旅，人與人被串聯在一起。Apple、Amazon、Facebook、Google 帶來數萬高薪工作，推出一系列深入數十億人日常生活的產品與服務，在你我口袋裝進超級電腦，將網路帶進開發中國家，還繪製地球海陸地圖，創造出前所未有的財富（2.3 兆美元）。全球數百萬家庭透過持有此四間公司的股票，打造財務安全。一言以蔽之，四大公司讓這個世界更美好。

以上的確屬實，成千上萬的媒體與創意階級（innovation class）的各種集會（大學、科技大會、國會聽證會、董事會），也不斷重複相同說法。然而，各位可以再思考一下另一種觀點。

四騎士

想一想以下情境：有一間零售商拒繳營業稅，苛待員工，讓成千上萬工作機會消失，卻被奉為商業創新典範。

有一間電腦公司不願將本土恐怖主義行動的情報交給聯邦調查員，還獲得將公司奉為信仰的粉絲支持。

有一間社群媒體公司分析你成千上萬張照片，裡頭有你的孩子，還監聽你的手機，把你的資料賣給財星五百大企業。

有一個廣告平台在數個市場掌控90%的媒體獲利，但透過大量訴訟與遊說議員規避反競爭法。

以上消息在全球亦時有所聞，但僅有耳語。我們知道那幾間公司不是好人，用我們的個人資訊牟利，但我們依舊邀請它們進入生活中最私密的領域，向它們透露自己的最新近況。媒體奉這些公司的高層為英雄，視為我們該信任與仿效的天才。政府也提供反托拉斯法、稅務、甚至是勞動法方面的特殊待遇，投資人拉抬它們的股價，提供源源不絕的資金，讓它們除了得以吸引全球最優秀的人才，也取得打敗對手的火力。

Apple、Amazon、Facebook、Google究竟是代表性、消費、愛、與神的四騎士？還是聖經啟示錄中的世界末日四騎士？答案是兩者都是，我直接統稱它們為「四騎士」（Four Horsemen）。

這四家公司怎麼會變得如此強大？無生命的營利企業怎麼

會如此深入我們的精神世界，改寫企業能做什麼、不能做什麼的規則？它們前所未有的規模與影響力，對於企業的未來與全球經濟而言，代表什麼意義？它們是否註定和從前的商業巨人一樣，有一天將跟不上更年輕、更有魅力的對手？又或者它們的勢力已強大到個人、企業、政府或任何團體都撼動不了？

目前的局勢

本書寫作的當下，四騎士正處於以下發展局勢：

Amazon：選購保時捷豪華房車「Panamera Turbo S」，或是時尚名牌魯布托（Louboutin）的蕾絲高跟鞋，樂趣無窮，購買牙膏或環保尿布等日常生活用品則是苦差事。Amazon 是多數美國人與全球愈來愈仰賴的線上零售商，幫助大家苦中作樂，輕鬆取得生存必需品，不必打獵搜尋，也不太需要採集，只需要點選一下（真的只要一下），就萬事搞定。Amazon 的成功公式是砸下無人能及的空前金額，投資最後一哩基礎建設，資金由大方到驚人的貸方提供——Amazon 讓零售投資者看見企業史上最引人入勝、但概念又十分簡單的故事：「全球最大商店」（Earth’s Biggest Store）。Amazon 除了提供故事，也具備足以媲美同盟國在二戰反攻納粹的執行力（只是少了拯救世界的勇氣與犧牲奉獻），最後造就一間巨無霸零售商，市值超越沃爾瑪（Walmart）、塔吉特百貨（Target）、梅西百貨（Macy’s）、克

Amazon 成為全球最大商店，市值超過其他零售龍頭的總和

至 2017 年 4 月 25 日為止　　　　　　　　　　　　　　　　單位：美元

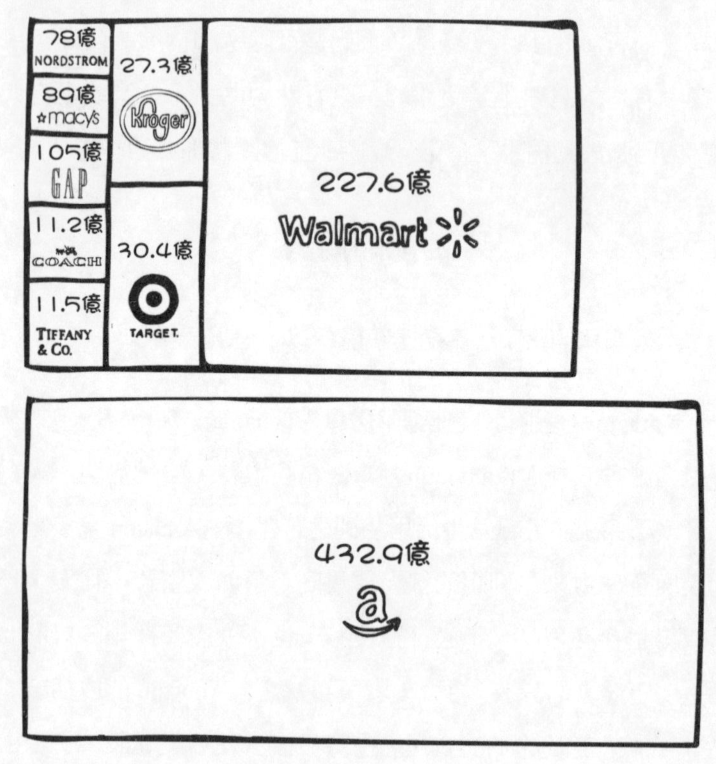

資料來源：Yahoo! Finance. https:// finance.yahoo.com/

羅格超市（Kroger）、諾德斯特龍百貨（Nordstrom）、Tiffany & Co.、Coach、威廉斯所羅莫居家用品店（Williams-Sonoma）、特易購超市（Tesco）、宜家（Ikea）、家樂福、Gap 服飾的總和。

在我寫這段話的當下，Amazon創始人傑夫·貝佐斯（Jeff Bezos）是全球第三大富豪，很快就會躍升第一。目前的首富比爾·蓋茲（Bill Gates）與亞軍華倫·巴菲特（Warren Buffett）身處欣欣向榮的產業（軟體與保險），但兩人的公司並未每年成長20%，也沒將多個價值數十億美元的產業打得暈頭轉向，措手不及。

Apple：Apple的商標出現在人人最羨慕的筆電與行動裝置上，在全球各地象徵著身價、教育程度與西方價值。Apple的核心精神滿足了人類兩種直覺需求：「接近上帝」與「吸引異性」。Apple模仿宗教運作方式，自有一套信仰體系、崇拜對象、追隨者與耶穌式人物，把信徒當成全世界最重要一群人，他們是「創意階級」。Apple成功做到商業世界的矛盾目標，以低成本製造，但以頂級價格售出，成為史上獲利率最高的企業。以車廠來比喻，Apple享有法拉利（Ferrari）的利潤，豐田（Toyota）的產量，2016年第四季淨利為Amazon創立23年間的總和再乘以二，手中現金幾乎等同丹麥整個國家的GDP。

Facebook：從採用率（adoption）與使用率（usage）來看，Facebook是人類史上最成功的公司。全球有75億人口，其中12億人每日與Facebook互動。全美最受歡迎的行動APP包括「Facebook」（第1名）、「Facebook Messenger」（第2名）、Facebook併購的「Instagram」（第8名），用戶每日花50分鐘使用 Facebook 提供的社群網站及其他應用程式，每上網 6 分鐘，便有 1 分鐘用於看 Facebook。每使用行動裝置 5 分鐘，就有 1 分鐘在看 Facebook。

Google：Google 是現代人的上帝，我們的知識來源。Google 無所不在，曉得我們心底最深處的祕密，讓我們知道自己該何去何從，回答從最瑣碎到最深奧的問題。世上沒有任何組織和 Google 一樣，如此深獲民眾信任，令人掏心掏肺：Google 搜尋引擎被問到的問題中，每 6 個就有 1 個從來沒被問過。世上有哪位猶太拉比、基督教牧師、學者或教練有如此地位，民眾拿那麼多埋藏心中的問題請教他們？有誰能像 Google 一樣，讓全球各地的人們想問那麼多未知事物？

Google 是 Alphabet Inc. 的子公司，2016 年獲利 200 億美元，營收成長 23%，還讓廣告商成本下降 11%，重重打擊競爭者。Google 不同於世上多數產品，它愈「舊」愈珍貴，人們愈使用，反而愈有價值，每日 24 小時運用 20 億人的力量，連結人們的「目的」（你想要的東西）與「抉擇」（你的選擇），集結眾人之力，化零為整。民眾每天在 Google 上問 35 億個問題，Google 得以深入掌握消費者行為，成為殺死傳統品牌與媒體的劊子手。各位的新歡是 Google 在 .0000005 秒內回答的品牌。

以兆為單位

以上四大企業及其產品讓數十億民眾獲得大量價值，但旁人很少能從它們身上分到一杯羹。通用汽車（General Motors）每位員工創造的經濟價值約為23.1萬美元（市值／勞動人口），聽起來挺不錯，直到你發現Facebook每位員工的產值是**2,050萬美元**……。換算起來，Facebook每位員工的價值，等同通用汽車的近百倍，而通用汽車是上世紀的企業標準。各位可以想像成光靠曼哈頓下東區的人口，就創造出一個G-10經濟體的經濟產出。

四騎士的經濟價值成長似乎違反大數法則與加速定律，過去4年（2013年4月1日至2017年4月1日）大約增加1.3兆美元，等同俄國的GDP。

四騎士以外的科技公司不論新舊，不管規模再龐大，如今重要性漸減。HP與IBM等年華老去的巨獸，幾乎引不起四騎士關注。成千上萬如小蟲般飛過的新創公司，也幾乎不值得花力氣打。凡是有希望挑戰四騎士的後起之秀則是面臨被收購，收購價是小公司無法想像的數字（Facebook為了成立5年、員工50人的即時通訊公司WhatsApp，一出手便是近**200億美元**）。到了最後，四騎士環顧四周，對手只剩……彼此。

■ 人力資本報酬率

2016 年

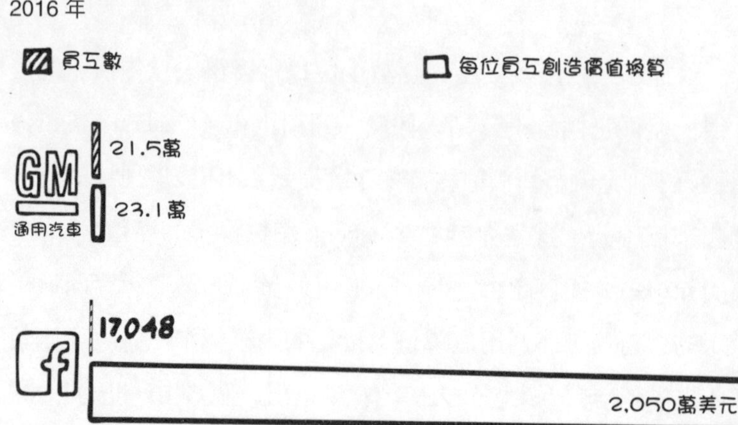

資料來源：Forbes, May, 2016. https:// www.forbes.com/ companies/general-motors/
Facebook, Inc. https:// newsroom.fb.com/company-info/
Yahoo! Finance. https:// finance.yahoo.com/

彼此的眼中釘

政府、法律、小公司螳臂當車，抵擋不了四騎士橫行於商業世界、社會與全球，但內訌提供了一線生機。講白了，四騎士互看彼此不順眼。它們各自的戰場上，輕鬆就能虜獲的獵物日益減少，這下子只能槓上彼此。

Google 昭示著品牌時代的終結，消費者得到搜尋引擎助陣，再也不必被品牌牽著鼻子走，Apple 因而受到衝擊，而 Apple 也在音樂與電影領域和 Amazon 競爭。此外，Amazon 是

■ 四騎士在 10 年內擠進全球市值最高 TOP5

2006 年

2017 年

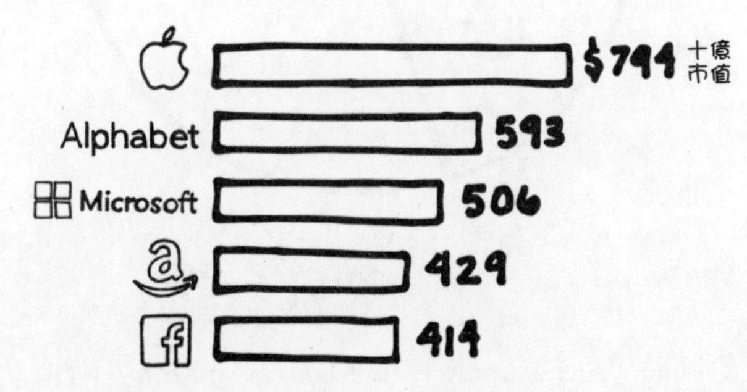

資料來源：Taplin, Jonathan. "Is It Time to Break Up Google?" The New York Times.

Google 最大顧客，但也威脅著 Google 的搜尋事業。55%的民眾搜尋產品時，第一站是 Amazon（Google 等搜尋引擎則為 28%）。Apple 與 Amazon 在我們的電視螢幕與手機上，在世人眼前全速衝向彼此，而 Google 又和 Apple 搶當定義這個年代的智慧型手機作業系統。

■ 超過八成美國線上消費人口搜尋產品時優先造訪 Amazon 或 Google

2016 年

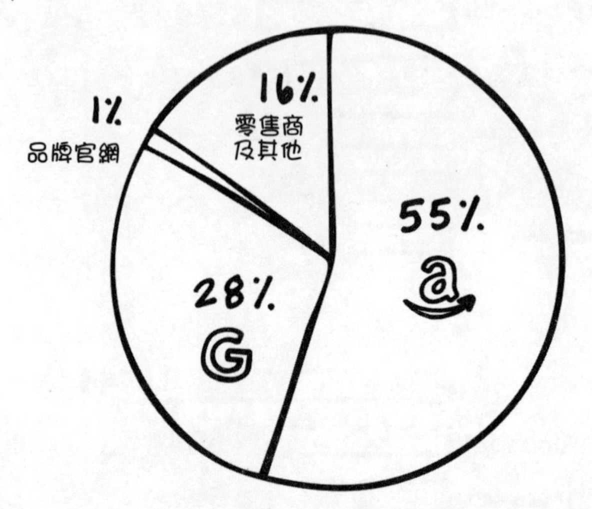

資料來源：Soper, Spencer. "More Than 50% of Shoppers Turn First to Amazon in Product Search." Bloomberg.

在此同時，Siri（Apple）和 Alexa（Amazon）兩位語音助理也進入殊死戰。兩強相爭，最後只能活一個。Facebook 也完成從「桌電」走向「行動裝置」的大轉向，正在搶走 Google 的線上廣告商市占率。此外，雲端技術大概會在下一個十年創造出更多財富——各種能夠依據使用者需求啟動與關閉的代管服務。Amazon 與 Google 短兵相接，各自提供雲端服務，有如科技版的拳王阿里與弗雷澤（Ali vs. Frazier）世紀大對決。

四騎士投入史詩級競賽，搶當我們生活中的作業系統。贏家的獎勵是什麼？突破一兆美元大關的市值，以及超越史上任何企業的力量與影響力。

那跟我有什麼關係？

理解四騎士碰上的契機，等同了解數位時代的商業與價值創造。本書前半部將逐一檢視四騎士，分析四騎士各自的策略，以及企業領導人可從中學到的事。

本書第二部分將破解四騎士靠競爭優勢欣欣向榮的神話，從新模式探索它們如何靠著人類最基本的直覺來成長與獲利，看它們如何靠著「類比護城河」這個現實世界用來抵擋潛在對手的防禦工事，來保護自家市場。

四騎士犯下什麼罪？四騎士如何操縱政府與競爭者，竊取IP？那將是本書第八章要談的事。此外，會不會有第五名騎士？第九章會評估可能出線的企業，包括在許多方面讓Amazon相形失色的中國零售鉅子阿里巴巴。那幾間公司是否可能發展出更為壟斷的平台？

最後在第十章，我將帶大家看看在四騎士的時代，哪些專業特質能使各位如魚得水，第十一章則談四騎士正在帶人類走向何方。

Alexa，誰是蓋洛威？

我說出自己的名字，但 Alexa 告訴我：「史考特・羅伯特・蓋洛威（Scott Robert Galloway）是澳洲職業足球員，甲級聯賽（A-League）中岸水手隊（Central Coast Mariners）後衛。」

真是牛頭不對馬嘴……

好吧，我不是足球後衛，不過我的確在這個年代的飢餓遊戲（Hunger Games，編按：暢銷美國青少年冒險科幻小說）中，坐在前排座位，先是在吃不飽餓不死的中產階級家庭成長，由擔任祕書的超級女英雄（單親媽媽）扶養成人。大學畢業後在摩根史坦利（Morgan Stanley）待了兩年，以為那樣就能出人頭地、虜獲女孩芳心，但投資銀行是一份很糟的工作，沒什麼好講的，而且我也缺乏在大公司（也就是別人的公司）工作的技能，像是性格成熟、遵守紀律、謙卑與尊重體制，所以最後只能自行創業。

商學院畢業後，我成立「先知」（Prophet）品牌策略公司，協助消費者品牌模仿 Apple，公司員工數一路成長至 400 人。1997 年又成立多通路零售公司「紅包」（Red Envelope），2002 年上市，公司後來因為 Amazon 的緣故，逐漸失血而亡。2010 年我成立 L2 公司，替全球最大型的消費者與零售品牌，評估公司的社群、搜尋、行動、網站表現，利用數據協助 Nike、香奈兒（Chanel）、萊雅（L'Oreal）、寶僑（P&G），以及全球四分之一的百大消費者公司拓展此四大領域。2017 年 3 月，L2 被顧能公司（Gartner，紐約證交所代號：IT）收購。

我一路擔任過數間媒體公司的董事，包括紐約時報（*The New York Times*）、戴克斯媒迪亞廣告服務公司（Dex Media）、Advanstar 公司，每一間都被 Google 與 Facebook 打趴在地。我也當過捷威（Gateway）董事，捷威每年的電腦銷售量是 Apple 的三倍，不過利潤僅為五分之一，最後下場不太好。我也待過 Urban Outfitters 與 Eddie Bauer 兩間服飾公司的董事會，兩間公司都試圖對抗零售業的大白鯊 Amazon，保護自己的市場。

不過，我沒印出來的名片上寫著「行銷教授」，2002 年起在紐約大學史登商學院（Stern School of Business）教品牌策略與數位行銷，教過的學生超過六千人。在大學教書對我來說是十分高尚的職業，我是家族中第一個高中畢業的人，也是美國「大政府」（big government）理念的產物。雖然是個十分不出眾的孩子，由於加州大學的德政，依舊得到一份不尋常的大禮：透過世界級的教育往上爬的機會。

商學院碩士學歷可以在短短 24 個月內，就讓學生的平均薪水從 7 萬美元（入學申請人）大幅增加至 11 萬以上（畢業生）。

商學院教育的支柱包括金融、行銷、營運與管理，相關課程塞滿學生研一課程，學生因此學到的技能，未來將在專業生活中終生受用。商學院第二年的課程則主要是浪費時間金錢的選修課（也就是不重要的課），好讓享有終身職的教員盡教學義務，以及讓孩子四處喝啤酒與旅遊，了解「如何在智利做生意」等有趣（無用）的知識：史登商學院真的有這門學生可以取得畢業學分的課。

我們要求學生念兩年，好讓學費從 5 萬美元漲到 11 萬，以支撐受過太多教育的人士的福利制度（終身職）。我們大學要是繼續以超過通膨的速度提高學費（目前的趨勢顯然如此），就得替第二年的課程打下更好的基礎。我認為第一年課程的基本商業知識，應該輔以將相關技能運用在現代經濟的知識，第二年的課程支柱必須研究四騎士及其所處產業（搜尋、社群、品牌與零售）。進一步了解四騎士，了解四騎士利用的人類本能，以及「科技」與「利益關係人價值」（stakeholder value）的交會處，等同深入理解現代企業、我們的世界和我們自己。

我在紐約大學史登商學院教課時，每堂課的開頭與結尾都會告訴學生，課程目的是讓他們取得競爭優勢，讓自己與家人財務不虞匱乏。本書的出發點也一樣，在這個成為億萬富翁前所未有簡單、成為百萬富翁卻萬分不易的年代，我希望讓讀者了解這世界發生了什麼事，多一點上戰場的武器。

第 2 章

Amazon

最大經濟體中，最具破壞力的公司

美國 44%的家庭有槍，52%是 Amazon Prime 會員。富裕家戶擁有 Amazon Prime 帳號的可能性，高過擁有市內電話。2016 年，美國一半的線上成長與 21%的零售成長來自 Amazon。實體商店的顧客在購物前，有四分之一的人會先查詢 Amazon 上的評價。

布萊德．史東（Brad Stone）的《貝佐斯傳》（*The Everything Store*）等市面上多本精彩書籍，告訴讀者一個叫貝佐斯的對沖基金分析師，如何從美東紐約開車穿越美國，和妻子抵達西岸西雅圖，半路上想出成立 Amazon 的創業計劃。許多探討 Amazon 的人士主張，Amazon 的核心價值是營運能力、工程師或品牌，但我主張 Amazon 能夠打敗群雄，市值可能突破一兆美元大關，背後另有真正原因。Amazon 和其他三騎士一樣，靠滿足人類天性脫穎而出。此外，Amazon 提出簡單明確的

■ 超過一半的美國家庭是 Amazon Prime 會員

2016 年

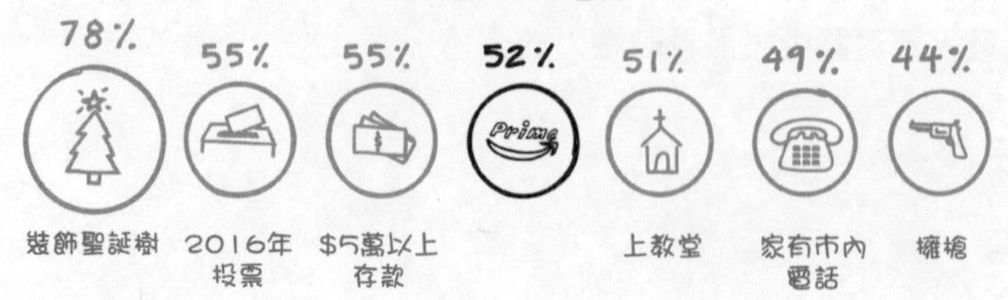

資料來源：“Sizeable Gender Differences in Support of Bans on Assault Weapons, Large Clips.” Pew Research Center.
ACTA, “The Vote Is In—78 Percent of U.S. Households Will Display Christmas Trees This Season: No Recount Necessary Says American Christmas Tree Association.” ACTA.
“2016 November General Election Turnout Rates.” United States Elections Project.
Stoffel, Brian. “The Average American Household's Income: Where Do You Stand?” The Motley Fool.
Green, Emma. “It's Hard to Go to Church.” The Atlantic.
“Twenty Percent of U.S. Households View Landline Telephones as an Important Communication Choice.” The Rand Corporation.
Tuttle, Brad. “Amazon Has Upper-Income Americans Wrapped Around Its Finger.” Time.

故事，募集到金額令人咋舌的資本，並大刀闊斧運用。

獵人與採集者

打獵採集是人類最初與最成功的演化適應策略，占據人類歷史九成以上時期。相較之下，文明只不過是近日一眨眼之事。打獵採集生活沒有聽上去那麼糟。新舊石器時代的人們，每週僅花 10 至 20 小時追捕尋找活下去所需的食物，多由女性擔任的採集者負責八至九成需要的量，獵人僅提供額外蛋白質。

這樣的分工方式十分自然。男性一般擅長評估遠方物體，也就是獵物最先被發現的位置。相較之下，女性一般較為擅長評估周遭環境。此外，採集者必須仔細考慮哪些東西該採、哪些不該採。番茄雖不像獵物會跑，負責採集的女性依舊得學著評估五花八門的事，包括熟度、顏色、形狀，判斷究竟可不可食。獵人則需要在獵物上門時立即行動，沒時間慢慢思考，得拼速度，拼力氣。一旦殺死獵物，還得趕緊帶回家，因為大自然中剛死亡的動物，甚至是人類自己，都是誘人的捕食目標。

觀察一下今日的男男女女如何購物，就會發現事情沒有太大變化。女性會摸一摸布料，搭配身上衣物試鞋，還要求看不同顏色。男性則看到好東西就立刻獵殺（買下去），盡快帶回巢穴。我們的老祖宗把食物安全擺進巢穴後，總感覺就是不夠多。一旦發生乾旱、暴風雪或瘟疫，就可能碰上饑荒，也因此過度蒐集食物是明智之舉。過度蒐集是白費力氣，然而食物不夠多的壞處是餓死。

人類不是大自然中唯一擁有蒐集衝動的生物。對許多物種的雄性而言，蒐集可以交換交配。白尾黑鵖（black wheatear）是生活在歐亞大陸與非洲乾燥岩石區的鳥類，平日喜愛蒐集石頭，公鳥的石頭堆愈大（住在紐約翠貝卡區〔Tribeca〕那棟價格較高的寬敞時尚公寓），就有愈多母鳥就興趣交配。囤積與多數精神官能症一樣，出發點良好，但接著情況失控，每年都有數十起新聞是民眾從自己舒適（或不舒適）家中的倒塌物品中被挖出來。從累積 45 年的報紙堆中被消防隊員拖出的人沒發瘋，他只不過是在向每一個到他家的人，展示自己符合達爾文所說的適者生存。

我們心中的消費資本主義者

本能是很強大的保護者，它會永遠看顧著你，在你耳邊低語，要你一定得活下去。

本能可以自我監測，但十分原始，需要耗費數百年、甚至數千年才有辦法適應新環境，例如我們嗜鹹、嗜甜、嗜油的口味，在人類早期歲月是合理策略，鹽、糖和油脂是原始世界最不易取得的三樣東西。然而世界物換星移，今天我們有專門生產此類食物的機構，漢堡王的華堡與溫蒂漢堡的奶昔，輕鬆就能以低成本滿足攝食需求，但我們的本能尚未跟上，預計到了 2050 年，美國有三分之一的人口將是糖尿病患者。

此外，我們想取得更多物質的渴望，並沒有配合自己空間有限的衣櫥與錢包，許多人連把食物端上桌與負擔基本生活所需都有困難，卻有數百萬人在吃立普妥（Lipitor）等降膽固醇藥物，背負高利率卡債，原因就是無法抗拒體內強大的蒐集本能。

「本能」+「獲利動機」=「過量」，而資本主義這個最糟糕但又找不到更佳替代品的經濟體系，又是特別設計來放大這個等式。我們的經濟要繁榮，主要得靠他人消費。

商業的基本概念是在資本主義社會，消費者最大，消費是最崇高的活動，也因此一個國家在世界上的地位，要看那個國家的消費者需求與生產量。九一一恐怖攻擊事件過後，小布希總統（George W. Bush）建議籠罩在悲戚氣氛中的國民「帶家人前往佛羅里達迪士尼，以我們想要的方式好好享受生活。」消費取代了戰爭與經濟不景氣時期的共體時艱，國家需要你多買一點東西。

很少有產業和零售業一樣，靠著激發我們內心的消費欲望創造出更多財富。全球四百大富豪中（扣除遺產繼承人與金融人士），零售業者甚至多過科技人士。靠 Zara 服飾起家的阿曼西奧．奧蒂嘉（Armancio Ortega）是歐洲首富，第三名的 LVMH 集團伯納德．阿諾特（Bernard Arnault），可說是現代奢侈品之父，旗下擁有超過 3,300 家店面，超越美國家具建材零售商家得寶（Home Depot）。然而，零售業的成功大家有目共睹，再加上低進入門檻，以及人人心中當老闆的美夢，讓這個產業「店滿為患」，和多數產業一樣，商家不斷洗牌。以下是幾個美國零售環境有多「汰舊換新」的數據：

- 1982 年表現最佳的十支股票是克萊斯勒（Chrysler）、費藥局（Fay's Drug）、克萊科玩具公司（Coleco）、沃倫貝格露營車公司（Winnebago）、電傳（Telex）、山脈醫療（Mountain Medical）、普爾特房屋公司（Pulte Home）、家得寶、CACI 公司與數位轉換公司（Digital Switch）。這 10 家如今有幾家還安在？

- 1980 年代表現最一飛沖天的股票？電路城公司（Circuit City，上漲 8,250%）。萬一各位不記得那是什麼店，電路城是今日已破產的超級賣場，專賣電視等電子產品，口號是「服務是頂級工藝」。願電路城安息。
- 1990 年最大的十家零售商，2016 年僅兩家尚在榜上。成立於 1994 年的 Amazon 在經營 22 年後，2016 年營收（1,200 億美元）超越沃爾瑪 1997 年創下的數字（1,120 億美元）（沃爾瑪成立於 1962 年，1997 年時成立 35 年）。

2016 年的零售業情況，大致可說是 Amazon 一枝獨秀，其他零售業者一敗塗地，屈指可數的幾個例外，包括 Sephora 化妝品公司、快時尚公司、瓦爾比派克眼鏡（Warby Parker）等等。電商公司只會悄悄嚥下最後一口氣，不會死得轟轟烈烈，因為實體零售看得到，電子商務公司的死亡則看不見，不那麼令人震驚。各位經常造訪的網頁，要是有一天突然消失，你會另覓新歡，再也不曾想起舊人。

零售業者邁向死亡的過程，一開始先是獲利下降（那是零售的膽固醇毛病）最後是永無止盡的促銷。商家可以靠大拍賣帶來的銷售，苟延殘喘一陣子，但故事幾乎都不會有好結局：零售業者在 2016 年 12 月的聖誕檔期，平均庫存增加 12%，折扣自 34%增至 52%。

我們怎麼會走到這一步？簡單回顧一下零售史就能找出答案。歐美的零售演化主要歷經過六階段：

轉角商店

二十世紀上半葉的主要零售形態是你家附近那間小店，距離近比什麼都重要。你走進店內，把拿得動的東西帶回家，有時每天都跑一趟。那些零售店通常採取家庭式經營，在社區扮演重要社交功能，在廣播和電視尚未普及前，負責散布地方新聞，並在「顧客關係管理」（Customer Relationship Management, CRM）一詞尚未問世前，就擅長這方面的技能。老闆認識自己的顧客，買東西可以賒帳。老牌零售業者申請破產時，我們感到依依不捨與懷舊，因為我們和零售業者之間有感情，這是文化的一環。相較之下，人們不熟悉的油槽設備租賃商即便信譽卓著，破產也不會上新聞。

百貨公司

英國倫敦的哈洛德百貨（Harrods）與新堡（Newcastle）的

班布里奇百貨（Bainbridge’s）迎合一個新興市場族群：感覺到自己再也不需要年長女伴監護的新時代富裕女性。倫敦指標性的塞爾福里奇百貨（Selfridges）提供五花八門的商品、餐廳、屋頂花園、閱覽寫作室、外國貴賓招待所、急救室與無所不知的樓層服務人員。受過訓練的樓管開始領取「銷售佣金」這種新式報酬。靠服務勝出的概念，以及店員暫時化身為顧客朋友與購物嚮導，都是跨時代的發明，除了讓大型零售多了一分人情味，還將人力資源投資移轉至店員身上。塞爾福里奇百貨問世後，強調美觀建築、迷人燈光、高級時尚、消費者主義與社群精神的購物風潮席捲歐美。

此外，百貨公司重塑了商業與消費者之間的關係。傳統的消費者商店扮演家長的角色，告訴你該買什麼比較好。教堂／銀行／商店引導著民眾的人生。理論上，我們應該感謝這些機構告訴你生活該怎麼過。塞爾福里奇百貨創始人亨利．塞爾福里奇（Harry Selfridge）發明了「顧客永遠是對的」（the customer is always right）這句話。這句話在當年聽起來過於卑躬屈膝，實際上卻意義不凡、影響深遠：現存歷史最悠久的五間零售商中，四間是百貨公司，包括布魯明戴爾百貨（Bloomingdale’s）、梅西百貨、羅德泰勒百貨（Lord & Taylor）、布克兄弟（Brooks Brothers）。

購物中心的呼喚

二十世紀中葉，汽車與冰箱讓美國人得以抵達遠方，取得可以妥善保存的大量食物。行銷通路的發展讓人們可以少跑幾趟商店，也帶來更大型的店面、更多的選擇、更低廉的價格，百貨公司演變成購物中心（mall）。此外，汽車讓郊區欣欣向榮，腦筋動得快的開發商提供消費者舒適去處，一舉集合多家商店，還提供美食街與電影院。購物中心成為缺少明顯鬧區的郊區主要商店街（我一直不懂為何紐澤西矮丘區〔Short Hills〕如此自豪自己的購物中心，那只不過像是地方上有酷食熱潛艇堡〔Quiznos〕分店而已）。1987 年時，美國一半的零售銷售來自購物中心。

然而，到了 2016 年，商業媒體哀嚎美式商店的終結，僅 100 家購物中心就占去美國購物中心 44%的總值，而且購物中心過去十年的每平方英尺銷售下跌 24%，然而購物中心欣欣向榮的程度，反映的其實是地方經濟，郊區萎縮讓許多商場歇業，但許多依舊表現亮眼，尤其是服務完整的購物中心。資優生提供功能齊全的商店與停車場，而且營業地點靠近收入位在全國前四分之一的家戶。

超級商場

1962 年發生的大事，包括第一位繞行地球軌道的美國太空人、古巴飛彈危機，影集《豪門新人類》（*The Beverly*

Hillbillies）推出第一季，以及沃爾瑪百貨、塔吉特百貨、凱瑪百貨（Kmart）問世。

大型連鎖零售店（big-box retail）讓民眾的習慣起了翻天覆地的變化，也改變了零售形態。大量進貨後以優惠價格回饋給消費者，並非跨時代的概念，大型連鎖零售店的重要性，在於全國上下決定以各種方式把消費者推到最前線。民眾可以在家得寶自行選購家具，在百思買（Best Buy）買到貨色最齊全的電視，接著自己開車，把自己的選擇運回家。

產品都一樣，和哪家店買已不再重要，如今最重要的就是買到最低價，就算傷害到社區的整體經濟發展也無所謂。看不見的手重重打擊歐美各地所有小型或缺乏效率的零售業者。夫妻檔開的家庭商店，先前是社區生活重要的一環，但這下子面臨排山倒海的競爭。此外，這個年代還出現新一代的零售設備技術，包括克羅格超市 1967 年裝設的第一台條碼掃描器。

1960 年代前，法律禁止零售商提供大宗購買折扣。立法者有先見之明，害怕造成成千上萬地方商店歇業。此外，製造商的品牌通常會規定零售業者的產品定價，也因此折扣通常有限，難以掀起折扣戰。

出於利潤下滑與競爭增加等種種原因，1960 年代的廠商開始摩拳擦掌，「0 元戰爭」（Race to Zero）開打。今日 H&M 官網首頁上，長袖羅紋高領洋裝只要美金 $9.99，同樣的價格也能買到男士羅紋針織衫。這種價格不只以今日幣值來看很便宜，就算以 1962 年的物價來講也一樣。除了是令人驚奇的物美價廉，也是殺到見骨的割喉戰。

打價格戰的大型零售巨獸自從掙脫束縛後，創造出數千億財富。接下來 30 年是當年最有價值公司沃爾瑪，以及全球首富沃爾瑪創始人山姆．沃爾頓（Sam Walton）的天下，更別提我們養成「消費者為王」的集體意識。人們感嘆 Amazon 摧毀工作機會，其實沃爾瑪才是始作俑者。沃爾瑪的價值主張清楚誘人：到我們店內購物，就像是人生晉級，你可以獲得更美好的生活，從美國國民品牌百威（Budweiser）啤酒升級到海尼根（Heineken），用的是汰漬（Tide）而非太陽牌（Sun）洗衣精。

專賣零售

沃爾瑪讓眾生平等，但多數消費者不想跟別人一樣，渴望與眾不同。消費人口中，不少人願意多付錢吸引世人眼光，而那群消費者通常也是可支配所得最高的人士。

「物美價廉」（more for less）的潮流帶來市場真空地帶。有一群消費者希望得到象徵美好生活與彰顯社會地位的專業級產品，專賣零售（specialty retail）就此興起。最富裕的消費者得以將目光放在高級品牌或產品，價格不是最主要的考量，家具龍頭陶瓷穀倉（Pottery Barn）、主打有機的 Whole Foods 超市、復古家具品牌 RH 公司（Restoration Hardware）就此興起。

景氣熱絡是專賣零售背後的推手。當時是繁榮的 1980 年代，年輕都會專業人士在專賣店找到居家樂園，替住家和衣櫥添購新品，展示自己的時尚雅痞身分。你可以在只擺放煙薰蜂蜜火腿的專賣店找到合適豬肉，在蠟燭專賣店照明工坊（Illuminations）找到完美照明，在織品生活百貨坊（Linens and Things）尋找紡織品與各式小東西。許多這時期的專賣店，日後幾乎是無縫接軌至電商時代，原因是他們很早就開始做郵購行銷，手上有現成資料與物流管道。

Gap 服飾店是專賣零售年代的佼佼者，錢不花在打廣告，改成投資店內體驗，成為第一家生活風格品牌。在 Gap 購物很酷，在陶瓷穀倉購物則讓一整個世代的美國人感到自己真的「辦到了」。專賣店的零售業者知道，就連購物袋也能提供表達自我的機會。如果提著威廉斯所羅莫的袋子，代表你很酷，你享受生活中美好事物，一看就知道是烹飪迷。

電子商務機會

與其說貝佐斯誤打誤撞闖進零售業，不如說零售業不小心碰上貝佐斯。在先前每一個零售年代，都有傑出人物順應人口分佈或民眾品味的變化，創造出數十億美元價值，但貝佐斯高瞻遠矚，利用技術革新，使整個零售世界改頭換面。要不是貝佐斯有願景並專注於這個媒介，電子商務不會有今日的風光。

在1990年代，幾乎對所有純做電商的公司來說，電子商務是缺乏獲利的糟糕事業（今日依舊如此）。電商的成功關鍵不是執行，而是讓人們對公司潛力感到興奮，接著在紙牌屋倒塌前，趕緊轉賣給有錢的外行人，最近期的例子包括令媒體為之瘋狂的「快閃銷售網站」（flash sale site，只在不定期時間提供驚人優惠的網站）。看出模式了嗎？熱潮不等於銷售潮。

考量風險後，零售或許向來不是一門好生意，然而在Amazon這隻零售業的西雅圖大白鯊闖入並吃掉一切之前，情況遠遠沒那麼糟。過去十年，梅西百貨與傑西潘尼百貨（JCPenney）等二十世紀零售龍頭的市值，介於「很糟」至「慘不忍睹」之間。每一個產業得到的資本投資有限，Amazon的願景與執行力又吸走多數投資，結果就是單一公司就摧毀一度百花齊放的零售業。

我們生活在消費文化之中，也因此零售的自然趨勢是往上走。一旦天時地利人和，新概念被接受，一下就能擴張規模，替消費者與股東創造出龐大價值。沃爾瑪的確讓民眾有機會享有更好的生活，至少物質上更充裕。穿著Zara亮銀色厚底牛津鞋，或是使用從威廉斯所羅莫買來的鉑富果汁機（Breville Juice

■ 電商熱潮不等於錢潮，曾經爆紅的快閃銷售模式在五年內大幅衰退

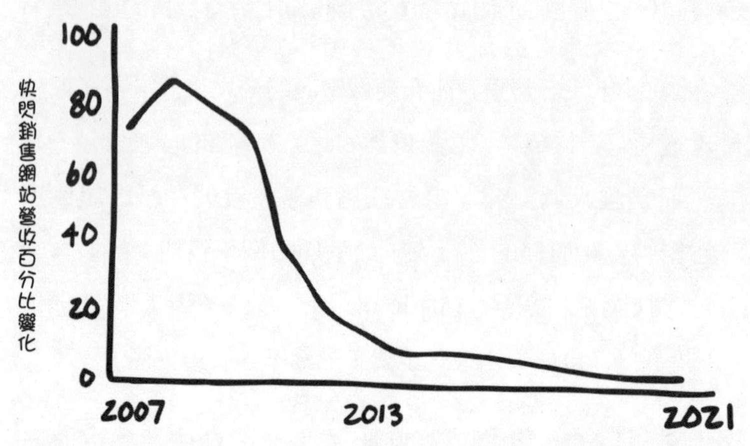

資料來源：Lindsey, Kelsey. "Why the Flash Sale Boom May Be Over—And What's Next." RetailDIVE.

Fountain），也的確令人走路有風，人生美好。

這次不一樣的地方，在於價值由單一公司以空前速度被創造出來。Amazon 是虛擬商店，少了設立實體商店與雇用數千員工的傳統負擔，規模得以擴大到接觸數億顧客，進入幾乎是每一個零售產業區塊。Amazon 讓貝佐斯發現，每一個頁面都可以是一間商店，每一位顧客都是銷售員，公司成長速度能夠快到競爭者幾乎找不到利基。

貝佐斯即將成為全球首富

貝佐斯在學校念電腦科學，對電子商務的前景感到著迷，在第一波的網際網路泡沫，只是另一個從華爾街出走的人，然而他的願景與極度專注於細節的性格，讓他脫穎而出。貝佐斯1994年在西雅圖推出線上商店時，選擇「Amazon」這個名字，也就是他預想的商品流量規模。不過，他考慮的另一個名字（今日這個網址依舊在他手中）其實更為貼切：「永不停歇」（relentless.com）。

貝佐斯創立Amazon時，線上購物集眾力不高，原因是當時網頁技術有限（糟糕的體驗），外貌與頁面功能有如俄國汽車品牌拉達（Lada），又醜又難操作。品牌所做的兩件事是「提供承諾」（promise）與「做到承諾」（performance），而「網際網路」這個品牌在1990年代與2000年代只做到一半。

1995年的電子商務提供的獵物，必須是我們輕鬆就能辨認、獵殺，而且帶回洞穴時不會損失太多價值，或是不會有太大風險，不會一個不小心帶回毒死全家族的植物。貝佐斯決定自己要提供的動物是……書。

書好認、好殺、好消化，靜靜堆在倉庫裡，可以靠「線上試閱」（look inside）先睹為快。這個獵物已經幫你殺好、堆放好，新興書評產業繞過書店的精心展示，幫你挑好哪些東西值得吃（讀）。貝佐斯發現用戶心得評論可以代勞零售這個辛苦工作，Amazon 可以利用「選項豐富」與「配銷」兩項網路做得比較好的功能，不需要操心明亮店面、裝設門鈴、訓練友善的銷售人員等細節，只需要在西雅圖機場附近租一間倉庫，接著改裝成方便機器人工作的空間，一切就搞定了。

Amazon 在早期專心做書籍與獵人型消費者（hunters）生意——獵人有特定任務，知道自己在找什麼產品。接下來幾年，寬頻開始讓網頁得以提供五花八門的選擇，採集者開始出現，願意花時間慢慢瀏覽與評估各種產品選項。貝佐斯知道自己可以拓展到人們尚不習慣在網路上購買的物品，例如 CD 與 DVD。蘇珊大嬸（Susan Boyle）的《我曾有夢》（*I Dreamed a Dream*）CD 創下平台銷售記錄，預示著 Amazon 將威脅到社會上所有美好事物。

Amazon 為了甩開競爭對手，強化「選項豐富」這項核心價值，推出「Amazon 網路商城」（Amazon Marketplace），由第三方擔任長尾。賣家得以利用全球最大的電子商務平台與客群，Amazon 得到的好處則是不需要增加存貨支出，就能大幅增加商品數。

「Amazon 網路商城」目前銷售額達 400 億美元，占 Amazon

銷售總額 40%。賣家滿意 Amazon 提供的大量顧客流量，不認為有必要自行投資零售管道。在此同時，Amazon 取得數據，一旦某個項目的產品吸引力變得夠大，便能輕鬆進軍任何事業（開始自行販售產品），也因此 Amazon 想的話，可以跳過第三方，自行提供「亞洲老人壁貼」（Old Asian Man Wall Decals）、「尼可拉斯・凱吉枕頭套」（Nicolas Cage Pillowcases）與「55 加侖桶裝潤滑劑」（55-Gallon Drums of Lube）。

Amazon 激發著人類的獵人與採集者本能，我們想以最少力氣蒐集到最多東西，物品對我們來說具備神奇魔力。適者生存，可以活下去的穴居人，擁有最多柴火、適合敲開東西的石頭，還擁有顏色最豐富的泥土，可以在穴壁上作畫，子孫就知道何時該收成，或是該避開哪些危險動物。

我們對物質的需求十分真實：物質讓我們能保暖，保護人身安全，儲備食物，吸引配偶，以及照顧子女，而且最好輕鬆就能取得。可以少耗一點力的話，就有時間做其他重要的事。

貝佐斯因為毋需打造要投入大量資本的實體商店，得以投資自動化倉庫，而規模就是力量，Amazon 有能力提供實體商店無法提供的價格。忠誠的顧客、作家、物流業者與經銷商若是同意在自家網站放廣告，也能取得優惠。貝佐斯吸引愈來愈多夥伴加入 Amazon，突破「書」與「DVD」兩項範圍有限的世界，打入所有領域。這種實驗與進軍方式正是軍事領域所說的「OODA 循環」：觀察（observe）、定位（orient）、決策（decide）、行動（act）。快速果決的行動可以迫使敵人，也就是其他零售商，忙著應付你最近的一次出招，而你早已又採取下一步。Amazon 靠著全力專注於消費者，執行 OODA 戰術。

傳統的零售執行長也幫 Amazon 爭取到時間，在 Amazon 創立的前 15 年，不時提醒大家電子商務不足為懼，僅占零售的 1%、2%、3%、4%、5%、6%……，不曾團結起來回應威脅，直到為時已晚，如今 Amazon 已長出巨大獠牙，取得無限供應的資金。

時間快轉至 2016 年，美國零售成長 4%，而 Amazon Prime 成長超過 40%。網路成為全球最大經濟體成長最快速的通路，而多數成長發生在 Amazon 身上。在最重要的假日檔期（2016 年 11 月與 12 日），Amazon 單獨占去 38%的網路銷售，第 2 名到第 10 名相加一共占 20%，Amazon 是 2016 年全美最信賴的企業。

零和

全美的零售成長十分平緩，也因此 Amazon 的成長一定來自其他地方。誰的成長衰退了？答案是所有人。觀察美國大型

■ 2006 年至 2016 年，除了 Amazon 股價大幅成長，其他零售品牌都衰退

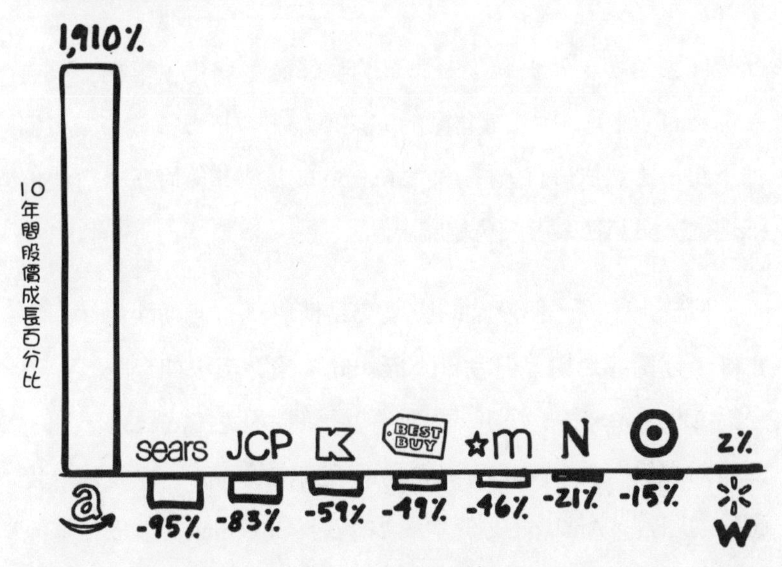

資料來源：Choudhury, Mawdud. "Brick & Mortar U.S. Retailer Market Value—2006 Vs Present Day." ExecTech.

■ 2017 年 5 月 1 日的股價變化

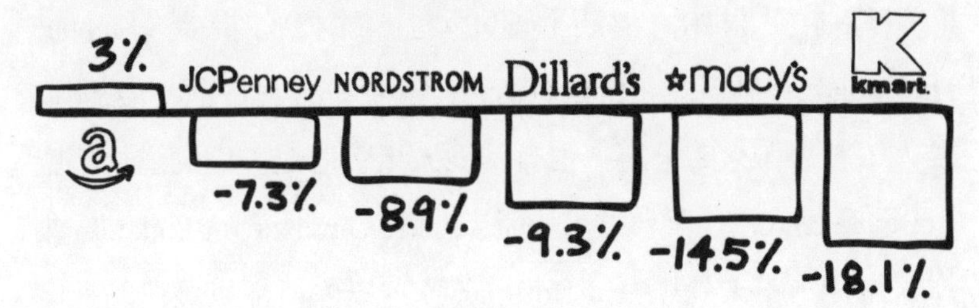

零售商在2006年至2016年十年間的股價漲跌情形，就能說明一切。

商家過多、薪資扁平、民眾的喜好發生變化，再加上來自Amazon的競爭，掀起零售業的完美風暴，今日多數零售業者倒地不起，雖然依舊有人撐著。Amazon成為零售業魔王，占據特殊地位，與其他業者成負相關。

傳統上，同一個產業的股票交易情形具有連動性，你好我也好，你壞我也壞，但今日不再如此。證券市場如今認為，如果對Amazon來講是好事，對零售就是壞事。對Amazon不利，即是對零售有利。這是商業史上近乎獨特的局面，也成為自我應驗的預言，Amazon的資本成本（cost of capital）下降，其他每一家零售業者則增加。不論事實上究竟對誰有利，Amazon都會贏。Amazon以十倍籌碼玩撲克，財大勢大，足以將任何對手逼出賭局。

等到人們開始問「對Amazon好、是否對社會不好」，真正的焦慮才要開始。值得留意的是，即便有霍金（Stephen Hawking）和馬斯克（Elon Musk）等科學家與科技大亨公開擔憂人工智慧帶來的危害，也有其他人士贊助這方面的道德研究（eBay創始人皮埃爾．歐米迪亞〔Pierre Omidyar〕、LinkedIn創辦人里德．霍夫曼〔Reid Hoffman〕），貝佐斯卻以最快的速度

■ Amazon 即將超越梅西百貨，成為美國最大服飾零售商

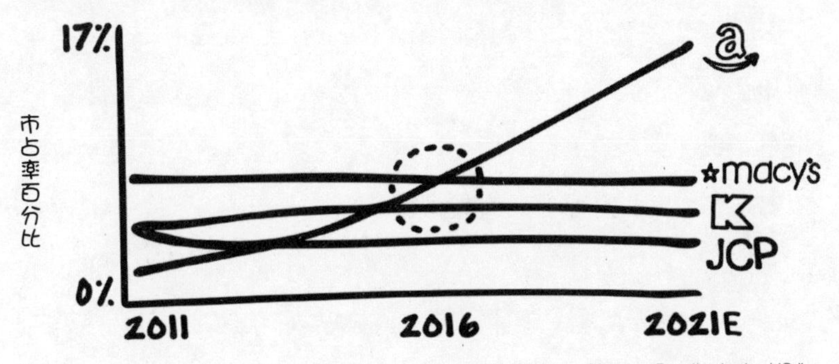

資料來源：Peterson, Hayley. "Amazon Is About to Become the Biggest Clothing Retailer in the US." Business Insider.

在 Amazon 部署機器人，Amazon 倉庫的機器人數量在 2016 年增加了 50%。

Amazon 宣布推出無收銀員的便利商店「Amazon Go」，進入實體商店事業，不過 Amazon Go 並非一般商店：首批 Amazon Go 的食品雜貨顧客可以直接拿著商品走出店外，就已經完成購買，感應器會自動掃描袋子與 APP，不需要結帳。

其他零售業者再度措手不及，忙著簡化自家結帳流程。Amazon 的最新舉動威脅到誰？美國 340 萬收銀員（等同美國 2.6%的勞動人口）。那可是相當大量的員工，幾乎等同美國中小學教師數量。零售商忙著應付 Amazon Go，硬體製造商則試圖跟上 Amazon Echo，接著品牌也忙著接招。

Echo 是擁有人工智慧「Alexa」的圓筒音箱。「Alexa」的名字取自埃及的亞歷山卓圖書館（library of Alexandria），功能有如個人通訊裝置，使用者可以命令 Alexa 播放音樂、搜尋網路與回答問題。最重要的是，Alexa 讓採集進入下一階段，使用者得以透過強大語音辨識軟體購物，只需要吩咐一聲：「Alexa，把舒酸定牙膏加入購物車」，或是隨手按下戰神保險套（Trojan Condoms）的一鍵購買實體「Dash 按鈕」（可真麻煩），一小時內就能補充家中囤貨，而且使用次數愈多，Alexa 就會愈聰明。

顧客得以方便購物，Amazon 得到的好處更是多：Amazon 的顧客深深信任 Amazon，允許 Amazon 監聽自己的對話，靠自己提供的消費者資訊獲利。有朝一日，Amazon 將能比任何企業都還要深入消費者的私生活，掌握他們的欲望。

Amazon Go 和 Echo 顯示 Amazon 的營運短期內正在朝「零點選」（zero-click）訂購方式前進，利用大數據與大量的消費者購物模式資料，你需要什麼，自動送上門，不用另外麻煩地做決定或叫貨。我稱這個概念為「加乘的 Prime 服務」（Prime Squared）。設定可能偶爾需要調整，例如：出門度假時要少訂一點，家裡有客人則要多訂；若是吃膩瑞士蓮巧克力（Lindt Chocolate）要少買一點，但除此之外則有如零售的自動駕駛電傳操作（fly-by-wire）：貨品送來時會附一個空箱，把不需要的商品放進退貨箱，Amazon 會記錄你的偏好，下一次退貨箱就會小盒一點。Amazon 朝著什麼鍵都不必按的訂購方式前進，2017 年 6 月推出「衣櫃」（Wardrobe）服務，顧客可以在家試穿衣服配件後，再決定要留下哪些商品，鑑賞期七天，選好才收費。

各位可以將以上購物方式，比一比下班後前往購物中心，找停車位，排隊排半天才發現賣場沒自己要的那種燈泡，接著又得再次排隊，替其他添購的東西付帳，然後再度塞車塞半天才到家。試問購物中心或大賣場要如何和 Amazon 拼？更別提家庭式小商店。我們今日正在見證零售業的大結局。如同我們目睹美國從事農業工作的人口在一個世紀間，從全國人口的 50%降至 4%，零售在接下來 30 年也會發生類似的驟降。

Amazon 全力提供「零阻力」（frictionless）的消費者購物體驗，公司有設備，也有優良的投資人關係撐腰。此外，Amazon 投資 B2B（競爭者平台服務）的決策，讓自己有望一兆身價加身。Amazon 下的每一步棋都蒐集到全球每位零售消費者的大量資料，鞏固自己在零售世界的霸主地位。Amazon 已經知道你我許多事，很快將比我們還了解我們自己的購物偏好。我們覺得沒關係，自願雙手奉上所有資訊。

靠說故事取得驚人的便宜資本

相較於現代所有公司，Amazon 享有最長期的便宜資金來源。1990 年代由創投資助的成功科技公司，在投資者能夠回收投資前，募資金額大多不超過 5,000 萬美元。相較之下，Amazon 在尚未（或多或少）損益兩平前，就從投資人身上募得 21 億。如同 Amazon 推出手機的例子，Amazon 有能力砸下數千萬、甚至數億美元做研發與行銷，但萬一推出後 30 天內沒成功，一切船過水無痕，失敗只不過是碰上減速丘。

換句話說，Amazon 握有「耐心資本」（patient capital）。其他財星五百大企業，不論是 HP、聯合利華（Unilever）或微軟（Microsoft），要是推出一下便陣亡的手機，股價可能和 Amazon 2014 年一樣暴跌兩成以上。不同的地方在於股東發出怒吼時，其他公司的執行長會退縮，下令全公司撤退，偃旗息鼓，但 Amazon 不會鳴金收兵。為什麼？因為如果你手中握有足以一路玩到天亮的籌碼，你最終一定會拿到廿一點。

一切與 Amazon 的核心競爭力有關：**說故事**。Amazon 靠著說故事提供宏大願景，重塑公司與股東之間的關係。媒體幫忙說出故事，尤其是商業與科技報導。許多媒體讓科技執行長成為新型名人，提供 Amazon 鎂光燈與最突出的舞台中央位置，隨時把 Amazon 的名字排第一。在 Amazon 之前，公司與股東之間的合作方式是「給我們幾年時間與數千萬美元……接著我們會以利潤形式把資金還給你們」。Amazon 打破這個傳統，透過說故事把利潤換成「願景與成長」。Amazon 說出的故事簡單又誘人，恰好是傳遞訊息時的強大組合。

故事：全球最大商店。

策略：經得起時間考驗的大型消費者利益投資──價格便宜、選擇眾多、快速送達。

Amazon 的成長速度反映出公司的確穩定朝以上願景前進，也因此股價高漲，帶來驚人的便宜資本。多數零售商的股價是看利潤倍數，一般是八倍，Amazon 則為四十倍。

此外，Amazon 把華爾街訓練成碰上 Amazon 便採取另一套標準，期待高成長但低利潤。Amazon 因此得以靠每年（大量）遞增的毛利，將更多資本投入事業，不但能避稅，還順道挖好愈來愈深的護城河。

利潤與投資者的關係，就像海洛因與癮君子。投資者熱愛利潤，愛到瘋狂程度。不論公司要投資，要成長，要創新，想怎樣都隨你，但我要靠毒品（利潤）提振精神時，千萬別擋路。

Amazon 突破性的資本配置時間線，其實是商學院鼓吹了數個世代的做法：完全不理會投資人的短期需求，努力追求長期目標。能嚴守這個紀律的公司，就和不去參加畢業舞會、留在家裡唸書的年輕人一樣多。

一般的企業思維：如果能以史上新低利率借到錢，那就把股票買回來，增加管理階層的選擇權價值。為什麼要投資成長與隨之而來的工作機會？那過於冒險。

Amazon 的企業思維：如果能以史上新低利率借到錢，為什麼不把錢投資在超級昂貴的物流控制系統？這樣就能在零售界立於不敗之地，擊垮我們的對手，**快速成為產業龍頭**。

沃爾瑪也想讓衣食父母驚豔，認真做長期投資，然而市場不買這間總部在阿肯色州本頓維（Bentonville）公司的帳。沃爾瑪高層在 2016 年第一季法說會上告訴華爾街，沃爾瑪為了「成為零售業的明日盟主」，未來將大幅增加技術資本支出。

沃爾瑪做了對的事，那是沃爾瑪唯一的選擇。然而這個策略意味著預期營收減少，眾人紛紛走避，隔天股市開盤二十分鐘內，沃爾瑪市值蒸發 200 億美元，等同 2.5 間梅西百貨。

當 Amazon 的投資人，就像在美國保守黨人士米特・羅姆尼（Mitt Romney）的屋簷下長大：你是碰不到海洛因（利潤）的。Amazon 在一次又一次的法說會上，強調成長願景，避談利潤，提醒股東 Amazon **從不發放股利**。Amazon 帶給投資人的榮耀是稱霸全世界，有酷炫新科技（無人機）、內容（電影）與《星際爭霸戰》（*Star Trek*）中的三錄儀（Amazon Echo）。Echo 是繼 iPad 以來最熱門搶手的消費者硬體產品。Amazon 說故事，而且是以《哈利波特》（*Harry Potter*）的方式說，下一集永遠更精彩。

有資本就不怕冒險

貝佐斯先生很聰明，公開把 Amazon 冒的險分成兩類：無法縮手的（「這是公司的未來」）、可以縮手的（「這行不通，算了」）。

在貝佐斯的觀念裡，Amazon 的投資策略關鍵是大量做第二類實驗，包括飛行倉庫，或是讓無人機能不受干擾的系統。Amazon 替這兩樣嘗試都申請專利。第二類投資很便宜，因為在燒光太多錢之前，大多會被腰斬，而且還能塑造公司走在科技最前端的形象。股東熱愛此類題材，感到自己參與了振奮人心的冒險。再說了，偶爾會有成功的例子。一旦成功，Amazon 擁有可以讓小火花燒起來的燃料（資本），煽起烤焦對手的大火。人們沒注意到 Amazon 除了握有源源不絕的資本，還願意扼殺行不通的新計劃或產品，釋出資本（Amazon 的人力資本），再度展開其他瘋狂新計劃。

以我個人待過傳統公司的經驗來講，只要是新東西，就會被視為創新，被指派的負責人就像全天下的父母，不理性地瘋狂熱愛自己的專案，拒絕承認小專案長大後又醜又笨，不肯放

■ 漂浮倉庫專利申請中

棄，也因此傳統公司不但可投資的資本已少，能揮棒的次數也不多。Amazon 在這方面則嚴守紀律，一定要確認可行後，才大量投入資源。Amazon 進軍實體零售一事，在過去三年掀起討論熱潮，不過 Amazon 目前一共也就開了 24 家左右分店，尚未找到公司認定可以全面拓展的模式。

貝佐斯和其他優秀領導者一樣，有辦法把瘋狂點子解釋成沒那麼瘋狂，聽起來似乎可行：「等等，那太明顯了，我們當初怎麼沒想到可以那麼做？」瘋狂的爛點子不蠢，而是「大膽」。沒錯，「空中漂浮倉庫」乍聽之下很瘋狂，但想一想租用與管理傳統地上倉庫的成本。最大支出是什麼？地理位置得離得近，還得繳租金。好，再回頭想想空中倉庫。好像沒那麼瘋狂了，對吧？

貝佐斯永遠告訴這個世界，奮力擊出全壘打是Amazon的天性，不過那樣比不太對：棒球全壘打只有4分，而Amazon這家西雅圖公司成功擊球時，「Amazon Prime」與「Amazon網路服務」（Amazon Web Services, AWS）兩支全壘打則讓公司搶下成千上萬分。1997年，貝佐斯在公司成立第一年的年報上寫道：「100次如果有10%的機會贏錢，每次都該下注。」

不用說，多數執行長並未採取貝佐斯的思考方式，多數甚至只要成功機率不到五成，就不願意冒險——不論潛在報酬有多高。這是舊經濟（old-economy）公司的價值跑到新經濟（new-economy）公司的重要原因。今日的成功公司或許依舊擁有資產、現金流、品牌資產（brand equity），它們的風險策略不同於許多已經陣亡的科技公司，懂得活在今天，知道只有冒大險，甚至是危及公司存亡的險，才能一飛沖天。

舊經濟的執行長與股東的問題出在「生存者偏差」（survivor bias）。我心中的噩夢工作是那種「事情出錯前，沒人意識到你存在」的職位。這種類型的工作到處都是，例如IT人員、公司會計、審計師、航管員、核電廠操作員、電梯檢察員、美國運輸安全管理局（TSA）人員。你永遠不會出名，但有小小的、恐怖的機率是你會因出事而身敗名裂。舊經濟的成功執行長也會碰上類似問題，他們「領驚人報酬，直到事情出錯」。

即便算進風險，今日執行長的薪資依舊十分瘋狂。執行長最好謹小慎微，穩穩撐個六到八年，就能抱一大筆錢退休，然而要是搜尋「商業史上最大錯誤」，就會發現多數錯誤都是企業沒冒的險，例如入口網站 Excite 與百事達（Blockbuster）分別錯過收購 Google 和 Netflix 的機會。

歷史垂青勇者，但公司的報酬制度垂青循規蹈矩者。財星五百大企業的執行長，最好走許多人走過的路，守成就好。大公司或許比較有創新的本錢，但很少冒大險，也很少以可能侵蝕本業的方式創新。此外，大公司也不願意冒供應商或投資者可能縮手的險，重點是不能輸，股東獎勵不輸，直到股東自己也跑了，改抱 Amazon 的股票。

多數董事會問管理階層：「我們怎麼樣才能靠最少的資本／投資，取得最大的競爭優勢？」Amazon 則倒過來問：「我們怎麼樣才能以撒大錢的方式取得優勢，金額高到其他人都負擔不起？」

為什麼？因為相較於同業，Amazon 能以不期望報酬的方式取得資本。想讓到貨時間從兩天縮短至一天？那得耗費數十億美元，在靠近市區的地點蓋智慧倉庫，而城市的不動產與勞力相當昂貴。以傳統標準來看，最後只會花了一大堆錢，卻回收不了多少好處。

然而，對 Amazon 來講，一切太完美了。為什麼？因為梅西百貨、西爾斯百貨（Sears）與沃爾瑪負擔不起豪擲數十億美元，只為讓自己規模不大的線上購物事業，到貨時間從兩天縮短至一天。Amazon 的消費者愛死新速度，競爭者則龜縮一旁。

Amazon 2015 年的運費支出為 70 億美元，帶來高達 50 億美元的淨虧損，而公司的總利潤僅 24 億美元。這難道不瘋狂？其實並不瘋狂。Amazon 帶著全球最大的氧氣瓶潛入海底，其他零售商不得不跟進，跟著砍價，還得應付顧客如今期待的到貨速度。差別在於其他零售商只有自己肺部裡的氧氣，一一溺斃。未來 Amazon 浮出水面後，將幾乎獨占整片零售海洋。

此外，Amazon 進行的第二類投資，也讓股東不會在公司一有失敗嘗試時便大驚小怪。這點是四騎士共同的特徵，例如各位可以想一想 Apple 和 Google 並未保密到家的自動車計劃，或是 Facebook 不時推出試圖進一步做到使用者變現的新功能，但不成功便放棄。有誰還記得 Lighthouse？如同貝佐斯在 Amazon 成立第一年的年報也提到：「失敗與發明是分不開的雙胞胎。要發明就得實驗。如果事先就知道會成功，那不叫實驗。」

紅白藍

四騎士全都訓練有素，蓄勢待發，做出聰明大膽的龐大賭注，接著忍受失敗。這種勇於失敗的基因是 Amazon 成功的關鍵，也是美國經濟能成功的原因。我個人獨立或共同成立過九間公司，整體而言賽績是 3 — 4 — 2（贏—輸—平手）。如果我不是在美國創業，沒有其他社會能容忍這種成績，更別說是獎勵。美國願意給人第二次機會，即便貝佐斯預計將拓展至全世界，Amazon 的文化顯然依舊是國旗紅白藍的美國文化。

多數超級富豪有一個共通點：失敗。他們都失敗過，通常還是失敗過無數次。通往財富的道路充滿險阻，而那些險阻通常……嗯，很危險。一個社會之所以能大量製造億萬富翁，祕訣是鼓勵人民被球打到頭之後，拍拍褲子上的灰塵，重新站上打擊區，再接再厲揮棒。美國擁有最寬大為懷的破產法，吸引著冒險人士，勇者自然齊聚一堂。全球 50 大富豪中，29 人定居美國，三分之二的獨角獸（估值超過十億美元的私人公司）總部設在美國。

賣十字鎬給礦工

擁有的土地底下有礦脈，賣十字鎬給礦工也是好生意。加州的淘金熱 170 年前證明了那點，Amazon 證明今日情況依舊。

Amazon 擁有賺錢的礦地，營收分為兩部分，一部分來自消費者產品的零售營收（Amazon 本身的事業與聚集第三方業者的 Amazon 網路商城），另一部分則來自「其他」，也就是掌控「Amazon 傳媒集團」（Amazon Media Group）廣告銷售與 Amazon 雲端服務（AWS）的部門。

多數電商公司永遠無法獲利，到了某個時間點後，投資人會厭煩它們「炒貝佐斯冷飯」式的願景，公司被賣掉（吉爾特閃購網〔Gilt〕、精品限時搶購網〔Hautelook〕、紅包公司）或關門大吉（Boo.com、Fab 公司、Style.com）。贏者全拿的生態系統、加速的集客速度、最後一哩成本，外加一般而言不佳的（線上）體驗，造成純粹只經營電商事業的公司無法持久。

即便是 Amazon 也免不了碰上一樣的問題。不過，Amazon 即使核心事業（純電商）難以獲利，Amazon 帶給消費者的龐大價值，讓 Amazon 成為全球最受信任與口碑最佳的消費者品牌。Amazon 的電商銷售額一枝獨秀，稱霸市場，不過 Amazon 的商業模式難以複製或永續。今日的我們很容易忘掉，Amazon 一直要到 2001 年第四季才首度獲利，也就是成立**整整七年**後，而且後續依舊時盈時虧。過去幾年，Amazon 靠的其實是品牌資產，利用品牌資產延伸觸角，進入其他較為理想（利潤較高）的事業。現在回想起來，Amazon 的零售平台可說是特洛伊木馬，建立起與其他事業之間的關係與品牌，日後得以變現。

Amazon 相較於去年同期的零售事業成長，在 2015 年第一季至第三季間達 13%至 20%，然而旗下的伺服器網絡與數據儲存技術「Amazon 網路服務」（AWS），同一時期更是成長 49%至 81%。此外，AWS 占 Amazon 總營業利潤的比例日益攀高，自 2015 年第一季的 38%，2015 年第三季成長至 52%。分析師預測 AWS 銷售額在 2017 年底將達 162 億美元，價值 1,600 億，超越 Amazon 的零售部門。換句話說，世人仍舊以為 Amazon 是零售商，但 Amazon 其實早已悄悄成為雲端公司——全球最大的雲端公司。

此外，Amazon 不只提供網頁寄存服務，旗下光是 Amazon 傳媒集團，可能很快就會超過 Twitter 2016 年的 25 億營收，躍升為線上媒體龍頭。全美最普及的會員制度「Amazon Prime」年繳美金 $99，就能享有兩天內免費送達的服務，特定商品更是兩小時就能送達（Amazon Now），此外還提供擁有原創內容的音樂影音串流服務。新的內容點子可以取得試播集預算，接著觀眾線上投票讓哪部影集拍下去。

Amazon 和所有主權獨立的超級大國一樣，同時部署陸、海、空策略。零售先生，你想在一小時內把自家商品交到消費者手上嗎？沒問題，只要付費，Amazon 可以替您做到，因為 Amazon 正在進行你負擔不起的投資，包括位於市中心附近的機器人倉庫，以及 Amazon 專屬的貨機與卡車。每一天，四台波音 767 貨機自加州崔西（Tracy）運送貨物，透過附近士得頓（Stockton）大小是三年前一半的機場，送至占地 100 萬平方英尺、去年甚至尚不存在的倉庫。

2016 年初，Amazon 取得聯邦海事委員會（Federal Maritime Commission）執照，能以「海上運輸中間人」（Ocean Transportation Intermediary）身分提供海運服務。也就是說，Amazon 如今可以幫其他公司載貨。這項新服務被命名為「Amazon 物流」（Fulfillment by Amazon, FBA），對個人消費者來說不會有太多直接影響，但 Amazon 的中國夥伴將能以更省成本的方式，輕鬆將自家產品靠貨櫃箱送至太平洋另一頭。要不要賭 Amazon 多久後將稱霸海洋運輸業？

將貨物運到太平洋另一頭的事業（貨運為大宗）價值 3,500 億，但利潤極低。運送可裝進一萬單位產品的 40 呎貨櫃，價格是 1,300 美元（每單位 13 美分，也就是運送一台平板電視不到 10 美元）。除非你是 Amazon，要不然這行賺的是辛苦錢。最大的成本來自勞力：卸貨、載貨與文書作業。Amazon 可以靠部署硬體（機器人）與軟體減少相關成本。Amazon 的海運與正在起步的航空艦隊，可能成為旗下另一個龐大事業體。

Amazon 正在打造史上最強大的物流基礎建設，旗下有無人機、波音 757/767、聯結車、跨太平洋海運、監督全球最複雜的物流營運的退休軍事將領（Amazon 真的請來將軍。各位可以試著監督每六個月只需浮上水面或靠岸一次以下的潛艇與航空母艦）。如果各位和我一樣，你會肅然起敬：我個人甚至做不到在冰箱囤好開特力（Gatorade）運動飲料。

商店

Amazon 全球制霸策略的最後一步，是靠網路事業累積的大量資產，征服線下零售世界。沒錯，就是實體商店，那個理論上會因電子商務消失的東西。

真相是實體商店之死被過度誇大。事實上，死去的不是商店，而是中產階級。中產階級消失後，服務這個一度興盛的族群及其所在地的產業，也跟著隨風而逝。全美最大的購物中心業主是賽門房地產集團（Simon Property Group）。賽門集團 2016 年股價創史上新高後，2017 年遭受打擊，然而賽門集團大概會安然度過此次危機，因為賽門集團售出中低收入地區的地產，專心經營富人區。依據營收、規模、品質等標準來看，今日前一百大購物中心就占全美購物中心（總數約一千家）44% 的總值。亦為高級購物中心業主的托曼房地產（Taubman Properties），租戶的每平方英尺平均銷售額在 2005 年後增加 57%，2015 年達 800 美元。相較之下，經營「B 級」與「C 級」購物中心的 CBL 聯合資產公司（CBL & Associates Properties

Inc.），同一時期的每平方英尺銷售僅上升 13%至 374 美元。

好，商店還會繼續存在，只不過要看談的是哪種商店。然而電子商務也一樣，真正的贏家最終會是懂得整合實體與網路商店的零售商。Amazon 的目標正是當那樣的公司。

接下來的零售年代將是「多通路年代」（multichannel era），成功的關鍵是整合網路、社群媒體與實體店面。每一個跡象都顯示 Amazon 也將稱霸那個年代。我已經提了好一陣子 Amazon 會開實體商店，很多很多店。Amazon 的合理選擇是收購梅西百貨等搖搖欲墜的零售商，或是擁有大量足跡與循環系統的商店，例如連鎖便利商店。Amazon 最大的支出是貨運，首要目標是在更短的時間內，把商品送至更多家庭。那也是為什麼對 Amazon 而言，收購擁有 460 家分店的 Whole Foods 超市是相當合理的舉動，Amazon 將在市中心擁有實體店面，隨時可以接觸到富裕消費者。Amazon 在網路上販售食品雜貨已有十年歲月，但效果不彰，顧客依舊比較喜歡到實體商店購買農產品與肉類。多通路年代的成功關鍵是找出應該擴大哪一種通路，以及如何迎合我們的獵人／採集者本能。

本書寫作的當下，Amazon 除了併購 Whole Foods 超市，也正在測試在西雅圖與舊金山灣區開設自家超市。Amazon 今日在西雅圖、芝加哥、紐約市擁有書店（聖地牙哥、波特蘭、紐澤西亦在規劃中）。Amazon 自己是書店殺手，為什麼需要實體書店？為了販售 Echo、Kindle 及其他產品。Amazon 的財務長布萊恩．奧爾薩夫斯（Brian Olsavsky）坦承顧客想要看到、摸到與感覺一下產品。此外，Amazon 正在美國的購物中心測試十多家快閃零售店（預計 2017 年底一共大約開設 100 家），而這一切發生在就連老牌零售商梅西百貨與西爾斯百貨（包括旗下的凱瑪百貨連鎖店），以及傑西潘尼與科爾百貨（Kohl）等購物中心龍頭，都宣布在 2017 年關閉數百家分店。

在此同時，實體商店龍頭沃爾瑪為了在多通路年代取得優勢，以 33 億美元收購 Amazon 的競爭者 Jet.com。此舉感覺像是一家中年危機的公司花 33 億去植髮。沃爾瑪沮喪自家線上銷售缺乏進展，眼看 Amazon 大展宏圖，沃爾瑪的電商銷售成長卻趨緩，甚至停滯。

Jet.com 讓我們看到，「失敗的網路公司」與「獨角獸」的不同之處，在於一個是四處兜售的小販，一個則提出願景。如何區分兩者？其中一個有退場／變現機制。Jet 的創始人馬克．洛爾（Marc Lore）正是那樣的願景人士／兜售者。洛爾是貝佐斯的異母兄弟，或如果你是零售工作者的話，他們兩人就好像是強調利己主義的小說家艾茵．蘭德（Ayn Rand）與主張適者生存的達爾文一起生下，接著又被星際大戰裡的反派達斯魔（Darth Maul）帶大的可怕人物。洛爾原本從事銀行業，後來投身電商，選中不需要重複貨比三家、而且比書籍好，一買就會不斷回購的領域：尿布。

洛爾 2005 年創立「尿布網」（diapers.com），接著尿布網的母公司 Quidsi 又推出其他數個服務家長的領域。貝佐斯參觀洛爾的公司時，一定感覺像是回到家：市中心附近由演算法操控的倉庫裡，Kiva 倉儲機器人正在待命。貝佐斯一下子陷入愛河，2011 年以 5.45 億美元買下 Quidsi。Amazon 以五億元買到關鍵項目的動能，還獲得一些優秀人力資本，外加除掉市場上的競爭者。然而，洛爾不想替貝佐斯工作，他想自己成為貝佐斯，24 個月後便離開，靠新到手的財富成立 Jet.com。這種感覺一定像是花了五億美元終於順利和丈夫離婚，結果丈夫搬到隔壁，還開始跟你的朋友上床。

前妻怒氣未消。2017 年 4 月，貝佐斯關閉 Quidsi，大量解僱 Quidsi 員工。嘿，如果你要離開我，你弟也得搬出我們的地下室。或許 Quidsi 的確該關沒錯，但我猜這是貝佐斯在告訴洛爾：「去你的。」我們忘記全球多數大企業的主事者是人，而且是中年人。他們十分自負，時常做出情緒化、不理性的決策。

Jet 利用計算運費成本和產品組合利潤的演算法，鼓勵我們在購物籃裡多裝一點東西，買愈多，愈便宜。Jet 採取和好市多（Costco）量販店類似的策略，向會員收取 50 美元年費。這是第一家膽敢正面迎擊 Amazon 的公司，第一年便募集到 2.5 億資金，但有一個問題：這間公司讓人弄不清葫蘆裡賣什麼藥，成立不久後便宣布取消會員制，理由是生意太好不需要。這對公關來說，像是吃了一記大悶棍。沃爾瑪收購 Jet.com 時，Jet.com 每週花 400 萬美元打廣告，年營業額得達 200 億才能打平，也就是營收必須超過 Whole Foods 超市或諾德斯特龍百貨。在數位時代，傳統消費者行銷的重要性下降，更好的產品隨時冒出來，消費者只需要勤勞一點做功課，就能移情別戀。新型態的行銷是創業者將普通東西包裝成好東西，將自己定位成「破壞性創新」，接著賣給因為魚尾紋日益加深而歇斯底里的舊經濟公司，取得金額高到荒謬的資金。

沃爾瑪忙著將電子商務業務納入原本的實體零售基礎時，Amazon 則在打造與收購能使線上零售錦上添花的實體商店，也因此大概會勝出。消費者愈來愈偏好混合型通路體驗，由數位服務（各位的智慧型手機）擔任消費者、商店與網站之間的結締組織。消費者永遠是贏家，看是要選擇「第一道門」：優良電子商務體驗；還是「第二道門」：優秀店內體驗，或「第三道門」：靠自己的手機連結的優秀網站與商店體驗。消費者可以靠手機預訂商品、到實體店面提貨、線上購買、在實體店面換貨，永遠不必排隊結帳。這幾乎是無懈可擊的購物方式。Sephora 化妝品、家得寶與百貨公司已經做到這種形式的多通路整合。

零售的未來目前看起來比較像 Sephora，不像 Amazon 目前的樣子，不過 Amazon 擁有資產（資本、技術、消費者的信任、無人能及的最後一哩物流投資），可以實現消費者多通路美夢，順道協助其他零售業者一起圓夢（要收費）。

為什麼線上零售之王 Amazon 最終應該進入多通路零售？因為電子商務行不通，利潤上不可行，沒有純做電商的公司能夠長久生存。

由於消費者的品牌忠誠度下降，電商通路前端爭取顧客的成本不斷增加：你得不斷重新贏回他們。2004 年時，47%的富裕消費者講得出自己偏好的零售品牌，六年後僅剩 28%，這讓純做電子商務的風險愈來愈高，沒人想看 Google 和隨時會變心的消費者臉色過日子。

Amazon 決定擺脫反覆進行無忠誠度可言的高價併購，透過定價與獨家內容與產品，要求民眾要不就加入 Amazon Prime，要不就離開。Prime 會員帶來的常態性收入、忠誠度與年度購買，比非 Prime 會員高 140%。Prime 如果持續以目前速度成長，民眾又持續剪第四台的線，未來八年內，家有 Amazon Prime 會員身分的家庭數量，將超過家有有線電視的家庭數量。

■ 2016 年美國消費者每月平均在 Amazon 的購物支出（單位：美元）

PRIME MEMBER	$193
NON-PRIME	$138

資料來源：Shi, Audrey. "Amazon Prime Members Now Outnumber Non-Prime Customers." Fortune.

此外，打造良好多通路服務的成本（愈來愈是在零售業生存的基本成本），既麻煩又昂貴。Amazon 打造的基礎設施，其實就是在建立管道，把商品輸送進全球最富裕的家戶。美國高收入家戶 70 % 有 Prime，Amazon 的店面實際上將是協助 Amazon 與其他零售商解決最後一哩問題的倉庫。

把各位看上的黑色小禮服，從倉庫調貨，放進卡車，裝進飛機，用貨車送到你家，又碰上你不在家，隔天再送一次貨，接著你試穿後不喜歡，請穿著棕色制服的員工用貨車收回去，再次用飛機運送，再靠卡車送回倉庫，前前後後的成本（非常）昂貴。Amazon 的物流成本自 2012 年第一季起增加 50 %，Amazon 必須收取會員費，並向使用 Amazon 設備的第三方收費，否則撐不下去……這是 Amazon 正在努力的方向。

沃爾瑪在全盛時期不曾擁有自己的飛機或無人機。聯邦快遞（FedEx）、DHL、UPS 等隔夜送達公司過去十年的收費平均提高 83%。此外，隔夜送達自 30 年前提供追蹤服務後，就不太有創新。整體而言，相關業者坐以待斃，等著迎接史上最大打擊。DHL、UPS 與聯邦快遞相加價值 1,200 億，而未來十年那 1,200 億很大一部分將流向 Amazon，因為消費者比較信任 Amazon，而且這間歐美最大貨運業者有自己當第一個顧客。

Alexa，我們怎樣能打敗品牌？

Amazon 的語音技術 Alexa 可能動搖零售與品牌的根基。許多學界同仁與業界朋友認為，建立品牌永遠是成功的不二法門。不對。曾連續五年打敗標普指數（S&P）的 13 家公司（沒錯，一共也就 13 家）中，僅有一家是消費者品牌——運動服飾公司 Under Armour，而 Under Armour 馬上就會被除名。廣告公司的創意主管與消費者公司的品牌經理，或許很快就會「決定多陪陪家人」。品牌如日中天的年代已過去。

消費者依靠品牌帶來的聯想，快速選擇正確產品。汰漬洗衣精與可口可樂等民生消費性用品品牌，耗費數十億美元與數十年歲月，透過訊息傳遞、包裝、商店配置、價格與商品推銷等種種努力打造品牌。然而，民眾習慣網購後，商品推銷無法再倚賴視覺陳設，靠著把產品擺放在貨架最顯眼的頭尾兩端促

■ 說得出自己「最愛的品牌」的富裕人口愈來愈少

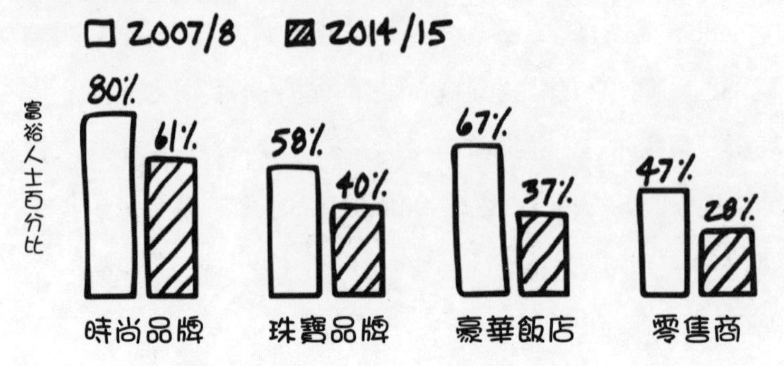

資料來源：The 10th Annual Time Inc./YouGov Survey of Affluence and Wealth, April 2015.

銷，產品的設計與質感重要性大幅下降。

語音下單甚至進一步避開品牌花數個世代與數十億美元打造的品牌特色。靠語音下單時，消費者不曉得價格，也沒看到包裝，比較不可能把品牌加進要求。關鍵字包含品牌名稱的搜尋次數逐漸下滑。消費者願意花力氣比較數個牌子的價格，而 Amazon 也提供比價機會。品牌將敗在 Amazon 之手，尤其是死於 Alexa 之手，從大眾搜尋的方式就可以預見。

我成立的 L2 公司為求了解 Amazon 策略，做過測試（對著 Alexa 大喊各種指令），發現 Amazon 顯然希望透過 Alexa 帶動交易，相較於點選式的訂購，眾多產品如果以語音方式下單，價格較低。在電池等關鍵項目，amazon.com 網站上列出數家電池品牌，Alexa 則只會建議 Amazon 的自有品牌「Amazon Basics」，對其他選擇裝傻（「抱歉，我只找到 Amazon Basics ！」）Amazon 雖然販售數個品牌的電池，自有品牌 Amazon Basics 占了三分之一的線上銷售。

零售商通常扮演家長的角色，替消費者決定他們可以購買的產品，以自有品牌取代其他品牌。那種做法不是新鮮事，只是從來沒有任何零售商做到 Amazon 的程度。Amazon 擁有熱情投資人提供的無限資本，挑起品牌戰爭，搶走品牌利潤，回饋給消費者。

品牌的死亡使者名字就是……「Alexa」。

摧毀一切的 Amazon

我最近在一場大會上，接在貝佐斯後頭的隔天早上發言。貝佐斯和電影《靈異第六感》（*The Sixth Sense*）中那個看得見亡者的孩子一樣，比多數執行長更能看見商業的未來。他被問到工作消失將對社會造成什麼影響時，再次建議我們應該考慮採取「無條件基本收入」（universal minimum income）或「負所得稅」（negative income tax，譯註：收入在一定程度以下者無需繳稅，還能領取補貼）制度，每一位公民都能領取得以活在貧窮線之上的現金福利。人們讚揚：「多偉大的情操，如此關心市井小民。」

等等，有沒有注意到，貝佐斯不太提 Amazon 倉庫內部的情形？

為什麼不提？因為 Amazon 倉庫的內部令人沮喪，甚至不安。難道裡頭是危險的工作環境？不是。還是說像《紐約時報》報導講的那樣虐待員工？也沒有。Amazon 倉庫令人不安的地方，在於並未苛待員工，或者該說裡頭**根本沒人**。貝佐斯之所以提倡給美國人最低所得保障，原因是他看見未來的工作，或至少在他設想的未來中，沒有給人類的工作！就算有，數量不足以分配給目前的勞動力。機器人將逐漸能夠執行人類員工能做的許多事，而且做得幾乎一樣好（有時甚至好出許多），不像人類會提出煩人要求，還得提早下班去接上空手道課的孩子。

機器人是 Amazon 的核心競爭力，但 Amazon 不公開談論機器人，以免成為晚間娛樂主持人與砲火猛烈的政治候選人批評的對象。Amazon 在 2012 年悄悄以 7.75 億美元價格，收購高科技倉儲機器人製造商 Kiva Systems。《星際大戰》（*Star Wars*）中的歐比王・肯諾比（Obi-Wan Kenobi）在帝國軍用死星摧毀奧德蘭星球（Alderaan）時，感受到原力的強力擾動。Kiva 收購案完成時，每一位工會成員應該都感受到類似震動。企業家帶來工作機會，對吧？不對。多數企業家（至少科技業如此）靠著運算處理能力與頻寬的力量**摧毀工作**，少量人力即可完成大量工作。

2016年，零售業基本上沒有成長，Amazon的營收則成長至290億美元。梅西百貨是零售業生產力還算中規中矩的代表（甚至勝過多數零售商），要是數一數Amazon做到百萬營收需要多少員工，對上梅西百貨需要的員工數，可以合理推算Amazon的成長將導致今年7.6萬零售工作消失。各位可以想像把店員、收銀員、銷售代表、電商經理、保全人員，聚集在全美最大的NFL國家美式足球聯盟體育場牛仔球場（Cowboy Stadium），然後告訴他們由於Amazon的緣故，不用來上班了。別忘了明年不但要再次預約牛仔體育場，還要預約紐約麥迪遜廣場花園（Madison Square Garden），因為明年要通知解僱消息的人數更多，而且情況只會每況愈下（或是愈來愈美好，如果你是Amazon股東的話）。

Amazon在這方面並非四騎士中的特例：四騎士全都「以少做多」，帶來失業。

我聽完貝佐斯的演講後，第一個反應是這年頭居然有執行長沒提小說家蘭德的論述，可真是新鮮事。然而再仔細一想，就會發現貝佐斯的話十分嚇人，也或者該說是只能坐以待斃。貝佐斯對於全球最大產業（消費者零售）的未來，有著最清楚的認識與影響力，然而此人的結論是我們的經濟制度不可能像過去一樣，創造出新工作，取代被摧毀的舊工作。或許我們的社會早已放棄，不想花力氣保住中產階級了。

想一想那樣的景象，然後問：「我的孩子會擁有比我更美好的生活嗎？」

全球制霸

Amazon 朝一兆市值大關邁進的方法，包括把觸角延伸至零售價值鏈其他環節，進一步併購。Amazon 近日宣布租下二十架波音 757，購買聯結車，進軍貨運業。過去 18 個月股價加倍，許多零售競爭對手（包括梅西百貨與家樂福）則減半，也因此併購成為拓展規模、迫使過去不願意合作的品牌（所有奢侈品牌）屈服的誘人方法。Whole Foods 超市併購案讓 Amazon 得以在生鮮食品業站穩腳步，取得數百間目前以商店形式呈現的智慧倉庫。

Amazon 的 4,340 億市值，意味著這間西雅圖公司有能力（2016 年 4 月時）以 50%的溢價收購梅西百貨（80 億市值）與家樂福（160 億）在外流通股分，但依舊只會造成自家股東 8%的股分稀釋。沒人知道美國司法部會怎麼說，不過我猜它們大概會樂於讓美國經濟進一步更具競爭力，梅西百貨與家樂福的股東八成也會鬆了一口氣。

或者更妙的手法是讓 Amazon Go 的無現金結帳技術更完美，讓媒體界集體高潮，讓 Amazon 的市值進一步增加百億。光是這個技術就足以推升股價，或是再加上另外幾個瘋狂點子，豪擲市場提供的資金。市場獎勵 Amazon，懲罰其他零售業者，以仰慕眼神望著這個年代或許只輸導演史蒂芬・史匹柏的一流說故事者傑夫・貝佐斯。

平心而論，貝佐斯做到自己為了稱霸全球零售業所提出的願景，接著又打造多數消費者事業願意付費使用的基礎建設。歐洲 2017 年零售成長將為 1.6%，2018 年為 1.2%。Amazon 是歐洲第一的線上零售商，2015 年銷售額達 210 億歐元，是亞軍奧托集團（Otto Group）的三倍，季軍特易購超市的五倍。

然而，Amazon 在全球各地開設實體商店，才是真正的破壞出現的時刻，例如 Amazon 正在計畫進軍印度。民眾或許熱愛 Amazon 提供的商品選擇、價格與網購便利性，然而影響消費者決策最重要的因素，依舊與商店有關。民眾喜歡到店內感覺一下實物，他們是貨真價實的傳統採集者，購買食品雜貨時尤其如此，也就是人類最早培養的直覺。已經成熟的食品業一定會被顛覆，Amazon 將把自己的技術專長用於商店物流、結帳、送貨，替產業區塊立下新標竿。Whole Foods 超市因定價高而飽受抨擊，被 Amazon 納入旗下前股價下跌，但 Amazon 有辦法幫忙解決價格問題。在此同時，460 間 Whole Foods 超市分店將成為 Amazon 的供應鏈——Amazon Fresh 的配送中心與 Amazon 其他業務的轉繼站。Whole Foods 超市分店也可以成為所有網購退貨的服務處，大幅降低成本。Amazon 希望在一小時內盡量服務最多顧客，Whole Foods 超市可以讓 Amazon 如虎添翼。

想像一下，要是 Amazon 在美國境內，買下郵局或加油站公司等民眾習於快速取物的地點，那將是什麼樣的景象。Amazon 目前正在矽谷的桑尼維爾（Sunnyvale）與聖卡洛斯（San Carlos），打造這樣的「在線購買，店內提貨」（click and collect）商店，就是一個訊號。

今日的 Amazon 在你需要之前，就提供你所需的一切，一小時內將商品送至全球最富裕的 5 億家戶。每一家消費者公司都付費使用 Amazon 的基礎設施，因為向 Amazon 租用比自己打造物流系統便宜。此外，沒有任何企業的規模、消費者信任度、便宜資本或機器人比得上 Amazon。一切由提供電影、音樂與 NFL 直播串流等各式娛樂的 Amazon 年費支撐。信不信，Amazon 將買下大學男籃錦標賽「瘋狂三月」（March Madness）或美式足球「超級盃」（Super Bowl）轉播權⋯⋯Amazon 有這樣的實力。

奔向一兆大關

一切準備就緒。Amazon 的「零點選」購物所需的所有元素，已經就定位：人工智慧、購買紀錄、二十英里內就能觸及全美 45% 人口的倉庫、數百萬單品、設置於全美最富裕家戶的語音接收器（Alexa）、最龐大的雲端／大數據服務、460 間實體商店（很快就會擴展為數千家），以及全球最受信任的消費者品牌。

那就是為什麼 Amazon 未來將成為第一間市值突破一兆美元大關的企業。

各位可能會問，那 Apple 和叫車公司 Uber 呢？自 2008 年起，這兩家公司創造的股東價值超越其他所有上市或私人公司，它們成功的關鍵是 iPhone 與 GPS 叫車追蹤系統，相當不同於 Amazon 的策略，對吧？

不對。Apple 和 Uber 的成功祕訣其實更為平凡：Apple 打造開創性的實體店面，Uber 減少叫車的麻煩。重點不是 GPS 追蹤功能讓我們知道，臨時司機哈維爾和他的林肯 KMS 房車在哪裡，而是我們有辦法立刻下車／走出店外，省去結帳的麻煩。這樣的技術讓 Apple 與 Uber 有辦法和 Amazon 同場競爭，但 Amazon 比這兩家公司還懂比賽規則。

貝佐斯在近期股東信上提到：「Amazon 目前已多年參與機器學習的實際應用」。「多年」是多少年？如果 Amazon 測試人工智慧型的服務，預測我們所有零售需求，自動把商品送到家，並依據我們退回的商品或編輯的語音指令做調整（「Alexa，多買一點落建洗髮精，少買一點防曬油」），這個測試將增加 Amazon 用戶的家戶支出。Amazon 的股價將抵抗地心引力，市值翻三倍為一兆。Facebook 與 Google 擁有媒體，Apple 有手機，而 Amazon 即將撼動整個零售生態系統。

誰是超級大輸家

零售是比媒體或電信公司大上許多的產業，Amazon 成功，代表會有大量輸家——不只個別公司是輸家，而是整體產業全軍覆沒。

食品雜貨

食品雜貨業顯然是厄運臨頭的產業部門，但怨不了誰。這個全美最大的消費者部門（8,000 億）向來扼殺創意，一成不變的糟糕照明、沮喪員工、令人抓狂的購物體驗：走過一排又一排貨架，就是找不到想要的喬巴尼（Chobani）優格。Amazon 的 Amazon Fresh，以及 2016 年 12 月問世的無收銀員超市 Amazon Go，提供線上食品雜貨解決方案。2017 年 6 月，Amazon 收購 Whole Foods 超市，取得該公司位於富裕街區的

■美國產業中，零售占有極大份量（單位：美元）

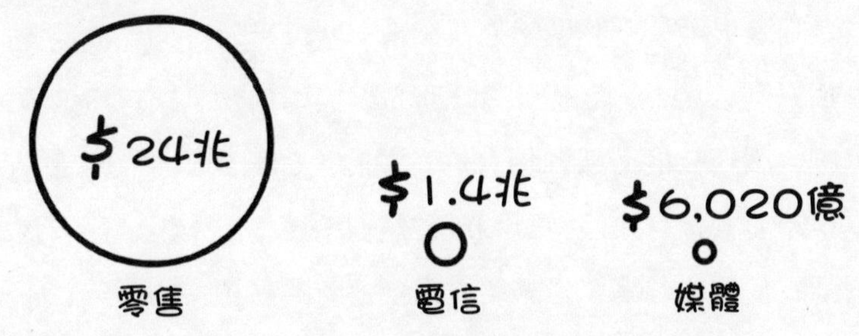

資料來源：Farfan, Barbara. “2016 US Retail Industry Overview.” The Balance.
“Value of the Entertainment and Media Market in the United States from 2011 to 2020 (in Billion U.S. Dollars).” Statista.
“Telecommunications Business Statistics Analysis, Business and Industry Statistics.” Plunkett Research.

460 家分店。Amazon 與 Whole Foods 超市雖然僅占美國 3.5%的食品雜貨支出，高級超市與高科技配送解決方案的組合，預示著這個區塊將出現重大變動。併購消息一出，克羅格超市當日股價下跌 9.24 %，有機批發商聯合天然食品公司（United Natural Foods）下跌 11%，塔吉特百貨下跌 8%。Amazon 將成為大贏家。

餐廳也將遭受打擊，有了快速送達服務後，在家準備餐點將變得容易。沒錯，宅配服務也會受影響，Instacart 發言人指出，Amazon 併購 Whole Foods 超市是在「對全美所有超市與街角商店宣戰。」

沃爾瑪

誰是最大輸家？顯然是沃爾瑪。沃爾瑪碰上的電商成長障礙不只是 Amazon 而已：沃爾瑪的員工領低薪，缺乏多通路虛實整合服務技能。沃爾瑪有許多顧客是你感到陌生的一群人：這年頭怎麼還有人沒有寬頻或智慧型手機？二十世紀最有錢的富豪所掌握的藝術，是讓領取最低薪資的員工當店員。二十一世紀最有錢的富豪所掌控的科技，則是利用不需要領薪水的機器人賣你東西。

Amazon 買下 Whole Foods 超市的同一天，沃爾瑪買下擁有實體店面的線上男裝零售商 Bonobos。Bonobos 擁有欣欣向榮的多通路虛實整合模式，顧客在實體店面試穿，接著買好的衣服會自動送到家。如同 Jet 的併購案，沃爾瑪希望靠著收購小型零售商學習電商精神，和 Amazon 一較高下，然而 Bonobos 規模太小，大概起不了太大作用。

沃爾瑪是全美最大的食品雜貨零售商，Whole Foods 超市併購案讓沃爾瑪與 Amazon 之間的食品雜貨戰愈演愈烈。沃爾瑪超市的分店數量是 Whole Foods 超市的十倍，然而 Amazon 的物流能力大概能彌補這點。

就連 Google 也被 Amazon 痛擊

Google 相對而言輸給 Amazon。Amazon 是 Google 最大客

戶，而 Amazon 優化搜尋的程度，勝過 Google 優化 Amazon 的程度。Google 的確是優秀公司，然而 Amazon 大概會打敗 Google，率先抵達一兆大關。產品搜尋是有利可圖的事業。人們搜尋完產品後可能下單，在網上偷查完高中暗戀對象後則不會買東西。由於想購物的民眾開始把 Amazon 當成第一個搜尋的網站，Amazon 的搜尋專利價值，有一天或許能和 Google 匹敵。然而，真正的受害者是傳統零售。傳統零售唯一的成長管道是網購，而網購的天下正在落入 Amazon 之手。Google 和品牌網站的產品搜尋量，年年輸給 Amazon（零售商 2015 年至 2016 年間輸 6% 至 12%）。傳統認知是消費者會到品牌網站上搜尋產品，接著到 Amazon 下單，然而實際上 55% 的產品搜尋，直接把 Amazon 當成入口網站（利用 Google 等搜尋引擎的百分比則為 28%），這種現象讓力量與利潤從 Google 與零售商那跑到 Amazon 手中。

其他輸家——就是我們！

我本身是相當平凡的孩子，成績還過得去，但不太會考試。高中時在加州西木區（Westwood）的韋斯特沃德霍超市（Westward Ho）當處理貨箱的小弟，時薪約 4 美元。

我在 UCLA 念大一時，在布蘭特伍德（Brentwood）的維森特超市（Vicente Foods）找到打工機會，同樣也是當貨箱小

■ 美國大量的零售員工，未來將何去何從？

2015 年

資料來源："Retail Trade." DATAUSA.

弟，但這次我是「食品貿易工人國際聯合工會 770 地方分會」的成員，因此時薪達 13 美元，除了有能力支付大學每年 1,350 美元的本地學生學費，還能留點錢吃飯。維森特超市今天還在，所以讓我得以念大學的比先前多兩倍的工資，顯然沒讓維森特超市經營不下去。

1984 年時，你有可能當一個普通至極的打工年輕人，依舊念得起一流大學。然而環境後來變了很多，對像我當年一樣的孩子來講，不是變得更好。不論是好是壞，Amazon 與其他我們崇拜的創新者，替傑出人士創造出最美好的時代，普通人則日子難過。

以後還是會有超市，還是會有上架人員，只是人數減少。超市和其他零售業一樣，部份將轉型成「以規模取勝的量販店」，利用機器人、便宜資本、軟體與語音技術，化身為由機器人負責九成營運、價格降至六成的美好商店。店內的人類員工則成為服務富裕人士的專業人士。

以上是我們的零售生態系統正在發生的現象。多少工作大概會被更具效率、省成本的機器人取代？問 Amazon。

所以，零售業者（和員工）都註定完蛋？

簡單來講，不是。對抗帝國的創意零售商是一股反叛勢力，例如：Sephora、家得寶、百思買等等。這些公司在 Amazon 走向一方時，走向另一方，**投資人類**——美容顧問、技術服務員，以及穿著藍衫或金黃色帆布圍裙的員工。消費者前往實體商店不再是為了購買產品，在 Amazon 買比較方便。他們前往商店是因為店內有人／專家。

創意零售商的策略最終會勝利嗎？也或者 Amazon 會是最終贏家？也或者兩者將分庭抗禮，各據一方？這個問題的答案，將不只決定企業命運，也將影響數百萬勞工與家庭。可以確定的是，我們需要願景與實際作為是創造更多工作機會的企業領導人，而不是避稅又要求政府補助的億萬富翁，以及讓人們整天窩在沙發上看 Netflix 的社會福利制度。貝佐斯，給我們看點真正的願景。

第 3 章

Apple

不只是科技，更是精品

2015 年 12 月，加州聖貝納迪諾（San Bernardino）一名 28 歲衛生稽查員和太太參加工作派對，把六個月大的女兒交給母親照顧，接著兩人在派對上戴上滑雪面罩，用兩把型號不同的 AR-15 步槍發射 75 輪，14 名同事死亡，21 人重傷。四小時後，夫妻雙雙死於與警方對峙的槍戰。FBI 取得槍手賽德．李茲瓦．法魯克（Syed Rizwan Farook）的 iPhone 5c，成功向聯邦法庭申請到法院令，要求 Apple 提供解鎖手機的軟體，但 Apple 不肯從命。

接下來數週，我兩度上彭博電視（Bloomberg TV）討論此事，接著發生怪事：我因為認為 Apple 應該遵守法院命令，開始收到恐嚇信，而且是如雪片般飛來的大量信函。

不論各位在 Apple 隱私權的辯論中站哪一方，更值得探討的問題其實是如果槍手拿的是黑莓機，還會如此事態膠著嗎？

不會？為什麼？因為 FBI 取得的法院手機解鎖令，黑莓公司的加拿大滑鐵盧市（Waterloo）總部大概會有不同回應。我猜要是加拿大公司不在 48 小時內解鎖，數十位美國國會議員將威脅進行貿易制裁。

皮尤（Pew）做的美國民意調查顯示，意見大多十分兩極，不過族群與族群間也差異極大。整體而言，年輕的民主黨支持者站在 Apple 那邊，年長的共和黨支持者則支持政府，但通常應該兩者對調才對，前者贊成擴大政府力量，後者則保護大型企業的特權，然而身為四騎士成員的 Apple，自有一套遊戲規則。

換句話說，消費者世界的重要民眾支持 Apple。年輕的民主黨支持者（擁有有大學學歷的千禧世代）不只繼承這個世界，還征服這個世界，他們的領袖是麻省理工學院（MIT）畢業的工程師和哈佛輟學生。這群人收入與日俱增，並和一般人年輕人一樣進行不理性消費，還握有在商業界具備影響力與重要性的技術長才。他們支持 Apple，因為 Apple 象徵著他們的特立獨行，擁有反抗體制的進步思想，而無視於賈伯斯（Steve Jobs）對慈善機構一毛不拔，幾乎只雇用中年白人男性，甚至可說是人品糟糕。

一切都不重要，因為 Apple 很酷，Apple 是**創新者**。聯邦政府決定強迫 Apple 改變做法時，果粉一湧而上，為 Apple 辯護，我可不是他們的一員。

雙重標準

我永遠試著表現出不在意他人看法的樣子，然而同事（許多是擁有常春藤大學學位的千禧世代）寄信以彬彬有禮的方式罵我時（這比普通的「你去死吧」恐嚇信還傷人），我真的嚇了一大跳。

教學同仁對我的 Apple 隱私權議題觀點感到失望。說穿了，我沒有站在正確的一方，他們認為我沒有捍衛個人隱私權。然而我認為，與其說他們支持隱私權，不如說他們支持 Apple。他們與 Apple 公司的說法包括：

- Apple 要是研發出 FBI 可以強行破解手機的新 iOS，就是開了後患無窮的後門，可能落入錯誤人士之手（《007：惡魔四伏》〔*Spectre*〕的劇情？）
- 政府不能要求企業監視老百姓

我對於第一種說法的回應是：如果 Apple 開了其他人可以使用的後門，那並非門戶洞開，比較像是開了一道狗門。Apple 評估需要花 6 至 10 位工程師一個月時間破解。那並非研發原子彈的「曼哈頓計劃」（Manhattan Project）。此外，Apple 主張這把鑰匙可能落在錯誤人士之手，後患無窮，然而我們在談的不是什麼會讓魔鬼終結者（Terminator）興起、回到過去摧毀所有人類的微晶片。FBI 甚至同意在 Apple 園區進行解鎖，確保不會成為民眾可以在 www.FBI.gov 下載的 APP。同樣的，整個情勢也不是聯邦探員守在比沃格拉夫劇院（Biograph Theater，譯註：FBI 曾於該地擊斃搶匪）的暗巷門邊，隨時準備好開槍。

不該強迫商業機構加入政府戰爭的說法，還勉強有點道理。然而，要是福特汽車（Ford Motor）製造了 FBI 打不開的行李箱，FBI 認為肉票正在裡頭，快要窒息而死，難道不能請福特幫忙開？

法官每天都依據搜索扣押法，下達搜索令。相關法條會問世，就是為了避免毫無限制的搜索。法官要求搜索住家、汽車、電腦，目的是找到可能防範犯罪或破案的證據資料，然而不知為什麼，我們唯獨認定 iPhone 神聖不可侵犯，不必遵守商業世界中其他人都必須遵守的規定。

神聖與世俗

用於禮拜儀式等宗教活動的物品，常被視為神聖不可侵犯。賈伯斯是創新經濟的耶穌，他的耀眼成就 iPhone 成為崇拜他的管道，iPhone 的地位高過世上其他產品技術。

基本上，我們膜拜 iPhone，而我們的崇拜開啟了新型企業極端主義。這個極端主義雖然沒讓我們面臨人身安全威脅（我不認為 Apple 員工是暴力激進分子），這種世俗崇拜依舊有其危險性。為什麼？因為當我們讓企業不受法律約束，我們會對其他企業應當遵守的標準規範失去敬意，造成雙重標準，帶來贏者全拿的環境，進一步加深不平等。簡單來講，在賈伯斯的年代，大家對 Apple 睜一隻眼，閉一隻眼，就連賈伯斯自己，都可以在 Apple 提供他回溯日期的選擇權爭議中全身而退。要是換作美國其他任何企業執行長，不可能有這種事。美國民眾與美國政府在某一天決定賈伯斯與 Apple 再也不受法律約束，直到賈伯斯先生死前一直如此。

這麼做值得嗎？各位自己決定。在二十一世紀的頭十年，賈伯斯重返 Apple 後，Apple 推出企業史上最偉大的一系列創新，十年間接連推出撼動世界、價值千億美元的新型產品服務，iPod、iTunes/Apple Store、iPhone 與 iPad……那是前所未有的創意大爆發。

那幾年間，消費者電子產業是巧克力工廠，賈伯斯就是工廠主人威利・旺卡（Willie Wonka），每年冬天在全球開發者年會（Worldwide Developers Conference），站在台上宣布又有新的產品升級，接著在離開舞台前，停下腳步，轉身說出：「噢，對了，還有一件事⋯⋯」，接著改變這個世界。全球開發者年會從小型客戶大會，搖身一變成為公民大會，全球股市屏息以待，新聞記者天剛亮就聚集在會場莫斯克尼會議中心（Moscone Center）外，預告接下來幾小時將發生的事。Apple 的對手緊盯動態消息，七上八下等著 Apple 這次又會出什麼招。

今日的我們很容易忘記 Apple 那個十年有多輝煌。2001 年年末，在網路泡沫與九一一事件的雙重打擊下，iPod 問世就像是甘迺迪被刺殺僅幾個月後，披頭四登上《蘇利文劇場》（*Ed Sullivan*）：那是黑暗之中象徵著希望與樂觀的亮光。接下來，賈伯斯利用自己在好萊塢的力量，迫使人們對可能摧毀音樂產業、Napster 開啟的音頻下載盜版現象反應過度（結果當然對 Apple 有利），替經典產品 iPhone 打造好登場的舞台。全球果粉為了搶購 iPhone，在店門外徹夜守候。最後一個登場的是令人驚歎的 iPad。Apple 能夠成功，Napster 創始人尚恩．范寧（Shawn Fanning）是背後的無名英雄，他讓音樂產業嚇到躲進 Apple 懷抱，而 Apple 和音樂產業合作的方式，就像是吸血鬼與血袋合作。

要是賈伯斯當年沒有因病去世，Apple 能否在目前的十年維持當初的腳步？大概可以，因為儘管賈伯斯這個人性格不討喜，他做到一件重要的事：他讓 Apple 在度過執行長約翰．史考利（John Sculley）掌舵的風險規避歲月後，轉型成**把冒險當成第一選擇**的公司——Apple 可能是史上願意這麼做的最大型企業。不同於財星 500 大企業其他每一位執行長，賈伯斯懲罰小心翼翼的思維，而歷史也記錄下結果。賈伯斯先是創立公司，接著又一手把那間公司變成全球最有價值企業。他是史上第一位辦到這件事的人，Intel 的鮑勃．諾伊斯（Bob Noyce）或 HP 的大衛．普克德（David Packard）都沒做到。不論是 Apple 商店、觸控螢幕或炒冷飯的 MP3 播放器，當時人們都看不懂賈伯斯葫蘆裡賣什麼藥。

賈伯斯替 Apple 建立豐功偉業，但也在公司內部造成不良影響，以惡劣態度對待員工，缺乏慈善精神與包容性，喜怒無常，狂妄自大，讓 Apple 永遠處於混亂臨界點。他的過世，終結了 Apple 的重大創新期，但也讓 Apple 得以在提姆．庫克（Tim Cook）的領導下變得井井有條，專注於獲利與擴大規模。最終的結果看資產負債表就知道：如果獲利是成功的象徵，Apple 在 2015 年會計年度成為史上最成功的企業，淨利高達 534 億美元。

如果 Apple 不是財星 500 大科技寵兒，國會早已進行稅制改革。多數政治人物和全球其他特權階級一樣，掏出自己的 iPhone 時，都心生憐愛。根本不用比。當 Apple 對上，嗯，例如埃克森石油（Exxon），Apple 就是比較討喜。用「不同凡想」

的腦袋想一想就知道。(編註:「不同凡想」〔Think different〕是Apple 知名廣告口號。)

接近上帝

Apple 一向擅長從他人身上獲取靈感(翻譯成白話文就是「偷走點子」)。Apple 的現代策略受奢侈產業啟發,決定靠稀缺性賺取荒唐暴利,其他笨手笨腳、不善交際的科技新貴硬體品牌,幾乎不可能模仿。總部位於庫比蒂諾(Cupertino)的 Apple 智慧型手機市占率僅 14.5%,卻吃下全球 79%的智慧型手機利潤(2016 年)。

賈伯斯天生是行銷高手。1977 年的舊金山西部電腦大會(Western Computer Conference)上,與會者一踏入布羅克斯廳(Brooks Hall)就感受到不同:其他所有新成立的個人電腦公司都展示光溜溜的主機板或難看金屬箱,賈伯斯和沃茲尼克(Woz, Stephen Gary Wozniak)的桌上,卻擺著未來將定義優雅 Apple 造型、有著米黃塑膠成型殼的 Apple II 電腦。Apple 電腦美麗,時尚。最重要的是,在電腦迷與科技宅的世界,Apple 產品散發著奢侈品的光芒。

喜愛奢侈品並非後天環境的養成,那種熱愛存在於我們的基因,同時結合我們想超越世俗、感到更接近神聖完美殿堂的

■ iPhone 在智慧型手機市占率不到 15%，卻抱走近八成利潤

2016 年

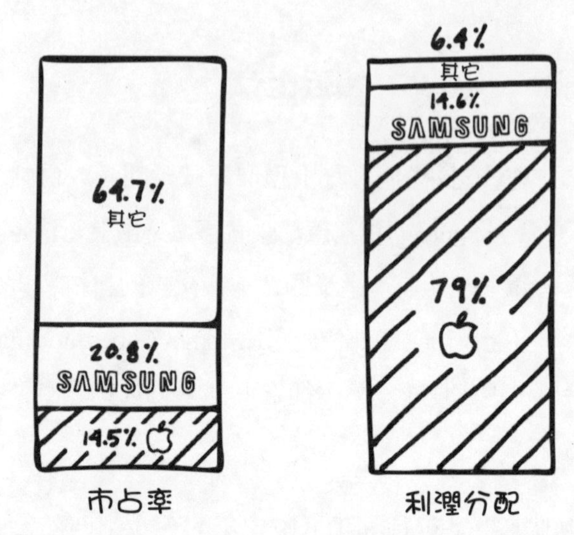

資料來源：Sumra, Husain. “Apple Captured 79% of Global Smartphone Profits in 2016.” MacRumors.

本能需求，以及想吸引潛在配偶的欲望。我們千年以來跪在教堂、清真寺、廟宇裡，環顧四周，心想：「漢斯主教座堂（Reims）、聖索菲亞大教堂（Hagia Sophia）、萬神殿（Pantheon）、卡奈克神廟（Karnak）不可能出自人類之手。渺小的人類不可能在沒有神靈的指引下，就創造出如此美妙的音樂、藝術與建築。那仙境般的樂聲，那座雕像，那些壁畫，這些大理石牆，讓我脫離凡人的世界，這裡一定是神的處所。」

歷史上的平民接觸不到奢侈品，也因此他們到教堂朝聖，

看見鑲著珠寶的聖餐杯，閃閃發亮的吊燈，以及世上最美的藝術作品，開始把美不勝收的高超工藝與上帝的存在聯想在一起，這種聯想正是奢侈品的基礎。日後的工業革命讓一般大眾過著更好的生活，二十世紀時數億、甚至是數十億人得以取得奢侈品。

十八世紀時，法國貴族把國家 3% 的 GDP 用於購買美麗假髮、蜜粉與禮服，靠奢華打扮展示身分地位，使僕人心生敬畏（充滿劇場效果的零售與名人代言，不是 Nike 發明的）。數個世紀以來，天主教向來明白宏偉建築物（商店）的力量，打造出走過戰爭與爆發駭人醜聞後依舊歷久不衰的品牌。十八世紀法國皇后瑪麗．安東妮（Marie Antoinette）撲粉的妝容、假髮與禮服蔚為時尚，今日的 NBA 小皇帝詹姆士（Lebron James）戴的則是 Beats 耳機。什麼事都沒變。

背後的原因是什麼？天擇──以及隨之而來的欲望與羨慕的眼神。握有權勢者更有能力取得房子、溫暖、食物與性伴侶。許多讓自己被「美」圍繞的人士，號稱自己並不是在求偶，只不過是欣賞美麗事物。也許吧。寶緹嘉（Bottega Veneta）手提袋的編織網孔，保時捷 911 的車背斜度，令人目眩神迷，美不勝收。你想擁有，想沐浴在它們的耀眼光芒之中，想感受在這個最柔和、最能襯托自己的光線中，人們仰慕你的眼神。

就算只開到時速 55 英里，身為保時捷車主令人感到魅力提升，更可能來一段露水姻緣。男性天生有強烈生殖欲望，我們心中的穴居人渴望得到那支勞力士錶、那台藍寶堅尼或 Apple。用下半身思考的穴居人願意為了令人印象深刻，犧牲許多事，付出不理性的價格。

從理性層面來看，奢侈品沒意義，但我們就是掙脫不了靠近神聖殿堂或繁殖的渴望。購買奢侈品時，消費本身也是體驗的一部分。如果是在貨車後方買來的鑽石項鍊，就算寶石是真的，滿足感就是比不上在 Tiffany 購物：身穿高級服飾的銷售人員，在明亮燈光下擺出項鍊，彬彬有禮地向你介紹。奢侈品市場如同鳥兒可能引來掠食者的美麗羽毛，不理性，但可以吸引異性，一下子壓過大腦發出的掃興理性訊號：「你買不起」或「買這個做什麼」。

此外，奢侈品是聚寶盆。上帝與性原子的碰撞點燃商業世界中前所未有的精力與價值。全球 400 大富豪中，扣掉遺產繼承人與金融人士，從事奢侈品與零售產業的人數，多過科技及其他所有產業。以下是歐洲前 10 大富豪的財產來源（誰在乎他們是誰，他們的公司遠比他們本人有趣）：

Zara 服飾

萊雅

H&M 服飾

LVMH 集團

能多益巧克力醬（Nutella）

阿爾迪超市（Aldi）

利多超市（Lidl）

喬氏超市（Trader Joe’s）

羅薩奧蒂卡眼鏡（Luxottica）

箱桶之家家居公司（Crate & Barrel）

歷久不衰的奢華

目前尚無科技公司可以解決自身的「退流行」老化問題，身為奢侈品牌的 Apple 則是第一家可能屹立數個世代的科技公司。

Apple 起初並非奢侈品牌，只是在烏烟瘴氣的科技硬體業中，最有模有樣的一家公司。硬體是一個充滿電線、阿宅產品、縮寫與低利潤的世界。

Apple 早期出奇制勝的方法很簡單：做出比對手符合直覺的電腦。賈伯斯的優雅包裝點子只吸引一小群顧客，沃茲尼克的架構才是真正吸引其他人的賣點。當時的 Apple 主要吸引消費者的腦袋，許多早期的 Apple 愛用者是科技迷（完全沒帶給

Apple 性感魅力）。然而，聰明的 Apple 看著隔壁的奢侈品鄰居走的路線，心想：有何不可？為什麼我們不能當最棒的產業中、最棒的一家？

Apple 在 1980 年代走下坡，搭載微軟 Windows 與 Intel 晶片的電腦速度快、價格也便宜，贏得理性器官（大腦）的認同。Word 和 Excel 成為全球通用標準，在 Intel 電腦上可以玩比較多遊戲，Apple 電腦沒辦法。此時 Apple 開始往下半身發展，從主攻大腦，變成主攻心與生殖器，試圖力挽狂瀾。當時 Apple 從市占率超過 90%，一路往低於 10%探底。

Apple 1984 年推出的麥金塔電腦擁有美麗圖示（icon），也有令人心動的個人化外觀。大家突然發現，原來誰都能用電腦。麥金塔會說話：歷史上著名的一刻是麥金塔首度和世人見面時，在螢幕上顯示「Hello」。藝術家靠 Mac 表達自我，創造出美麗事物，改變這個世界。接下來的重大突破是「桌面排版」（desktop publishing），Adobe 軟體特別適合 Mac 精確的點陣顯示畫面。

如同 Apple 著名的「1984」廣告展現的精神，擁有 Apple 產品讓我們相信 Apple 的使用者不同於一般凡夫俗子，結果就是我本人，以及我的新創公司員工，花了二十年努力適應效能不足與價格過高的產品，以便自稱和 Apple 一樣「不同凡想」。

然而，當年當 Apple 人並不性感。在從前那個年代，多數人不會隨身攜帶電腦。電腦被放在**電腦室**，拖著想追的對象到電腦室，向對方炫耀硬體，不太可行，也不是很浪漫。

電腦要化身成真正的奢侈品之前，首先體積得變小，還得學幾招新把戲，把自己打扮得光鮮亮麗，還得觸手可及，或是能帶在身邊，我們才有辦法在公共場合或私底下，向身旁的人透露自己是成功人士。Apple 的變身始於 iPod：一個撲克牌大小、有光澤的白色方塊，讓你可以把整個音樂庫放進口袋。在一群難看的灰色、海軍藍與黑色 mp3 播放器中，iPod 是技術奇蹟，容量高達 5GB，屈居亞軍的對手 Toshiba 產品則是 128MB。Apple 找遍電子業，尋找願意做那麼迷你、近乎珠寶的硬碟的廠商。

Apple 最終拿掉公司名稱中的「電腦」二字，電腦的概念已屬於過去。從音樂到手機，未來的世界和**靠電腦驅動的事物**有關。顧客可以帶著這些放上品牌的產品四處走動，甚至穿戴在身上。Apple 開始走向奢侈品產業。

2015 年登場的 Apple Watch 集大成，在台上由超級名模克莉絲蒂．杜靈頓．伯恩斯（Christy Turlington Burns）向世人展示產品。鏡頭掃過觀眾，只見名人免費友情客串坐在台下。此外，Apple 在哪裡買下 17 頁跨頁廣告慶祝新產品上世？不是

《電腦世界》(*Computer World*)雜誌，甚至不是《時代》(*Time*)雜誌(Apple 一度在《時代》雜誌推出麥金塔)。都不對。Apple 選中《Vogue》雜誌，由攝影師彼得．貝朗格(Peter Belanger)操刀，展示一只售價 12,000 美元的玫瑰金 Apple Watch。Apple 搖身一變成為最高級社區中最豪華的一棟房子。

稀缺性

刻意造成稀缺是 Apple 的成功關鍵。Apple 賣出數百萬台 iPod、iPhone 與 Apple Watch，但全球大約只有 1%的人口可以(合理)負擔 Apple 產品——那是 Apple 刻意制定的策略。2015 年第一季，iPhone 的全球智慧型手機市占率僅 18.3%，卻囊括全球 92%的利潤，而那正是奢侈品的行銷方式。你怎樣才能以不炫富的方式，在世界各角落，都能向朋友與陌生人優雅地展示你的能力、DNA 與家庭背景都屬於前 1%的頂尖人士？很簡單，拿著 iPhone 就能辦到。

只要繪製行動作業系統的熱區圖，富人區就會現形。曼哈頓完全是 Apple iOS 的天下，再朝紐澤西州走，或是到了布朗克斯區(Bronx)，也就是平均家戶所得驟降的地方，則由 Android 系統稱霸。在洛杉磯，如果住在馬里布(Malibu)、比佛利山(Beverly Hills)、帕利薩德區(the Palisades)，你會拿 iPhone。住中央南區(South-Central)、奧克斯納德(Oxnard)、內陸帝國（Inland Empire）的話，多半是拿 Android 機。iPhone 是你接近完美、有更多交配機會最明顯的訊號。

寫文章讚揚 Apple 的人士比讚揚其他公司都多，但大部分的人未能看出 Apple 其實是奢侈品牌。我當奢侈品牌顧問已有 25 年時間，我認為不論是保時捷還是 Prada，奢侈品公司有五個共同的關鍵特徵：傳奇創始人、工藝技術、垂直整合、足跡遍布全球，以及頂級價格，以下進一步介紹：

一、傳奇創始人

不斷把品牌當成一個人的化身，最能塑造出可以表達自我的品牌，尤其如果那個人就是創始人。執行長來來去去，但創始人永遠是創始人。路易．威登（Louis Vuitton）在 1830 年代是窮小子，一路打赤腳走，整整走了 483 公里抵達巴黎。他後來成為製作皮箱的專家，不久後便替法國拿破侖三世的妻子歐仁妮皇后（Eugénie de Montijo）製作精緻旅行箱。

威登是傳奇創始人的原型，此類創業者的人生故事充滿扣人心弦的高低起伏，而且他們的手藝通常屬於博物館的殿堂，而不是一般市井商店。藝術，以及藝術的普及（工藝），讓他們的品牌得以轟轟烈烈，歷久不衰。這類創始人通常來自工匠階級，同時被賜福與詛咒，很早就知道自己這輩子要做什麼：他們的使命就是製作美麗物品，他們別無選擇。

我們很容易憤世嫉俗，嘲弄奢侈產業閃閃發亮，虛榮淺薄。然而你可以開開看保時捷 911，或是看著自己臉頰因 NARS 彩妝的高潮腮紅系列（Orgasm Blush）而顯得更立體，或是因為穿著奢華品牌 Brunello Cucinelli，眼神變得更銳利堅定。那就是為什麼匠人在現代史上創造出比任何群體都龐大的財富。可可．香奈兒（Coco Chanel）說過：「有人認為奢侈是貧窮的反義詞，不是的，奢華其實是粗俗的相反。」

如果想明白賈伯斯身為創新偶像的力量，可以想想年輕時的貓王。貓王如果在錄製太陽錄音棚系列紀錄（Sun Studio sessions）後、入伍前的二十多歲便過世，我們永遠不會看見他穿著白色緊身喇叭褲，扭動身體晃過拉斯維加斯舞台。貓王 40 歲前便離開舞台。如果再多待個一、二十年，將只能在退休遊輪上表演老招數，他生前居住的雅園（Graceland）也將成為拖車屋公園。死亡讓偶像得以逃脫不可避免的幻滅與年華老去，就此成為傳奇，對品牌來講是太理想的情形。想像一下，要是一度是高爾夫球巨星的老虎伍茲（Tiger Woods）後來表現沒有變差，他妻子在發現丈夫出軌的當天晚上就成功開車撞死他，他的品牌對 Nike 來講，將是多麼價值連城。可以永遠停留在輝煌時刻，可說是公眾人物過世的少數好處之一。他們一切自毀名聲的愚蠢行徑，或更糟的是年華老去，都不再有關係。我們知道美國的開國元勛在國父喬治・華盛頓（George Washington）如同莎士比亞所言「擺脫塵世煩惱」後，悄悄鬆了一口氣，因為華盛頓死後，就不再可能毀掉自己的崇高聲望。

傳奇創始人在真實生活中是否是混蛋不重要，Apple已經證明這點。這個世界像崇拜耶穌一樣，把賈伯斯當英雄，然而現實生活中的他看來不但不是好人，還是有問題的父親，明知女兒是親生的，卻在法庭上否認此事，拒絕負擔扶養孩子的費用，即便他當時已身價數億美元，絕對負擔得起。此外，前文也提過，賈伯斯就Apple的股票選擇權方案一事，似乎在政府調查人員面前做了偽証。

然而，賈伯斯2011年過世時，舉世同哀，成千上萬人在網路上、Apple總部與全球各地的Apple商店設置靈堂，甚至連他高中母校大門前也有。偶像創始人變成神，明星變聖徒，尤其賈伯斯晚年外貌愈來愈像苦行者，更是有助於這樣的形象轉變。

賈伯斯過世後，Apple品牌愈燒愈旺。我們對賈伯斯著迷的程度，完全符合方濟各教宗所說的不健康的「金錢崇拜」。傳統說法是賈伯斯「在宇宙留下印記」。不，他沒有。依我來看，他比較像是在宇宙身上吐口水。每天早上起床讓孩子穿衣服，送他們上學，以不理性的狂熱希望孩子幸福的人士，才是真正在宇宙中留下印記的人。這個世界需要更多有家長願意替孩子付出的家庭，而不是什麼更升級的手機。

二、工藝技術

奢侈品的成功源自一絲不苟專注於細節，以及近乎超人的專家手藝。完美奢侈品問世時，有如遙遠星球的外星人到地球，製作出更好的太陽眼鏡或絲巾。喜歡「便宜又大碗」的購物者可能感到奇怪，世上怎麼有人費這麼多工夫，只為了設計出往內收的轉軸，或是在帽子根本看不到的地方，把每一條小小的線仔細打結。然而，對於擁有可支配收入、不擔心下一餐在哪裡的人而言，傑出工藝品是無與倫比的生活體驗。

Apple 的奢華語言是簡潔，簡潔是最極致的複雜。自 1980 年代的白雪公主設計風格（米色表面、讓電腦看起來小巧的水平線）開始，一直到「口袋裡裝一千首歌」的 iPod，Apple 向來執著於簡潔。俐落外形與使用方便是簡潔的必要元素。人們與物品的互動激盪出愉快火花時，品牌忠誠度就會增加。iPod 的點按式轉盤優雅又充滿玩心。iPhone 向世人介紹觸控式螢幕：「我任你滑」。Apple 替 PowerBook 選擇鋁殼，鋁比其他多數材質輕盈，機身可以較為輕薄，熱傳導也較佳。此外，鋁殼看上去尊榮不凡，如同某支 iMac 廣告所言，Apple 科技「就是這麼酷炫，就是這麼簡單」。

Apple 秉持一貫精神，不斷打造出民眾膜拜的產品，「看似不費吹灰之力……如此簡單、易懂、順理成章，不可能有其他更理性的選擇。」認知心理學指出，誘人物品可以帶來美好感受，而美好感受又讓我們更能迎接創意挑戰。1933 年至 1998 年間擔任 Apple 先進技術副總裁的唐・諾曼（Don Norman）表示：「誘人的事物效果也較佳。你洗車打蠟後，車子開起來比較順，對吧？至少感覺上如此。」

三、垂直整合

Gap 在 1980 年代初，原本是一般的服飾連鎖店，除了擺出 Levi's 牛仔褲與其他休閒服飾，還兼賣唱片。他牌服飾和 Gap 自有品牌混在一起販售。到了 1983 年，新任執行長米奇・德雷克斯勒（Mickey Drexler）重新打造店面，提供柔和照明，淺色木材裝潢，輕鬆背景音樂，拓寬的試衣間，著名攝影師的巨幅黑白作品裝點著牆面。每一間分店都提供顧客體驗德雷克斯勒心中願景品牌的空間。德雷克斯勒沒賣奢侈品，但替品牌營造出消費者得以面對面體驗的世界，模仿奢侈品牌，營造出奢侈**幻象**。德雷克斯勒的策略讓營收與利潤同時上揚，Gap 就此一路長紅二十年，成為零售產業羨慕的對象。

許多人稱德雷克斯勒為「商業鉅子」（The Merchant Prince），不過這個稱號不足以說明他對商業世界的影響。德雷克斯勒明白電視可以發送品牌訊息，但實體商店的功能更為強大，提供顧客得以**踏入品牌的空間**，聞得到，也摸得到。德雷克斯勒決定靠實體商店打造品牌資產，在關鍵對手 Levi's 接連推出史上最佳電視廣告時，專注於打造最佳店內空間。

最後的結果？1997 年至 2005 年間，Gap 營收翻三倍，一路自 65 億美元成長至 160 億，Levi's 的利惠公司（Levi Strauss & Co.）則自 69 億跌至 41 億。品牌塑造的重心從電波世界轉換至實體世界，Levi's 措手不及。我認為利惠公司當初要是留意到 Apple 的成功之道，世界可能會更美好，因為利惠公司的擁有者哈斯家族（Haas family）是你我心中的模範老闆：正派、貢獻社群、慷慨大方。

賈伯斯重返 Apple 後，立刻在 1999 年請德雷克斯勒擔任 Apple 董事，二年後 Apple 在維吉尼亞的泰森斯角中心（Tyson's Corner）設立第一間實體商店。Apple 商店比 Gap 商店奢華，多數專家呵欠連連，指出實體商店早已過時，網路才是未來趨勢，科技大老賈伯斯居然不懂這件事。

今日的我們已經很難回想當時的情形，然而 Apple 當初下那步棋時，多數人說 Apple 走錯路，窮途末路到竟然開設時髦店面，把自己當奢侈品，實在自不量力。他們認為 Apple 太愚蠢了，難道看不出來，今日的科技市場繞著微軟與 Intel 的商品

■垂直整合讓 Gap 服飾不到 10 年營收成長三倍（單位：美元）

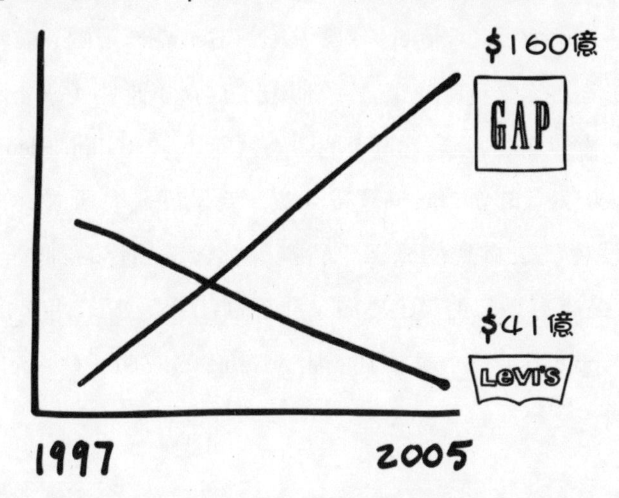

資料來源：Gap Inc., Form 10-K for the Period Ending January 31, 1998 (filed March 13, 1998), from Gap, Inc. website.
Gap Inc., Form 10-K for the Period Ending January 31, 1998 (filed March 28, 2006), from Gap, Inc. website."Levi Strauss & Company Corporate Profile and Case Material." Clean Clothes Campaign. Levi Strauss & Co., Form 10-K for the Period Ending November 27, 2005 (filed February 14, 2006), p. 26, from Levi Strauss & Co. website.

盒打轉，電子商務才是潮流？

Apple 的前財務長約瑟夫・葛蘭喬諾（Joseph Graziano）也不看好此路線，他告訴《商業周刊》（*Business Week*）：賈伯斯堅持「在一個看來只要有起司與餅乾就滿足的世界送上魚子醬。」

最後的結果不必我多說，Apple 商店改變了科技業，還讓自己化身奢侈品公司。iPhone 帶動 Apple 股價，但 Apple 商店帶動品牌與利潤。走在紐約第五大道或巴黎香榭麗舍大道上，你會看見 LV、卡地亞（Cartier）、愛馬仕（Hermès）和 Apple。那些店面是各公司由自家體系服務的專有通路（captive channel）。售價 26,000 美元的卡地亞「藍氣球」（Ballon Bleu）手錶或 5,000 美元的 Burberry 麂皮大衣，要是擺在梅西百貨的貨架上，就會失去神聖的光澤。品牌自營店是品牌的神聖殿堂。Apple 商店每平方英尺銷售額逼近 5,000 美元，第二名是銷售額只有 Apple 五成的一家便利商店。Apple 的成功，看 Apple 商店就知道，而不是看 iPhone。

四、全球佈局

富人是全球同質性最高的一群人。我最近在摩根大通（JPMorgan）的「另類投資高峰會」（Alternative Investment Summit）上演講，摩根大通執行長傑米．戴蒙（Jamie Dimon）款待自家三百位最重要、富可敵國的私人銀行客戶，以及五十名左右替私人銀行顧客進行投資的基金執行長與創始人。簡言之，台下是四百位全球最有錢有勢的人士（幸運精子俱樂部成員），他們來自世界各地的各種文化，但在場每一個人沒什麼不同，講著相同語言（都用英語談錢），身上都是愛馬仕、卡地亞、勞力士，孩子都念常春藤名校，度假地點一律是義大利、法國或聖巴瑟米（St. Barts）的沿岸小鎮。如果讓世界各地的中產階級齊聚一堂，你會看見很多元的面貌，不同食物，不同衣服，彼此語言不通，有如人類學展覽。相較之下，全球精英是只有一種顏色的彩虹。

相較於大眾市場品牌，富人的高同質性讓奢侈品牌輕鬆穿越地理界限。沃爾瑪與家樂福等大眾市場零售商進入地方市場時，必須聘請人類學家帶路，Apple 等奢侈品牌則自行定義世界。偶像品牌的地位來自一個關鍵元素：玻璃。玻璃片、玻璃方塊、玻璃圓柱體，Apple 店內通常會有一目瞭然、賈伯斯取得專利的玻璃梯；開放式空間、極簡裝潢、店內架上無存貨（產品結帳後才交給你），Apple 的 492 間商店出現在 18 國的高級購物區，每日吸引百萬以上朝聖者，迪士尼神奇王國 2015 年一整年也不過吸引 2,050 萬人。

此外，Apple 管理著全球供應鏈，元件從中國礦場、日本工作室、美國晶圓廠、一路流向代工廠位於數個國家（最出名、名聲最不佳的在中國）的巨大製造廠與聚落，接著進入 Apple 的實體與線上商店。在此同時，產品帶來的數十億銷售營收，迂迴進入愛爾蘭等地組成的避稅天堂網絡，以低成本製造商的規模，賺得龐大利潤與奢侈品價差。Apple 是史上利潤最高的公司，卻不必忍受美國的惱人稅率。

五、高貴價格

高價象徵著品質與尊榮。各位可以研究一下自己的瀏覽紀錄。你是否曾被較高價的物品吸引，覺得不買不行？就連在eBay，你難道不曾出於好奇，搜尋過「最高價」？對奢侈品來講，價格實惠反而會趕跑顧客：如果愛馬仕用19.95美元促銷圍巾，多數老顧客會對這個牌子失去興趣。從這個角度來看，Apple並非愛馬仕。無法以比一般商品品牌高二十倍或百倍的價格販售電腦或手機，不過Apple要價的確比同業貴許多。沒配合電信方案的iPhone 7是749美元，Blu的R1 Plus是159美元，最新黑莓機（BlackBerry KeyOne）是549美元。

賈伯斯在這一點以及其他每一件事（除了合理的人資政策），大多學自HP。HP是高品質科技產品定價的先驅。賈伯斯從早期的Apple電腦公司（Apple Computer）歲月開始，就公開表示自己仰慕HP，希望能以HP的方式打造Apple。HP最讓賈伯斯仰慕的特質，就是致力於製作最優秀（最創新、品質最好）的產品，尤其是計算機，接著向搶購的工程師收取令人咋舌的高價。HP和Apple的不同點，在於HP主要是專業設備供應商，不太算是奢侈品事業，Apple則直接對消費者銷售，也因此能夠充分利用一切象徵著優雅的元素。

有的 Apple 顧客不喜歡聽見別人說他們依據不理性的決策購物，認為自己聰明時髦，經過仔細思考才購買。他們說，Apple 手機品質比較好，軟體擁有直覺式使用者界面，還有你看那些有夠酷的生產力 APP。Apple 筆電效能好，Apple 手錶則鼓勵我每天多走三千步。Apple 的消費者告訴自己，Apple 賣比較貴是有道理的。

那種說法或許有理。人們花大錢買賓士或賓利（Bentley）時，也給出類似理由。很優秀的產品，才敢把自己當奢侈品，然而除此之外，奢侈品也象徵著地位，讓你更適合當孩子的爸。這種現象在富人區可能不明顯，因為每一個人幾乎都拿著各式各樣的Apple產品。當你是第14個在巴黎花神咖啡館（Café de Flore）打開 MacBook 的人，能有多酷？此時要換個角度看。如果 Apple 是標準配備，而你打開的是 Dell，或是拿出 Moto X 拍照，你在異性面前會有**多扣分**？

對了，我的意思不是你買了奢侈品，魅力自然會提升，數百萬拿 iPhone 的人晚上還是孤單入眠。然而，購買奢侈品會促發一種感受：增進快樂感與成功的血清素會增加。或許你在陌生人面前真的會更有吸引力，拿 Dell 則絕對沒有這種功效。買高價品的決定，源自下半身的古老原始衝動。就算大腦不停碎碎念，告訴我們怎樣做才理性，也阻擋不了我們的本能（第 7 章會再進一步探討此現象）。

走奢侈品路線的Apple贏，相對而言就會有許多人輸。舉例來說，2015年可說是Nike表現最佳的一年，但營收也不過增加28億，Apple的營收則成長510億。人們把手邊閒錢拿來買Apple後，就會有其他太多東西不能買。

產品定價在1,000美元以下的中階奢侈品公司（J.Crew服飾、Michael Kors生活時尚、Swatch手錶等等），最可能被Apple的流彈波及，它們的顧客必須精打細算，而年輕消費者在乎手機與咖啡的程度，又超越服飾，這下子他們有限的可支配所得會用在哪？相較於穿著去年的外套或拿著去年的錢包，拿著螢幕碎裂的舊手機，更可能限制擇偶選擇。年輕人可能為了省錢，而選擇不買A&F售價78美元的帽T，Michael Kors售價298美元的格紋皮肩背包，或是Kate Spade要價498美元的露娜大道包（Luna Drive Willow Satchel）。

另一方面，流向Apple的510億美元，並不會影響到保時捷或Brunello Cucinelli等頂級品牌，它們的顧客什麼都買得起，不需要做取捨。

賈伯斯從科技公司轉型成奢侈品牌的決定，是企業史上影響最深遠，也是創造出最多價值的先見之明。科技公司可以擴大規模，但很少歷久不衰。香奈兒的壽命將長過思科（Cisco），Gucci將目睹讓Google走上滅絕的隕石撞擊。目前為止，四騎士中的 Apple 擁有最理想的基因，我認為最可能活到二十二世紀。別忘了，Apple 是四騎士中唯一在最初的創始人與管理團隊離開後，依舊欣欣向榮的公司，至少目前仍是如此。

科技公司的年輕遺容

紐約大學史登商學院金融系教授阿斯沃思．達莫達蘭（Aswath Damodaran）做的研究顯示，如同人的一年等於狗的好幾年，科技公司走過生命週期的速度，也快過傳統公司。好消息是科技公司推出產品、擴大公司規模與累積客群的速度，也快過其他產業。其他產業則有一堆麻煩事，不動產、資本適足要求與行銷通路，可能就得耗上數年與大量人力才能建立。壞消息則是讓科技公司得以一飛沖天的火箭燃料，一群更年輕、更聰明、動作更快、緊追在後的競爭者，同樣也能取得。

在野外生活的公獅子預期壽命為 10 歲至 14 歲，人工圈養則可達 20 歲以上。為什麼？因為人工圈養的獅子，不需要不斷面對其他公獅的挑戰。野外的公獅則通常會因為受傷，死於保護或挑戰王位的戰爭，很少能壽終正寢。

科技公司就像野外的獅王。稱王很美好，營收是數倍，財富快速累積（事情順利時），而且整個社會把科技公司的創新者當成搖滾明星來熱愛與崇拜。問題是每個人都想稱王，只要憑力氣與速度猛烈攻擊，再加上初生之犢不畏虎的勇氣，就可能推翻原本的獅王。

Apple 不但從最有願景的公司，轉型成最優秀的營運者，還靠化身為奢侈品牌延年益壽。Apple 是怎麼辦到的？ Apple 知道賈伯斯之後的執行長，必須是有能力擴大公司規模的營運者。如果 Apple 董事會想要有願景的執行長，當初會選擇設計長強尼．艾夫（Jony Ive）。

（缺乏）願景

在我眼中，今日的 Apple 缺乏願景，但 Apple 依舊欣欣向榮，就好像把 iPhone 變大，接著又變小，是簡潔的天才之舉（讓我們以各種方式切割全球最棒的產品）。此外，Apple 也替自己爭取到更多時間，Apple 知道自己擁有足夠的品牌魅力與資產，有能力進行耗費資本與時間的昂貴投資，成為其他科技公司望塵莫及的奢侈品牌。

早在麥金塔電腦的年代，Apple 就知道自己想跳下科技列車，不去比每年要以更便宜的價格，提供更出色的功能（摩爾定律）。Apple 今日從事的事業是販售商品、服務與感受，讓我們感到更接近上帝、更有魅力。Apple 透過半導體與顯示技術提供以上元素，靠電力驅動，接著以奢華感包裝。這樣的組合威力強大，令人上癮，帶來史上獲利最佳公司。從前的人說人要衣裝，現在追求健康的人士相信「人如其食」，然而事實上今日你是誰，要看你用什麼裝置發簡訊。

建立一切的大師

令人難以置信的是，儘管證據擺在眼前，許多人依舊相信 Apple 所有的偉大產品都是賈伯斯發明的，就好像他坐在 Apple 庫比蒂諾總部研發部門實驗桌旁，把晶片銲接在迷你主機板上……接著「砰！」一聲，iPod 就問世了。事實上，沃茲尼克才是 25 年前研發出 Apple 1 電腦的人。賈伯斯是天才，但他厲害的不是研發。當世界各地的企業專家宣稱科技業已經「去中介化」（disintermediation），實體配銷與零售通路消失，由虛擬化的電子商務取代，賈伯斯的慧眼在此時清楚展現。

沒人看出來，但賈伯斯知道內容的確可以靠網路販售，就連商品產品也可以，但如果想把電子硬體當奢侈品，以高價出售，就得採取其他奢侈品的銷售方式。也就是說，你得把產品擺在閃閃發亮的殿堂，放置於明亮燈光之下，由熱心年輕的「天才」（genius）銷售人員隨時聽候差遣。最重要的是，你得在顧客可以被其他人看見的玻璃帷幕裡販售：不只是店內其他客人，也要讓路人可以瞥見你置身頂級商品之中。提供那樣的環境，就幾乎能售出店內**任何東西**，只要產品優雅、裝在有品味的盒子裡，和身價更高貴的其他同伴擁有相同設計特徵。

Apple 靠著價格高昂的產品，外加成本低廉的製造商，擴張到不可思議的程度，利潤高過史上所有科技公司，其他奢侈品做不到這樣的條件。以手提包來講，價格傲人的皮包商寶緹嘉是高成本製造商。以汽車來講，提供超高價商品的法拉利，也絕不是低成本製造商。以飯店來講，收價昂貴的文華東方酒店，同樣遠遠稱不上低成本製造商。

然而 Apple 兩者得以兼顧……原因是 Apple 比多數科技公司（尤其是消費者科技公司）早一個世代開始重視製程與機器人，打造世界級供應鏈，接著做零售佈局，後勤與 IT 專家組成的小型軍隊負責出謀劃策，令所有品牌與零售商羨豔不已。

降落傘、攻城梯、護城河

企業不斷築起高牆，試圖抵禦敵人（新創公司與競爭者）入侵。企業理論學家稱此類防禦措施為「進入障礙」。

進入障礙理論上聽起來很不錯，然而傳統城牆正在出現裂痕，甚至坍塌，科技業尤其如此。運算能力崩跌的價格（摩爾定律再度發威），再加上頻寬增加，新生代領導人又天生擁有數位 DNA，帶來一般人也能往上爬的攻城梯，沒人料到向上流動的路可以如此寬廣。ESPN、J.Crew 服飾、出生政治世家的總統候選人傑布・布希（Jeb Bush），全都令人感到不可能挑戰，對吧？然而數位階梯（透過網路傳送影音至使用者終端裝置的 OTT 影音服務〔over-the-top video〕、快速時尚、川普的帳號：@realdonaldtrump）讓人可以爬過幾乎是任何城牆。

好，那瘋狂成功的公司該如何接招？商業書領域的耶穌級作家麥爾坎・葛拉威爾（Malcolm Gladwell）用大衛和巨人歌利亞的聖經寓言故事，指出一個關鍵重點：**不要玩別人的遊戲**。換句話說，一旦成為進入光速的科技公司，你必須保護自己，讓別人無法以你的軍隊當年對付其他對手的武器對付你。幾個明顯的防禦方法包括「網絡效應」（network effects，每個人都用 Facebook，因為……大家都用 Facebook）；IP 保護（每間百億科技公司都在打官司，同時告人與被告），以及發展業界統一的（壟斷）生態系統（我用微軟的 Word 打出這段文字，因為我別無選擇）。

然而，挖更深的護城河才是永保成功的關鍵。

iPhone 不會穩坐最佳手機寶座太久，太多公司都在急起直追，然而 Apple 擁有一項提供強大免疫系統的關鍵資產：Apple 位於 19 國的 492 間零售商店。等等，Apple 的對手可以直接設立網路商店就好，不是嗎？不對。用「HP.com」對抗「Apple 倫敦攝政街（Regent Street）分店」，就像是帶著奶油刀參加槍戰。此外，就算三星決定配置資本，也無法靠九個女人一起懷孕，就在一個月內生出孩子，這個韓國巨人可能至少得花上十年，才有辦法端出和 Apple 類似的東西。

實體商店帶著自己碰上的問題，誠心向數位變革請教。的確該請教，然而數位銷售依舊僅占 10%至 12%的零售，正在凋零的其實不是商店，而是中產階級，以及服務中產階級的商店。開設在中產階級家庭所在地的商店，大多在苦撐當中。相較之下，位於富人區的商店則欣欣向榮。中產階級過去占美國 61%的人口，現在剩不到一半，成為少數……其餘則是低收入或高收入人士。

Apple 知道攻城梯會愈來愈高，選擇挖更多類比護城河（必須下時間／資本重本）。Google 和三星都在努力趕上 Apple，但兩家公司做出更佳手機的可能性，高過複製 Apple 商店提供的浪漫、人際連結，以及整體的美好感受，也因此在數位時代，每間成功公司都得問：除了蓋高大城牆，還可以在哪裡挖深不見底的護城河？也就是舊經濟昂貴、必須耗費大量時間開挖的進入障礙（對手要跨過也得花很長時間）。Apple 在這方面做得漂亮，持續投資全球最佳品牌與商店。Amazon 也想挖護城河，正在蓋一百多間建造速度緩慢的昂貴倉庫。非常舊經濟！Amazon 最好在完工前就展開數千間倉庫的佈局。

Amazon 近日宣布租借 20 架 767 飛機，購買數千輛掛 Amazon 車牌的聯結車，Google 擁有伺服器農場，正在將二十世紀早期的航空飛行技術（軟式飛船，blimps）送進大氣層，將寬頻服務送至地面。Facebook 擁有的舊經濟護城河數量，在四騎士中敬陪末座，最容易被扛著雲梯的侵略軍隊攻擊，不過這一點即將改變，Facebook 宣布正與微軟合作，在大西洋鋪海底電纜。

如同Apple的例子，一家公司成功，就可能吃下整個市場，甚至讓整個區域空洞化。iPhone 2007 年登場後，摧毀了 Motorola 和 Nokia，十萬工作因此消失。Nokia 在鼎盛時期占芬蘭 30%的 GDP，繳交全國近四分之一的公司稅。俄國或許曾在 1939 年把坦克開進芬蘭，但 Apple 2007 年的商業侵略同樣帶來重大經濟打擊。Nokia 的落敗嚴重打擊芬蘭全國上下的經濟，Nokia 在股票市場的比重從 70%銳減至 13%。

未來的可能性

Apple 與其他三騎士的公司史顯示，四間公司各以不同事業起家。Apple 賣電腦，Amazon 是商店，Google 是搜尋引擎，Facebook 是社群網站。早期的四騎士彼此似乎沒有競爭關係，一直要到 2009 年，Google 當時的執行長艾力克．施密特（Eric Schmidt）才看出未來可能產生利益衝突，主動請辭 Apple 董事

（或是被要求離開）。

從那時起，四巨頭彼此侵門踏戶。目前各自的市場上，至少有二騎士或三騎士彼此相爭，包括廣告、音樂、書籍、電影、社群、手機，或是近期的自動車，不過 Apple 是四騎士中唯一的奢侈品牌，因而能立於不敗之地，享有高利潤與競爭優勢。奢侈品身分保護了 Apple 的品牌，Apple 高高在上，不必蹚價格戰的混水。

我認為目前為止三騎士攻擊 Apple 的力道不強，Amazon 販售低價平板，Facebook 只能算更性感的電話簿，Google 的穿戴式電腦 Google Glass 則是避孕措施，戴上去的人這輩子絕對沒機會生小孩，沒人想靠近他們。

Apple 的護城河大概比世界上任何公司都深，奢侈品牌身分更是能帶來長命百歲。其他三騎士是高科技競爭大草原上的獅王，但依舊可能英年早逝，只有 Apple 有可能騙過死神。

在宇宙留下印記

Apple 靠著低成本產品與高貴價格，賺得滿手現金，金額高過丹麥 GDP、俄國股市，以及波音、空中巴士（Airbus）與 Nike 的市值總和。Apple 是否總有一天得花掉手中財富？是的話，怎麼花？

我建議 Apple 成立全球最大的免學費大學。教育市場十分成熟，果實從樹上掉下的那種熟，現在正是顛覆的好時機。一個產業能否破壞的的脆弱度，要看相對於通膨的價格增加，以及潛在的生產力與創新增加。科技持續占去全球更多 GDP 的原因，源於我們認為這個世界需要不斷製造更物美價廉的產品。相較之下，教育在過去五十年間幾乎沒有變動，而且價格上揚速度快過第四台的收費，甚至快過健康照護。

我每週二晚上的品牌策略課有 120 位學生，也就是說孩子們為了那門課一共繳交 72 萬美元，上一次課 6 萬，而且許多學生背著學貸。我是好老師，但每週二晚上踏進教室時都會提醒

■ 大學費用連年高漲，遠超過通膨率

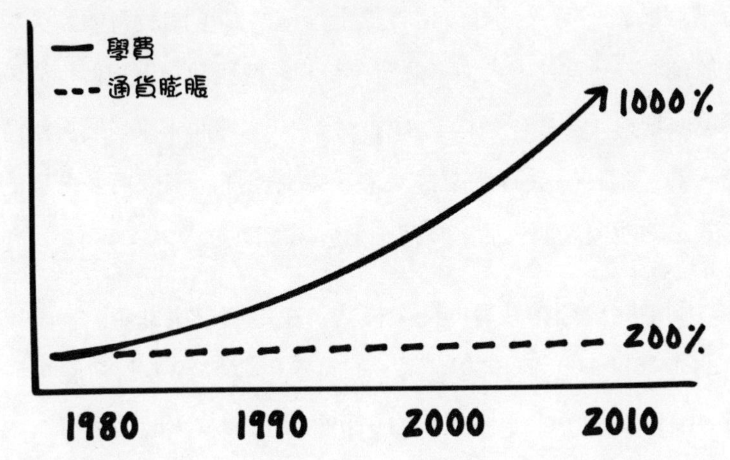

資料來源：“Do you hear that? It might be the growing sounds of pocketbooks snapping shut and the chickens coming home⋯.” AEIdeas, August 2016. http://bit.ly/2nHvdfr.
Irrational Exuberance, Robert Shiller. http://amzn.to/2o98DZE.

自己，我們紐約大學光是提供我這個老師和一台投影機，就收這些孩子每分鐘 500 美元，這個世界真是荒謬至極。

好學校的畢業證書是美好生活的門票，至於誰能夠取得這張門票，美國中低收入戶中，幾乎只有最優秀的孩子能拿到。美國與外國富裕家庭的孩子則人人有獎。來自美國收入前五分之一家戶的孩子，88％念大學，最低的五分之一家戶僅 8％。我們把沒錢的普通人，也就是多數人，留在比起文明世界更接近飢餓遊戲的世界。

Apple 可以打破這種現象。Apple 擁有扎根於教育的品牌，手中現金又足以買下可汗學院（Khan Academy）的數位架構與實體校園（教育的未來將是線下與線上世界的綜合體），有能力打破假裝對所有人都好、但實際上是種姓制度的教育壟斷，專注於創意——設計、人文、藝術、新聞、博雅教育。這個世界爭相發展理科（科學、技術、工程、數學），然而未來是屬於創意階級的。創意階級有能力替未來設想更美好、帶來更多希望的形式、功能與人類生活，科技則是實現的助力。

關鍵在於翻轉教育的商業模式，在這個學生破產、招募學生的企業則荷包滿滿的年代，不向學生收學費，改向雇主收費。哈佛如果拿出手中握有的 370 億美元捐款，取消學費，讓課程規模擴大五倍（哈佛有財力做這些事），就能促成相同的顛覆。然而，哈佛感染了所有學術界染上的通病：追求名聲，而不是追求社會公益。我們紐約大學的老師洋洋得意進我們學校難如登天。在我看來，這就好像遊民收容所自豪於自己趕走多少人。

Apple 有錢，有品牌，有能力，也有市場，可以在大學這塊領域留下印記，也或者……Apple 可以讓下一代手機的螢幕升級就好。

第 4 章

Facebook

長壽的關鍵是愛，最棒的廣告收入來源，也是愛

如果說規模大小很重要（的確重要），那麼 Facebook 稱得上人類史上最大的成功。

全球有 14 億中國人，13 億天主教徒，每年 1,700 萬人去迪士尼世界，而 Facebook 公司整整和 20 億人正在深入交往中。全球足球迷的確高達 35 億人，看起來多過 Facebook 使用者，但那個美好運動花了 150 年才攻陷一半的地球人口。Facebook 及其附屬應用程式則在年滿 20 歲前，就將突破那個里程碑。五種最快衝至一億使用者的平台中，Facebook 公司擁有三種，包括 Facebook、WhatsApp、Instagram。

各位每天上 35 分鐘 Facebook，加上 Facebook 旗下的 Instagram 與 WhatsApp，使用時間躍升至 50 分鐘。除了家庭、工作、睡眠，人們花在 Facebook 平台上的時間超過其他活動。

■人們每日在 Facebook、Instagram、WhatsApp 上總共花近一小時的時間

（2016 年 12 月）

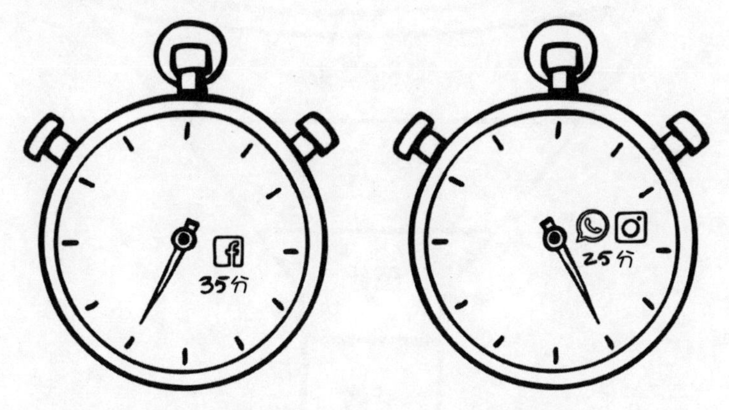

資料來源：“How Much Time Do People Spend on Social Media?” MediaKik

各位要是認為 Facebook 4,200 億的市值過高，可以想像要是有一天網路被私有化，按時間計費，接著一間擔任世界數位棟樑的「網路公司」上市。那麼這間公司的兩成（首次公開募股〔IPO〕通常會出售的股份）值多少錢？我認為 4,200 億還是過低。

我也想要

一切始於渴求每日所見。——食人魔漢尼拔

Facebook 取得影響力的速度快過史上所有企業，原因是我

們渴望得到……Facebook 上的東西。只要研究一下影響消費者掏錢的因素，就會發現 Facebook 占據「行銷漏斗」（marketing funnel）最上方的「激發需求」（awareness）階段。

我們在社群網站上看到的東西，尤其是 Facebook 旗下的 Instagram 呈現的畫面，讓人很想要得到。看見朋友貼出在墨西哥穿著 J.Crew 涼鞋，或是在伊斯坦堡蘇活飯店（Soho House Istanbul）喝古典雞尾酒的照片，我們就會也很想擁有／體驗那些事物。Facebook「生火」的程度，效果勝過任何推薦或廣告方式。我們心中一旦燃起欲望，就會上 Google 或 Amazon 研究如何取得那些東西。Facebook 建議「我們可能想要什麼」（what），Google 提供取得的「方法」（how），Amazon 則決定了那樣東西「何時」（when）會送到家。

過去的行銷必須在「規模」與「目標對象」之中二擇一。超級盃的廣告提供「規模」，可以觸及 1.1 億觀眾，讓 1.1 億人幾乎都看相同廣告，然而絕大多數的廣告內容與多數觀眾無關，你大概沒得不寧腿症候群（restless leg syndrome），對南韓車沒興趣，也不喝百威啤酒，打死都不喝。另一種極端則是「目標對象」高度集中的行銷，例如替行銷長量身打造的內容。eBay 行銷長舉辦的行銷長晚宴，極度切合桌邊每一個人的需求，然而那樣的晚宴光請十人，就至少得花 eBay 2.5 萬美元，目標高度集中，但無法擴大規模。

Facebook 是史上絕無僅有的媒體公司，既有規模，又能瞄準個人。Facebook 的 18.6 億使用者中，每一個人都建立自己的頁面，放上時間長達數年的個人內容。廣告主如果想瞄準個人，Facebook 握有每一個 Facebook 帳號的行為數據，而這點正是 Facebook 比 Google 具備優勢的地方，也是為什麼 Facebook 這個社群網站正在搶走搜尋巨擘 Google 的市占率。Facebook 靠著行動應用程式，如今是全球最大的展示型廣告（display advertising）賣家，這是相當了不起的成就。Google 從傳統媒體那巧妙偷走廣告營收，也不過是這幾年的事。

諷刺的是，Facebook 靠著分析我們每個人的所有資訊，可能比朋友還懂我們。Facebook 透過我們點選的內容、留言、動作與交友網站，詳細且高度精確描繪出我們是誰。相較之下，我們發表的文章，那些刻意給朋友看的文字，則多數是在自我推銷。

各位在 Facebook 上呈現的自我，是你和你的人生修圖過後的結果。鏡頭被塗上一層製造柔焦效果的凡士林。Facebook 是讓人炫耀與塗脂抹粉的平台，使用者放上自己最美好的體驗，那些希望自己記住與被人記住的時刻，例如在巴黎度週末，搶到音樂劇《漢密爾頓》（*Hamilton*）的好位置。很少人會放上自己的離婚證書，或是星期四累得像條狗的難看照片。使用者自行篩選貼文內容。

然而，負責操作攝影機的 Facebook 不會被愚弄，Facebook 看見真相，廣告主也看到真相，這正是 Facebook 的力量來源。我們（Facebook 使用者）看到的那一面則是誘餌，引誘我們把真實自我展現在 Facebook 面前。

連結與愛

著名的哈佛醫學院〈格蘭特研究〉（Grant Study）證實，人際關係使我們快樂。〈格蘭特研究〉是人類迄今歷時最長的長期性研究，為了找出哪些因子對於「人生美好」有最大影響力，追蹤268名1938年至1944年間就讀於哈佛大二的男學生75年，從心理學、人類學與體徵等範圍驚人的各種領域出發，尋找研究對象的特質，包括人格類型、IQ、飲酒習慣、家庭關係，甚至是「陰囊垂掛長度」。研究人員最後發現，快樂程度最有效的指標是人際關係的深度與有意義的程度。

換言之，〈格蘭特研究〉耗費75年光陰與2,000萬美元經費，最後得出結論：「快樂的關鍵是愛」。愛是一種函數，相關變數包括親密感，以及我們與他人互動的深度與次數。Facebook最大的好處是照顧到我們的人際關係需求，增進人與人之間的連結。我們都有過那種經驗，不論是巧遇20年前的舊識，或是在朋友搬家後保持聯絡，都會帶來滿足感。看見朋友放上的新生兒照片時，體內湧出的多巴胺帶給我們一陣欣喜感。

從物種的角度來看，相較於眾多競爭者，人類身不強，力不壯，行動速度也慢，然而發達的大腦，讓我們得以在地球上進行差異化競爭。人之所以為人，關鍵在於具備同理心，而社群媒體平台上爆量的影像帶來更多同理心，理論上我們因此比較不會用毒氣攻擊孩童，或至少會對兇手感到同仇敵愾。常識告訴我們，互通貿易的國家兵戎相見的機率較低。隨著世上暴力死亡數量持續減少（的確在減少），我認為我們會發現減少的原因是更多人感到更貼近……更多人。

無私關懷他人是物種的生存關鍵，照顧者得到的報酬是**生命**。我們因為關懷他人，付出心力、情感與體力，因而得以保持年輕，心中知道自己替人類帶來貢獻。Facebook 陪伴著我們，與我們的心、快樂、健康產生重大連結。

四分之一的人或許讓 Facebook 動態消息充滿顧影自憐與自欺，但 Facebook 也提供使用者找到愛的機會。光是將婚姻狀態從「交往中」改成「單身」，就能向自己的人際網絡發送強烈求偶訊號，一傳十，十傳百，連當事人本身都不曉得的遙遠節點，也能獲知消息。

每當使用者改變自己的情感狀態資訊，Facebook 就會分析網路上隨之而來的行為變化。如同右圖所示，單身者更常在 Facebook 上發言，發言是為了求偶而裝扮自己的一種行為。一旦脫離單身，發言量就會減少。Facebook 追蹤相關數據，進行「情感分析」（sentiment analysis），從使用者的文字與照片透露的正面與負面觀點，找出每個人的快樂程度，而一如所料，找到伴侶會大幅增進我們的快樂感（雖然過了最初的蜜月期就會明顯下降）。

Facebook 平台上有許多炫耀文、假新聞與同溫層發言，也因此我們很容易抱持半信半疑的態度。然而不可否認的是，Facebook 也能拉近關係，甚至帶來愛。證據的確顯示人與人之

■ Facebook 也提供交友機會，單身人士貼文量多於交往中的人

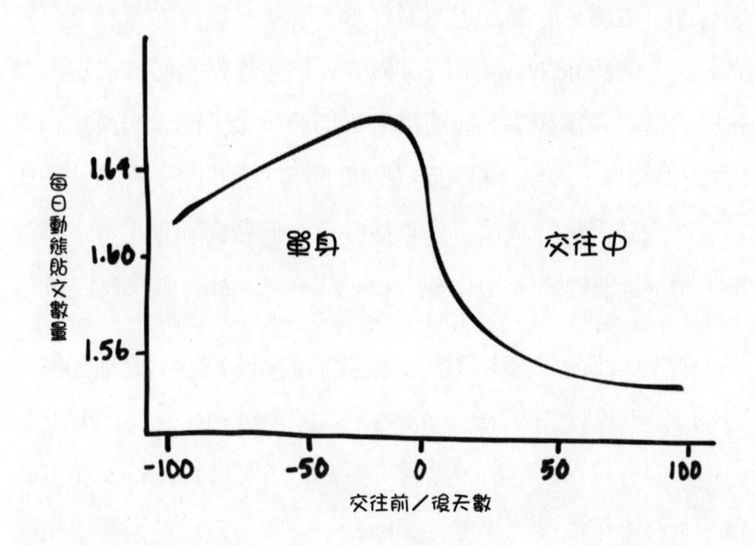

間的連結使我們更快樂。

監看與監聽

2017 年，全球六分之一的人每天上 Facebook。使用者在 Facebook 上透露自己的身分（性別、所在地、年齡、教育程度、朋友）、自己做什麼、喜歡什麼、今天與近期計畫做什麼。

隱私權擁護者的噩夢，就是行銷人員的天堂。Facebook 的開放本質，加上年輕世代相信「分享即存在」，帶來令人無所遁形的資料集與目標族群鎖定工具。一比之下，傳統的超市條碼

掃描器、焦點團體、小組樣本與民意調查所透露的個人資訊，則有如打啞謎，好像知道，又好像不知道。從前的資料蒐集者靠著送75元Old Navy服飾折價券，招募焦點團體參加者，躲在雙向監視鏡後觀察，而這樣的人即將失業。簡單的民意調查（一定得簡單，因為今日人們沒時間回答冗長問卷）在數位時代幾乎沒意義，數位時代可以直接分析人們私底下真正做了哪些事，而不是他們號稱自己做了什麼（「我每次都有戴保險套」）。

無遠弗屆的學習引擎不只鎖定造訪Nike網頁的足球媽媽。美國人要是打開手機上的Facebook APP，Facebook就會監聽……與分析你的生活。沒錯，你做的任何和Facebook相關的事，資料都可能被蒐集儲存。Facebook宣稱自己並未運用相關資料產生量身打造的廣告，只不過是希望依據用戶所做的事（在塔吉特百貨購物、觀看《權力遊戲》〔Game of Thrones〕影集），提供我們可能有興趣或希望分享的內容。

可以確定的是，Facebook有能力透過手機麥克風竊聽你四周的聲音，將聲音傳送至AI監聽軟體，判斷你和誰在一起、正在做什麼，甚至是你周圍的人在說什麼。這樣的鎖定令人毛骨悚然的程度，不超過你上網時像素（pixel）被放進瀏覽器，生成「再行銷廣告」（retargeted ad）。你上網時一直跳出的那雙鞋？你被鎖定了。真正恐怖的其實是Facebook技術的成熟度，以及Facebook能夠蒐集與分享資料的平台數量。點兩下

Instagram 上 Vans 鞋的照片，隔天你的 Facebook 動態上就可能出現一模一樣的鞋子廣告。「毛骨悚然」與行銷追求的「關聯性」（relevance）密不可分。

隱私權的問題我就不多談了，相關討論已經在其他數十個討論園地吵得沸沸揚揚。不過整體而言，美國社會出現「隱私權」與「關聯性」之間的冷戰，目前還沒人真的開槍（例如禁用 Facebook），不過雙方（支持隱私權 VS. 支持關聯性）缺乏互信，衝突很容易升高。我們明知道發生什麼事，但依舊大量提供企業機器自己的生活資訊，包括日常活動、電子郵件、電話通訊，無所不包，接著期待企業會自律，把那些資訊用在對的地方。我們卻未能保護自己的資訊，甚至不當一回事。

目前為止，用戶表示相關平台用途多多，因此願意忍受自己的個資與隱私暴露於巨大風險之中。網路安全機制不足，Yahoo 在 2014 年與 2016 年的資料外洩事件就是證據，數據駭客今日深入我們的生活，潛進每一個角落。我使用兩步驟認證，也經常更換密碼，據說這樣就已經比 99%的人小心，但我目前尚未碰過有人因為擔憂隱私問題，不再使用智慧型手機或 Facebook。各位如果隨身攜帶手機，又使用社群網站，等於是認為利大於弊，所以決定忍受自己的隱私權被侵犯。

班傑明式經濟

誰是今日演算法經濟的贏家？各位可以看一看右頁圖。Y 軸是企業觸及的人數。Facebook 和 Google 顯然是觸及人數超過十億的高級俱樂部會員，不過沃爾瑪、Twitter 與電視連播網等其他許多企業，也觸及數億人。龐大的觸及人數讓相關企業成為超級強權。

然而，接下來再把 X 軸定為「情報」（intelligence）。企業知道自家顧客多少事？顧客提供了什麼樣的數據？那些數據能以多無縫、多快速的方式改善使用者體驗，例如自動在 Uber 帶入所在地，或是在 Spotify 串流服務上建議你可能想聽的歌？過去五年間，標普 500 企業中，僅 13 家年年打敗大盤，證明美國是贏者全拿的經濟。那幾家企業最大的共同點是什麼？它們享用同時具備「受眾」（使用者）與「情報」（藉由追蹤使用情形改善服務的演算法）的花生醬巧克力雙口味美味三明治。

以汽車來比喻，這等於是里程數愈高，車子反而愈有價值。今天的世界，出現了像電影「班傑明奇幻旅程」（Benjamin Button）式的逆齡產品，愈用愈值錢。Nike 鞋穿久了會失去價值，然而在 Facebook 上讓大家知道你穿 Nike，則使 Facebook 這個社群網站的價值增加。這種現象稱為「網絡效應」或「敏

■ 反覆記錄、吸引、變現觀眾的平台是演算法經濟最大贏家

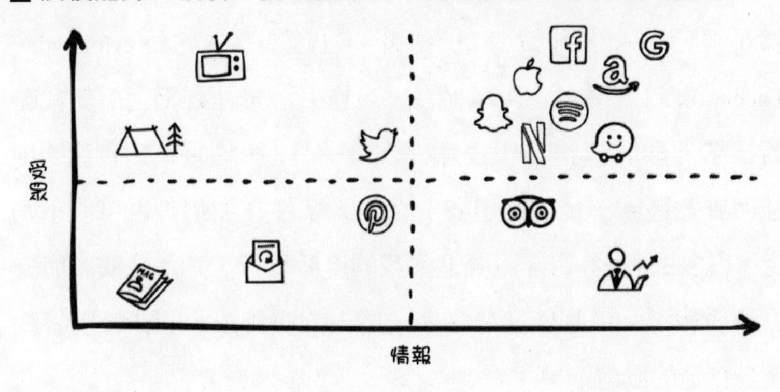

捷度」(agility)。使用者愈多，網絡就愈強大（人人都在 Facebook 上，我們就不得不用 Facebook）。此外，當我們打開導航應用程式「位智」(Waze)，服務可以定位我們的位置，校準交通模式。累積大量數據後，每個使用者因而享有更好的服務。

我們該到哪間公司上班？該投資哪家公司？很簡單：選「班傑明」就對了。

再回頭看剛才那張圖，位於右上象限的公司是贏家，包括 Amazon、Google 與 Facebook 三大平台。三大平台的事業核心就是記錄、反覆吸引與變現自己的觀眾。史上最有價值的人造物（三大平台的演算法），做的正是這樣的事。

報紙可以觸及數百萬人，報導若被 Amazon、Google 與

Facebook 三個平台轉載，觸及人數就更多。然而報社無法從這樣的觸及中得到讀者的情報。也因此 Google、Amazon、Facebook 三大平台（搜尋平台、商務平台與社群平台）對我瞭若指掌，《紐約時報》則對我所知不多。《紐約時報》有我的地址與郵遞區號，可能知道我一輩子大多住在加州，也可能不知道。《紐約時報》可能試圖追蹤我的度假行程，知道我閱讀與分享哪些報導，但那僅僅是瞄準一群人的演算法，並非特別替我量身打造的動態演算平台。

Facebook 的演算法則有能力「微目標定位」（microtarget）特定地理區域中的特定人口，例如廣告商可以要求：「給我波特蘭一帶所有想買車的千禧世代女性」。曾替英國脫歐與川普選舉效力的「劍橋分析數據公司」（Cambridge Analytica），利用探勘自數百萬美國社群媒體帳戶的資料，在美國 2016 年總統大選前夕得出投票者的「心理測寫」（psychographic profile），利用用戶行為鎖定與發送支持川普的特定訊息，使深受個人因素影響的特定投票者對那些訊息心有同感。劍橋分析的模型只要有 150 個讚的資料，就能以比配偶還準確的方式預測一個人的個性。有 300 個讚的話，劍橋分析比你還了解你自己。

《紐約時報》和其他傳統媒體一樣，請 Google 提供搜尋功能，直到大勢已去，才發現自己犯下的錯。《紐約時報》因為走錯一步棋，比 Facebook 還不清楚我這個 15 年老訂戶的身家背景，電視台知道的更是不多。以二十一世紀的標準來看，它們是一群大笨蛋，而笨蛋很容易成為輸家。《紐約時報》等企業呆呆收著廣告費，然而數據可以協助廣告商判斷自己哪一半的廣告費是浪費錢，從而減少那部分的支出。

部分數位公司同樣也沒跟上腳步，例如 Twitter 就不太了解自己的用戶。數百萬 Twitter 用戶使用假名，高達 480 萬（15%）是假帳號，結果就是 Twitter 有能力推算地球上不同地區的民意變化與愛好，卻難以瞄準個人。Twitter 的人類知識拿 A，對於單一個人的了解卻只有 C。這就是為什麼 Twitter 的情形和維基百科（Wikipedia）、美國公共電視網（PBS）相仿，提供關聯性高的實用資訊，但公司市值沒有相對應的好表現。對世人來講很好，對 Twitter 股東來講不好。

前面提到的那張圖中，Facebook 是最右上方的企業，觸及率與情報量數一數二，因此在數位世界搶占重大優勢。此外，Facebook 在蚊子大批出沒的市場，有辦法取得可以治療瘧疾的奎寧——也就是厲害的數位人才。聰明人希望到可以一展長才的大公司工作，大公司前途光明，處處是機會，有需要被解決的有趣問題，也有金額高到荒謬的資金。很少有公司能一擲千金，花 200 億買成立才五年的 WhatsApp。

我成立的 L2 公司平日追蹤最大型企業的人才遷徙模式，其

■ 比起傳統廣告集團，人才更嚮往到 Facebook 和 Google 工作

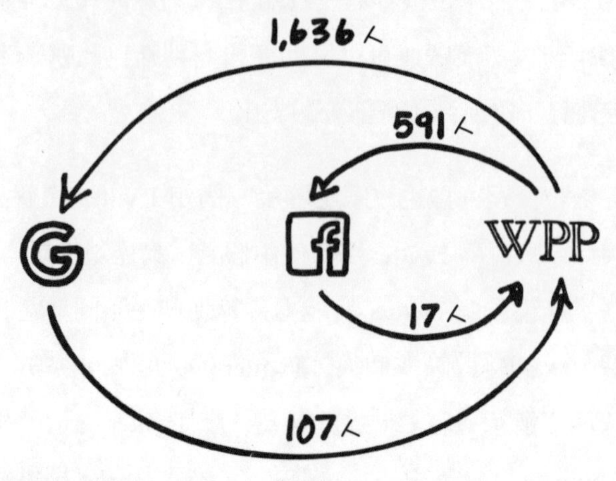

資料來源：L2 Analysis of LinkedIn Data

中包括傳統廣告公司與四騎士。以全球最大的廣告集團 WPP 為例，兩千位左右的前 WPP 員工跳槽到 Facebook 或 Google。相較之下，僅 124 位前 Facebook 或 Google 人改替 WPP 工作。

如果再細看這反方向的跳槽（124 名跑到 WPP 的人），就會發現其中許多人僅僅是在 Facebook 或 Google 當實習生，後來這兩家總部位於帕羅奧圖（Palo Alto）與山景城（Mountain View）的公司沒收他們為正職員工，他們才到 WPP 工作。今日的廣告世界愈來愈由被挑剩的人材操刀。

我們可以從人才的流動看出數位巨人的勢力。數位巨人的

機器每日大口吞下我們提供的數據，每一天都在變聰明。此外，數位巨人吸引著最優秀的人才，只要想美國求職者為了進 Google 工作，願意忍受 Google 出名的智力測驗大考驗就知道。被 Facebook 雇用同樣不容易，只不過較少被報導。

頭腦、肌肉與鮮血

前英國首相邱吉爾指出二戰能打贏，靠的是英國的頭腦，美國的肌肉，以及俄國的鮮血。Facebook 則是三樣都有。各位如果好奇自己是三樣中哪一種，顧客就是鮮血。

想想 Snapchat 的例子。許多分析師把這個瘋狂成功的相機 APP 視為騎士候選人。Snapchat 是一群史丹佛研究生開發的產品，在 2011 年問世，用戶可以立即與朋友分享照片與影片，影片送出幾秒或幾小時後，就會自動消失，避免壞事永流傳，用戶可以安心分享較為私密的內容，不必擔心被未來的另一半或雇主看見。此外，看過即消失的內容會帶來急切感，帶來更高的參與度（令廣告商垂涎的效果）。最後，Snap 公司吸引到青少年這個向來以難以取悅與影響出名的市場。

Snapchat 成立數月後，添加過眾多功能，甚至進軍電視，推出行動影片頻道。2017 年快速趕上 Twitter，首次公開募股時擁有 1.61 億每日使用者，市值衝至 330 億美元。

大家可以等著看，Facebook 等不及要擊垮這家年輕公司，即便 Snapchat 的策略長伊曼朗．可汗（Imran Khan）指出：「Snapchat 是一間相機公司，不是社群公司。」

我不曉得 Facebook 創始人祖克柏（Mark Zuckerberg）是否在 Snapchat 創始人伊萬．斯皮格（Evan Spiegel）拒絕被收購後，感到奇恥大辱，也或者只是習慣性碰到威脅就要有所回應，不過我相信祖克柏早上醒來睜開眼睛，以及晚上睡覺閉眼睛之前，心中想的都是：「我們要讓 Snap 公司從地球上消失」。他絕對會那麼做。

祖克柏知道圖像是 Facebook 的殺手應用，多數相關服務由他社群帝國下的 Instagram 軍隊負責。人類辨識圖像的速度比文字快 6 萬倍，也因此圖像可以直接進入我們的心。如果 Snapchat 有可能吃下那個市場很大一塊，甚至成為霸主，一定得剷除這個威脅。

Facebook 為了擊敗 Snapchat，在愛爾蘭推出「相機優先」（camera-first）新界面，跟 Snapchat 長得一模一樣。祖克柏還在 2016 年法說會上講了一句怪耳熟的話：「我們相信相機將是我們分享的方式。」

Facebook 早已挪用過（偷走）Snapchat 其他點子，包括「即時更新」（Quick Updates）、「限時動態」（Stories）、自拍濾鏡，

以及一小時訊息。除非政府介入，要不然這個趨勢只會持續下去。Facebook 就像是吞下一隻母牛的緬甸巨蟒。母牛被吞下肚時，蟒蛇的身體變成牛的形狀，接著消化過後恢復原本的蛇形，只不過體型變大了。

Facebook 這條巨蛇身體很大一部分是 Instagram。Facebook 在 2012 年以 10 億價格買下這個照片分享網站，後來證實是史上最物超所值的併購案。祖克柏面對冷嘲熱諷時（「花 10 億買只有 19 人的公司？」），不為所動，搶下後來價值比出價高出 50 倍以上的資產。不論你是否認為 Instagram 是市場第一平台，說 Instagram 是過去 20 年間最划算的併購案並不為過（祖克柏兩年後則沒撿到那麼大的便宜，為了員工數差不多的 WhatsApp，花了 20 倍的錢）。

要明白 Instagram 併購案究竟有多超值，可以看 Instagram 的「力量指標」（Power Index），也就是「平台觸及人數」乘上「參與度」。此一社群指數顯示 Instagram 是全球力量最強大的平台，使用者 4 億，僅為 Facebook 的三分之一，但參與度卻是 Facebook 的 15 倍。

Facebook 的 Instagram 事業能成功，主因是快速配合市場做調整。Facebook 以無與倫比的速度推出新功能，有的成功（Messenger、行動 APP、量身打造的動態消息），有的慘敗（例

觸及 X 互動，Instagram 可說是全球最強大平台

2016 年第 3 季

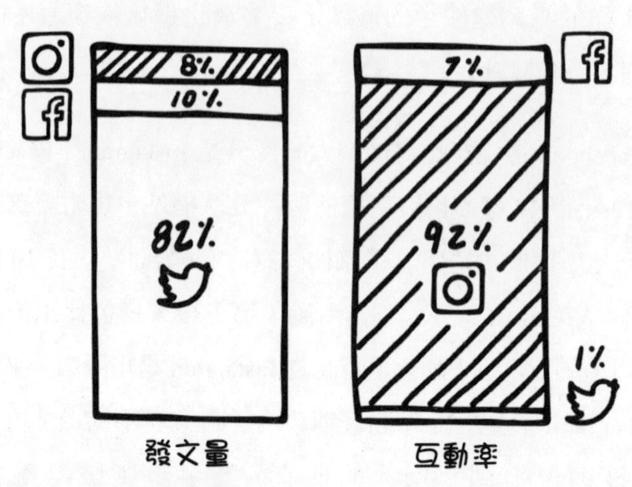

資料來源：L2 Analysis of Unmetric Data.
L2 Intelligence Report: Social Platforms 2017. L2, Inc.

如：刺探隱私的短命 Beacon 服務會把我們買的東西分享給朋友，此外還有同樣失敗的「購買按鈕」〔Buy Button〕），但 Facebook 靠著不斷推出與下架新產品，成為全球最創新的大型企業。

Facebook 另一個較少被提及但同樣重要的特質，就是一碰上來自使用者或聯邦政府的阻力，就會立即收手撤退。Facebook 知道自己和使用者之間的關係若即若離。使用者雖然花很多心力架構與維護自己的 Facebook 頁面，一旦出現更有魅力的競爭者，依舊可能成群出走。如此 Facebook 將一下子流失數百萬使用者，一如自己當年對 Myspace 造成的衝擊。Facebook 永遠在嘗試以新花樣變現，但一旦使用者生氣（例如 Beacon 的例子），就會立即撤退，等待，接著再以其他創新試水溫，沒犯下貝佐斯在著名投資信中強調的「墨守成規是成熟公司的致命傷」。這種事看聯合航空（United Airlines）就知道。聯航執行長孟諾茲（Oscar Munoz）替把乘客拖下飛機的組員辯護時，指出員工「處理此類情境時，必須遵守既定程序」。

Facebook 得力於柔術的借力使力，許多創新不花公司一分錢。Facebook 大概會成為全球最大的媒體公司，而且和 Google 情況類似，內容都由使用者提供。換句話說，超過 10 億用戶沒拿錢免費替 Facebook 做事。相較之下，大型娛樂公司則得砸下數十億美元重金製作原創內容。Netflix 替每季的《王冠》（The Crown）影集砸下一億多美元，2017 年的內容製作費高達 60 億美元（比 NBC 或 CBS 還高五成以上）。然而 Facebook 和大型娛樂公司一起爭奪我們的注意力，而且 Facebook 贏了，方法是提供 14 個月大的麥克斯和他的新寵物維茲拉（Vizsla）小狗窩在一起的照片。只有一小群觀眾對這張小孩與狗的照片感興趣，可能只包括兩、三百名朋友，但那樣的人數就足以讓機器輕鬆累積數據，找出市場區隔與行銷目標。按照這個邏輯推演一下，CBS、ESPN、維亞康姆（Viacom，MTV 台）、迪士尼

（ABC 電視）、康卡斯特（Comcast，NBC 電視台）、時代華納（Time Warner，HBO）、Netflix（綜合台）如果沒有內容成本，它們值多少錢？答案很簡單，它們的身價將和 Facebook 一樣。

雙頭壟斷

Google 與 Facebook 正在重繪媒體地圖，最終將成為史上控制最多媒體支出的兩大公司。Google 與 Facebook 各自都將破紀錄，相加更是驚人。多數人會同意至少在接下來 10 年，媒體支出成長的原爆點，將發生在行動領域。Facebook 與 Google 一共掌控全球 51％的行動廣告支出，而且市占率每天都在成長，2016 年共占 103％的數位媒體營收總成長。換句話說，要是少了 Facebook 和 Google，數位媒體如今加入報紙、電台與無線電視的行列，成為正在衰退的產業。

虛晃一招

Facebook 和 Google 搶著稱霸市場，大膽替未來下注，其中特別昂貴的一條路是虛擬實境（VR）。Facebook 是這方面的業界先鋒，祖克柏 2014 年以 20 億收購虛擬實境頭戴式顯示器龍頭 Oculus Rift 公司，大聲宣布：「虛擬實境將打開新世界的大門」，不過我在這裡先劇透：虛擬實境尚未達到那種境界。

■ 2016 年與去年同期相比，Google 與 Facebook 數位廣告均成長，其他數位廣告商營收則退步

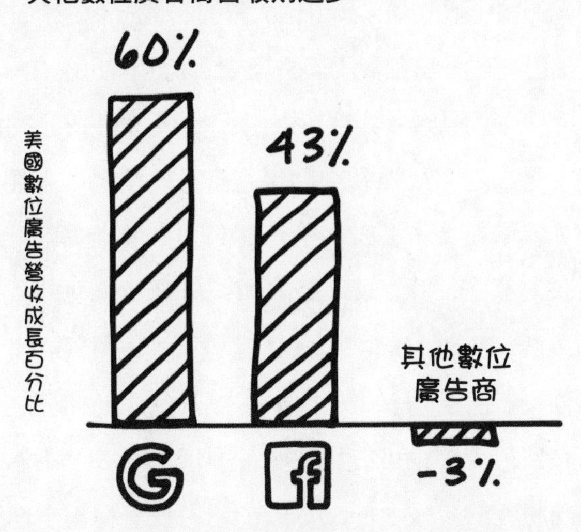

資料來源：Kafka, Peter. "Google and Facebook are booming. Is the rest of the digital ad business sinking?" Recode.

Facebook 預想的情境是人們將戴著頭盔參加虛擬工作會議，紐約與京都的外科醫師在同一間虛擬手術室開刀，祖父母和人在遠方的孫子共度虛擬時光。Facebook 可以趁機進入我們的腦袋，推出新平台——不只是溝通平台，而是人人一起在虛擬世界生活。相關商機極為龐大。

創投公司在祖克柏的帶領下，將數億美元投入 VR 新創公司，四騎士在內的其他科技公司，也連忙研發 VR 技術，沒人想錯過「下一件大事」。

然而，虛擬實境只不過是虛晃一招。世上最強大的力量就是宇宙終將「迴歸至平均值」。每個人終有一死，也總有出錯的時候。祖克柏已經很多事都說對（非常對），也因此總有一天會出現重大誤判，而那樣的誤判其實已經出現。科技公司的技術，目前尚不足以左右民眾在公共場合穿戴的物品。人們在意自己的外貌，非常在意，多數人都不想外表一看上去就像一輩子沒親過女孩的樣子。還記得 Google Glass 嗎？那個戴上去會讓你挨揍的東西。不管怎麼說，人人都戴著 VR 頭盔的畫面很詭異。VR 之於祖克柏，將如加里波利之戰（Gallipoli）之於邱吉爾，讓人看到祖克柏也可能犯錯，甚至滑一大跤，不過這並不影響他邁向勝利的步伐。Facebook 依舊占據著稱霸全球媒體市場與重新打造二十一世紀廣告的有利位置。

永不饜足

Facebook 是一頭饑餓的野獸，不斷吞噬四方，觸及全球人口，擁有接近無限的資本，以及愈來愈聰明的 AI 數據處理機。Facebook 與 Google 將一同摧毀類比與數位媒體世界。全球媒體事業未來將發生的事，一如當年傳統媒體被科技媒體生吞活剝。整體而言，舊媒體不會消失，只是不適合工作或投資。

有幾家舊媒體會撐下去。《經濟學人》（*Economist*）、《Vogue》、《紐約時報》可能漁翁得利，或至少得利一陣子，因為更弱的對手將死去，而民眾突然又開始重視「真相」。有口碑的舊媒體市占率將暫時增加，然而關鍵字是「暫時」。

同一時間，Facebook 將持續閹割傳統媒體。舉例來說，《紐約時報》15%左右的線上流量來自 Facebook，《紐約時報》同意讓 Facebook 在平台上以「原生方式」(native) 放上《紐約時報》文章，也就是不需要離開 Facebook 頁面並進入《紐約時報》官網，就能閱讀整篇文章，交換條件是《紐約時報》可以保有廣告營收。聽起來是不是相當耳熟？

那個交換條件聽起來很不錯，然而事實上，《紐約時報》是在把主控權交給 Facebook。Facebook 可以自由增減接觸到《紐約時報》報導的用戶數，隨時更換成其他媒體內容，使《紐約時報》這個美國媒體中過去最值得驕傲的機構與品牌，降格為商品供應商，由 Facebook 決定什麼內容最適合打廣告，以及哪些用戶會看到那些內容。《紐約時報》先前讓 Google 抓取數據，已是自廢武功，如今又和其他媒體公司加入 Facebook 的「即時文章」(Facebook Instant Articles) 服務，等於把槍塞進自己嘴裡，未能學到教訓。不過，2016 年年尾，《紐約時報》退出「即時文章」，原因是相關營收寥寥無幾。換句話說，《紐約時報》(再度) 願意出賣未來，不過幸好這次出價不太吸引人。

石油

在沙烏地阿拉伯某些油田鑽油，可說是不費吹灰之力，把管子插進地面後冒出來的油，純度就高到幾乎可以直接加進車子。此類萬無一失的鑽油設備帶來的石油，成本大約是一桶 3 塊美元，即便經濟不景氣，同樣也能賣到一桶 50 美元左右。

美國的天然氣開採範圍日益擴大，在天然氣的中心賓州尤寧敦（Uniontown），一家公司正在和農夫討價還價，想買下土地礦權……深深鑽進地底，希望挖到某種頁岩。公司投資要價不菲的新型設備，鑽頭可以深入地底一萬英尺。然而就算找到頁岩，還得在四周架設工業生產設備，打碎岩層，灌進數千加侖鹽水，採集釋放出來的天然氣。算一算，等同每桶油成本達 30 美元以上。

好，那麼沙烏地阿拉伯國家石油公司（Aramco）是否應該挪出部分資源，投資賓州西部的壓裂油田？當然不應該，至少從經濟考量來看不該，為什麼要白白放棄每桶 20 美元左右的利潤？

Facebook 也碰上類似的問題。Facebook 的主要原料（石油）是 Facebook 追蹤與掌握愈來愈多細節的數十億用戶資料。靠著用戶資料，財富就會輕鬆流入。相較之下，虛擬實境眼鏡、消除疾病、鋪設光纖電纜、自駕車及其他事業機會，成功機率則低上許多。透過點選、按讚、發文清楚告知Facebook自己討厭什麼、喜歡什麼的用戶，是輕鬆就能推銷的對象，他們的愛恨一目了然，和阿拉伯石油一樣簡單。

如果我上Facebook點選民主黨總統參選人伯尼·桑德斯（Bernie Sanders）的報導，又在民主黨參議員查克·舒默（Chuck Schumer）的報導下按「大心」（love），Facebook機器不費吹灰之力，就能把我扔進死忠自由派人士的資料桶。如果想多耗費一點運算力氣，再多確認一下，機器會發現我的自我介紹中，出現以自由學風著稱的「柏克萊大學」（Berkeley），也因此可以信心滿滿把我放進激進環保主義者的桶子。

接下來，Facebook的演算法開始給我看更多自由派的文章，只要我點選，Facebook就能賺錢。新聞動態的能見度是依據四種基本變數排列（創作者、熱度、文章類型與日期），外加Facebook自己的廣告演算法。一旦我閱讀某個內容，不論是《衛報》（*Guardian*）的時事短評、民主黨參議員伊莉莎白·華倫（Elizabeth Warren）表達憤怒的YouTube影片，或是我某個朋友抱怨政治的文章，演算法就會知道以後要給我看什麼動態，因為它已經把我歸類為改革派。

如果是並未清楚表明政治立場的用戶呢？要怎麼推銷政治

報導給那些人？他們之中大概許多是溫和派，因為多數美國人是溫和派，很難摸清好惡。針對這樣的用戶，Facebook 機器必須一一應用較為複雜的演算法，分析朋友網絡、動態、郵遞區號、他們使用的字詞，以及他們造訪的新聞網站，得多費許多功夫，利潤也就沒那麼高。

此外，即便耗費那麼多演算功夫，依舊無法確認會有效，因為 Facebook 準備賣給廣告商的每一桶溫和派名單，不是依據個人直接發送的訊號，而是依據大量的相關資訊，永遠可能誤判。我住在紐約格林威治村（Greenwich Village），那裡是民主黨大本營，僅 6%的選民投給川普，可以確定我不只活在同溫層的泡泡之中，甚至可以說是活在沒有對外窗戶、鋪著軟墊的病房中。即使如此，以無窗的軟墊病房來講，那裡還算挺舒適的。

溫和派不好吸引，也不好預測。各位可以想想，如果影片內容是某個穿著開襟毛衣的傢伙，不疾不徐探討美墨自由貿易的正反意見，會有多少人按讚？向溫和派推銷東西，就像是靠壓裂法採集天然氣，只有在沒其他簡單法子了，才不得已做那種事，也因此我們愈來愈少接觸到冷靜說理的內容。

換句話說，Facebook 及其他依靠演算法的媒體很少替自己找麻煩，在溫和派身上下功夫。如果知道你偏向共和黨，就給你更多共和黨的東西，直到你準備好接受爆流量、重口味的共和黨內容，例如極右派布賴特巴特新聞（Breitbart）電台政論節目的音頻。你的頁面甚至可能跳出極右翼新聞人士亞歷斯・瓊斯（Alex Jones）。不論是左派或右派，狂熱分子會上鉤點選。具備衝突爭議、引發憤怒的文章點選次數最高，衝高文章點閱率，在 Google 與 Facebook 的排名會同時向前，進而吸引更多用戶點選與分享。在最好（最糟）的狀況下（這種事每天都在發生），相關報導或影片會被瘋傳，觸及數千萬、甚至數億人，使我們進一步深陷同溫層。

相關演算法就是這樣助長著美國社會的兩極化。我們可能自認理性，然而我們的大腦深處藏著生存衝動，把世界分成「我們」VS.「他們」，很容易就被挑起憤怒與義憤填膺的情緒，忍不住想點選白人至上主義領袖理查・史賓沙（Richard Spencer）挨揍的影片。政治人物令人感到極端，然而他們只不過是在迎合大眾——迎合我們每天在新聞動態上表達的怒氣，迎合我們走向極端的行為。

點選 VS. 責任

44％的美國人以及全球許多民眾上 Facebook 看新聞，然而 Facebook 不願意被視為媒體公司，Google 也不願意。市場的傳統看法是兩家公司為了股票估值的緣故而抗拒這個標籤。怎麼說？因為媒體公司只得到些微瘋狂的估值，而四騎士沉迷於突破天際的數千億市價。驚人股價使它們那個萬中選一的小小工作圈，每個人不但可以過上舒服日子，稱得上事業有成，而是笑傲江湖。此外，高薪留人法永不退流行。

另一個 Facebook 與 Google 不願被視為媒體公司的原因，與不願承擔責任有關。新聞業的正派企業知道自己要對大眾負責，努力扛起替用戶型塑世界觀的任務，例如大家耳熟能詳的立場要公正客觀，查證事實，遵守新聞道德，提出公民論述等種種會影響獲利的麻煩事。

以我自己最熟悉的《紐約時報》為例，《紐約時報》的編輯除了希望提供正確新聞，還努力平衡自己編輯的報導。如果當天要是有很多左派人士會關心的新聞，例如追夢人（Dreamer，譯註：童年時期即非法入境美國者）被遣返，或是南極大陸冰層融化斷了一大塊，《紐約時報》的編輯會找保守派的新聞來平衡報導，例如大衛．布魯克斯（David Brooks）批評歐巴馬健保的專欄。

近日有一個議題大家吵翻天：是否負責任的媒體數量縮減，反而可以達成平衡，「右派」一點。儘管如此，負責任的媒體努力盡到責任。編輯討論要放哪些報導時，至少會考量民眾有知的權利，不是每一件事都和點閱率與錢有關。

然而對 Facebook 而言，點閱率與利潤確實是首要之務。

Facebook 雖然把自己貪婪的一面藏在開明的態度之下，基本上 Facebook 和科技經濟中其他贏家沒什麼不同，也絕對和其他三騎士一樣，打造象徵進步的一流品牌，擁抱多元文化主義，辦公室完全使用可再生能源，但同時也奉行達爾文主義，走上追求利潤的貪婪之路，無視於自己每日摧毀的工作機會。

我們就別騙自己了：Facebook 唯一的任務就是獲利。一旦公司成不成功是靠點擊數與金錢衡量，為什麼要支持真新聞、不支持假新聞？只要雇幾間「媒體守門人」公司幫自己塗脂抹粉就夠了。從機器的角度來看，一次點擊就只等於一次點擊，也因此全球編務無不努力製造會在 Facebook 機器上得高分的文章，帶來瘋狂的釣魚假新聞，吸引左派與右派人士點選。

2016 年的美國總統大舉中，披薩門事件（Pizza Gate）引發軒然大波。一則報導華盛頓特區彗星乒乓披薩店（Comet Ping Pong）的新聞，宣稱希拉蕊（Hillary Clinton）競選總幹事約翰．波德斯塔（John Podesta）的哥哥，在披薩店後方顧客看不到的密室裡經營雛妓集團。許多人相信了這則報導，還有一名北卡羅來納州的男子在不明就裡的情況下，拿著突擊步槍跑到披薩店開槍，想解救報導中被囚禁的受虐兒童，幸好無人受傷（這次沒有），最後被捕。

把正經新聞和假新聞擺在一起，增加了 Facebook 平台的危險性。你在克羅格超市排隊時，雖然一旁擺著的《詢問報》（*Enquirer*）等八卦小報說希拉蕊是外星人，你大概覺得她不是。然而，當 Facebook 上《紐約時報》與《華盛頓郵報》（*WaPo*）的報導與假新聞並列時，假的感覺也像是真的。

平台

Facebook 可以如何執行某種形式的編輯控管？可以從管制歧視與傷害他人的仇恨罪（hate crime）做起，這類型的言論很容易就知道誰是正確的一方。此外，以數量而言，意圖犯下仇恨罪的人數不是那麼高。Facebook 可以舉手大聲說：「再也不能貼仇恨的言論！」如此一來，如同剩下的三騎士，Facebook 高層就可以把自己包上支持進步的外衣，掩飾自己貪婪、保守、避稅、摧毀工作機會、感覺又更接近達爾文，不像左派參議員華倫的行為。

假新聞對民主帶來的威脅，更勝幾個戴白頭罩的瘋子。然而假新聞是一門欣欣向榮的事業，若要擺脫假新聞，Facebook 將不得不負起責任，擔任全球影響力數一數二的媒體公司編輯。Facebook 將得開始判斷事實與謊言，而那必然也將引發憤怒與懷疑——也就是主流媒體每天都在面對的問題。更重要的是，打擊假新聞將使 Facebook 損失數十億點擊與大量營收。

Facebook 試圖靠宣稱自己**不是**媒體而是**平台**，躲開外界對 Facebook 內容的抨擊。這種說法乍聽之下有理，但「平台」一詞，從來都不代表企業就可以不為自己帶來的傷害負責。要是麥當勞被發現店內八成牛肉都是假肉，害民眾生病，但宣稱自己不必負責，因為麥當勞不是速食餐廳，而是速食平台，各位覺得如何？我們有可能容忍這種事嗎？

Facebook 發言人在面對爭議時表示：「本公司無法擔任事實的仲裁人。」為什麼不行，這絕對是可以努力的方向。如果 Facebook 是目前最大的社群網站，觸及 67%的美國成人，而且平日在 Facebook 上看新聞的民眾愈來愈多，那麼 Facebook 實際上的確是全球最大新聞媒體。真正該問的是，新聞媒體是否背負著更大責任，理應追求與監督真相？那難道不是新聞媒體的重責大任？

Facebook 在爭議持續升溫後，推出打擊假新聞的工具。使用者現在可以標示假新聞，被檢舉的文章會被傳送給事實確認服務。此外，Facebook 也利用軟體辨識可能的假新聞。然而，即便的確是假新聞，以上兩種方法頂多將文章標示為「具爭議性」。由於美國的政治氛圍十分兩極，再加上「逆火效應」（backfire effect，如果給別人看他們相信的事的反證，對方反而會更加堅持己見），標上「具爭議性」的標籤無法說服多少人。「愚弄人們」比「說服人們他們被愚弄」簡單。

我們一般認為社群媒體是中立的，社群媒體只是一個呈現內容的空間，每個人獨立思考，自行分辨是非對錯，選擇要不要相信，自己選擇互動方式。然而研究顯示，我們會點選哪些內容，其實深受潛意識影響。生理學家班傑明・李貝特（Benjamin Libet）以腦波圖（EEG）證實，一個人感到自己決定要做動作的 300 毫秒前，就能偵測到大腦運動皮質的活動。換句話說，我們是靠衝動點選，並未深思熟慮。我們深受渴望歸屬感、被認同與安全感的深層潛意識需求影響。Facebook 利用人類需求，給我們很多「讚」，引誘我們花更多時間在平台上（Facebook 的核心成功指標就是「逗留時間」），寄送打斷工作或家庭生活的緊急通知，告訴你有人剛剛幫你的照片按讚。我們之所以分享符合自己與朋友政治觀點的文章，原因是預期會得到讚。文章的煽動性愈高，得到的回應也愈多。

前 Google 設計倫理師崔斯坦・哈里斯（Tristan Harris）是此一領域的專家。他知道科技如何挾持我們的心理弱點，以吃角子老虎機比喻社群媒體寄送的通知。兩者都提供各式大腦獎勵：你被引發好奇心，我會得到 2 個讚，還是 200 個讚？於是你點選 APP 圖示，等著轉輪開獎——1 秒、2 秒、3 秒，吊胃口只讓獎勵更美好：有 19 個讚。再多等 1 小時，會不會更多？得登入才知道。你登入後，網路機器人在資訊空間四處散布的假新聞，正在等你。你可以和朋友分享那些報導，就算自己還沒讀也一樣。你很清楚分享同溫層原本就相信的事，將得到圈子的認同。

Facebook 小心不讓人類（天啊！）或任何實質的判斷介入，宣稱這種做法是為了維持公平性。Facebook 解散旗下整個「趨勢」（Trends）人工編輯團隊時，也給了相同理由。理論上，由人類擔任把關者，將帶來隱藏或明顯的偏見，然而人工智慧同樣帶有偏見，因為人工智慧也是人類設定的，負責篩選出最可能吸引點閱的內容，點擊率、次數、站內停留時間是最優先的考量。人工智慧無法辨識假新聞，頂多只能依據來源懷疑。唯有由人類擔任的事實查核員，才有辦法確認報導的真偽與可信度。

數位空間需要規範。Facebook 已經有規範——刪除具有歷史意義的赤裸小女孩逃離燃燒村莊的越戰照片，還刪除挪威總理批評 Facebook 做法的文章，鬧得人盡皆知。人類編輯會知道，那張小女孩裸照是經典戰爭照片，人工智慧不會知道。

Facebook 之所以不肯讓人類重返編輯崗位，還有一個更大但避而不談的原因：請人花成本。為什麼要花錢找人做使用者自己就能做的事？而且不雇用人類編輯，還可以說成是維護言論自由，即便眼前的情況就像是人山人海的電影院裡，有人亂喊「失火了！」這種事令你感到憤怒恐懼？那更好。Facebook

不把自己當媒體公司是有原因的，媒體有太多責任，帶來妨礙成長的阻力。四騎士才不搬石頭砸自己的腳。

烏托邦／反烏托邦

我們是媒體平台的產物。媒體平台串聯起數十億人，促進同理心，為使用者帶來力量，價值自舊媒體公司流向新媒體公司。這樣的轉變將造成工作機會消失，同時也帶來危機四伏的動盪時期。

現代文明最大的威脅在於今日流行一件事：為一己之私控制與濫用媒體，缺乏不畏強權、追求真相的第四權監督。Facebook 與 Google 是今日的雙頭壟斷媒體，兩間公司令人不安的地方，在於它們採取「別叫我們媒體，我們是平台」的立場，不願承擔社會責任，允許威權主義者與仇恨散布者肆意利用假新聞。人類的下一個大媒體，可能再度退回穴居時代的山洞牆壁。

第5章

Google

無所不知、全知全能的現代之神

現代科學讓我們明白宇宙的寬廣，強調無限宇宙的宗教將帶來傳統信仰無法引發的無上敬畏。這樣的宗教遲早會問世。

——天文學家卡爾・薩根（Carl Sagan）

薩根先生所談的宗教已經出現，它的名字是Google。

在人類史上多數時期，絕大多數人都相信世上有更崇高的力量。自古以來，令人惶惶不安的氣候事件帶來天人感應說，人類感到是自己的行為讓老天爺降下那些現象。神的選民從過去到現在，一直享有心靈上的撫慰。平日上教堂、清真寺、廟宇的人士，樂觀程度高，與人合作程度也高，而這兩項特質正好是人類邁向幸福的關鍵。相較於無神論者，擁有宗教信仰的人士更能度過人生難關。

儘管如此，成熟經濟體的宗教正在死去。過去20年間，美國表示自己無宗教信仰的民眾增加 2,500 萬人。「使用網路」是最相關的不信教特質，占四分之一以上美國人遠離宗教的原因。資訊流通與教育普及使宗教蒙受打擊。研究所學歷者比中學畢業生更不可能信教。此外，高 IQ 者信仰上帝的比例較低，IQ 達 140 以上者（超級聰明），僅有六分之一表示自己從宗教中獲得滿足。

德國哲學家尼采（Friedrich Wilhelm Nietzsche）宣布上帝已死時，並非勝利的吶喊，而是哀嘆失去道德指引。全球快速發展時，身為人類的我們，是什麼把我們團結在一起？是什麼讓人類過更美好的生活？我們如何能學到更多，挖掘更多機會，解答令自己感到著迷與困惑的問題？

「知道」令人安心

知識──自遠古時期，人類就對知識感到著迷。古希臘德爾菲（Delphi）神諭勸世人要「認識你自己」（Know thyself）。在歐洲啟蒙運動時代，質疑神話不僅被容忍，還是高尚的思維，代表著自由、容忍與進步的基石。科學與哲學欣欣向榮，宗教信條被一句簡單口號挑戰：「勇於求知」（Dare to know）。

我們人類擁有強大求知欲望，想確定另一半依舊愛我們，想確認孩子平安無事。有孩子的人都知道，孩子生病就像天塌下來，沒有任何事比那更可怕。孩子起床時要是發燒或起蕁麻疹，做父母的人說什麼都想知道：「我的孩子就是我的全世界，我的孩子會沒事嗎？」此時大腦理性的那部分，大多有辦法靠事實讓爬蟲腦產生的恐懼鎮定下來。

Google 無所不答。從前我們的異教徒祖先，帶著許多無解的疑惑在世上生活。上蒼聽你禱告，但不常給答案。神要是真的和你說話，這在心理評估來講是一大警訊，代表你可能有幻聽。多數有宗教信仰的人士感到自己被看顧著，但（有時）依舊不曉得人生該何去何從。現代人則和老祖宗不一樣，我們有辦法依靠事實感到心安，我們所問的問題被迅速解答，而得以放下心。一氧化碳要如何偵測？有五種方法。Google 甚至貼心提醒最重要的答案。萬一你已經六神無主，Google 還用放大字體列出你該知道的事。

求生存是人類的第一直覺。理論上，上帝會保佑大家，但只有符合公義與屏棄所有欲望的人士，才能得到神明庇佑。歷史上大量信徒求神問卜、齋戒沐浴，甚至鞭打自己，以求上蒼提供保護，指點迷津。「其他部族預備攻擊我們嗎？」佩爾佩利孔（Perperikon）的古城祭司把酒倒在熱石上，請求神明指示：「誰是我們最大的敵人？」以前我們很難知道北韓核彈頭數量，如今在搜尋欄打幾個字就可以了。

祈禱

科學尋找過上帝，想知道是否有更高智慧的存在。過去一世紀，「尋找外星智慧計劃」(Search for Extra Terrestrial Intelligence, SETI）等無數資金充裕的研究掃描宇宙，希望找到代表生物跡象的電磁波。天文學家薩根中肯地將這方面的努力比喻為祈禱：抬頭仰望天空，發送訊號，等待更高智慧生物回應。我們希望這個超級存有（superbeing）可以理解、處理與提供答案。

加州大學舊金山分校（University of California San Francisco）精神科醫師伊麗莎白・塔格（Elisabeth Targ）曾在美國愛滋病危機中，請身處 1,500 英里遠的靈療師替 10 位末期愛滋病受試者祈禱。人數亦為 10 人的控制組則未得到禱告。塔格醫師最後發表在《西方醫學期刊》(*Western Journal of Medicine*）的研究結果震驚世人，在 6 個月研究期間，4 名過世的受試者全都來自控制組。塔格醫師又做了一次追蹤研究，發現實驗組與控制組的 CD4+ 免疫細胞呈統計上的顯著差異。

遺憾的是，塔格醫生本人發表研究成果不久後便過世，年僅 40，距離她診斷出多形性膠質母細胞瘤（glioblastoma）僅四個月。塔格醫生臨終前依舊在進行研究，身旁的人提供各式意見，有薩滿巫師、美洲原住民拉科塔族日舞者（Lakota Sun

Dancer）、俄國靈媒。塔格醫生過世後，她的研究未能經得起進一步檢視，研究顯示在最初的實驗中過世的那4位病患，其實也是20位受試者中年紀最大的幾位，禱告的效用依舊見仁見智。

然而，對著Google祈禱會得到答案。上至達官貴人，下至販夫走卒，Google一視同仁把知識提供給每一個人。只要有智慧型手機（88%的消費者）或手邊能上網（40%），就什麼都能問。各位如果想一窺Google在當下這一秒被問到的各種千奇百怪的問題，可以上google.com/about，把頁面拉到下方的「世界正在搜尋什麼」（What the world is searching for now）。

今日的人類不再每天凝視天空35億次，而是對著螢幕發問35億個問題，不怕問錯問題，發問前一無所知也沒關係，又不會被笑。「什麼是英國脫歐？」、「發燒到什麼程度要擔心？」或是單純因好奇而發問：「奧斯汀最好吃的墨西哥塔可餅」。此外，我們對著今日的上帝問出埋藏在心底最深處的問題：「為什麼他還沒打電話給我？」、「你怎麼知道何時該離婚？」

接著答案就會神奇出現。在多數人眼中，Google的演算法是神蹟，可以召喚出各種有用資訊。這間總部位於山景城的搜尋公司救苦救難，回答困擾著我們的大大小小問題。Google的搜尋結果賜福給我們：「去吧，帶著你新獲得的知識，去過更美好的人生。」

信任

四騎士各有榮譽頭銜，Apple 被視為全球最創新的公司，Amazon 聲望最高（天曉得那是什麼意思），Facebook 是人們最想進的公司，不過我們最信任的就是 Google。

Google 是現代上帝，知道我們心底最深處的秘密。Google 是千里眼、順風耳，記錄著我們的想法與欲望。我們問問題，向 Google 說出平日不會向牧師、拉比、媽媽、最好的朋友或醫生透露的事。不論是窺視前女友生活、找出身上起疹子的原因，或是詢問自己是否擁有不健康的戀物癖，也或者只是很喜歡腳，我們隨時向 Google 透露會嚇跑所有朋友的私人問題，不論朋友再善解人意都一樣。

我們深深信任 Google 機制。人們問 Google 的問題中，大約有六分之一從來不曾被問過。不論是專業或宗教機構，世上還有誰和 Google 一樣如此深受人民信任，大家踴躍發問原本無解的問題？世上哪位大師有如此廣大無邊的智慧，人人搶著求教？

Google 靠著清楚告知哪些答案是自然搜尋結果（organic），哪些是付費結果（paid），進一步鞏固大神地位。由於 Google 似乎不受制於市場，民眾對 Google 的搜尋有信心。

對許多人來講，Google 的經文（搜尋結果）具備不容置疑的真實性，只不過 Google 雙管齊下：自然搜尋結果保留中立性，付費搜尋結果則帶來廣告營收，各自相安無事。

我們認為上帝回答問題時不帶私利，全知全能，不偏不倚，一視同仁愛護所有子民。Google 的自然搜尋提供公平公正資訊，不帶價值判斷，不會因為你是誰或身處何方，就有所不同。自然搜尋的唯一依據是搜尋結果與搜尋字的相關度。「搜尋引擎最佳化」（Search Engine Optimization, SEO）可以協助你的網站雀屏中選，出現在更上方的結果，但 SEO 依舊免費，而且得看相關度。

消費者信任自然搜尋結果。我們喜歡公正答案，點選自然搜尋結果的頻率比廣告高。自然和付費搜尋結果的差別，在於 Google 向所有想偷聽我們的希望、夢想、憂愁並提供解決方案的公司收費，例如膠囊咖啡 Nespresso、日產汽車（Long Beach Nissan）、Keds 帆布鞋。

如同 Apple 問世之前的個人電腦、Amazon 之前的線上書店、Facebook 之前的社交網站，Google 出現前，世上就有 Just Ask Jeeves 與 Overture 等搜尋引擎。四騎士不是原創者，但都靠著一兩項乍看平凡無奇的功能異軍突起，成為世界的征服者，例如賈伯斯的設計加沃茲尼克的 Apple II 架構、Amazon 的心得評分制、Facebook 的照片。Google 定江山的關鍵，則是簡潔的首頁，以及廣告商無法影響的搜尋結果（自然搜尋）。

以上提到的功能，在我們現在 20 年後來看沒什麼，但在當時令人耳目一新，博得民眾信賴。Google 的彩色簡潔首頁，就連網路新手都能懂：「來吧，打幾個字，問任何你想知道的事，就這麼簡單，不需要專業電腦技術，一切由我們替你搞定。」當 Google 使用者發現自己得到最佳解答，而不是廠商付了最多錢的答案，套用聖經的比喻來講，那有如看見道路、真理、生命。Google 就此建立起目前已經維持一整個世代的信任，成為影響力最大的四騎士。

不只使用者信任 Google，同樣重要的是企業顧客也信任 Google。Google 的拍賣公式是廣告主想得到流量，由顧客決定單次點閱的價格。如果需求下降，價格也下降，你付的價格僅微幅高出其他人會搶著付的價，令人感受到 Google 的誠意，結果就是企業顧客相信 Google 的運作由機器操控，而不是貪婪。真理再度公平公正，朝不偏不倚校準。

我們可以比對一下民眾對 Google 及其他媒體的信任度。多數媒體刻意不告訴你哪些是業配文，哪些不是，假裝編採內容與廣告之間隔著銅牆鐵壁。有的媒體較為自律，然而有錢能使鬼推磨。若想經常登上《Vogue》雜誌，你需要登廣告。前

Yahoo 總裁與執行長梅麗莎·梅爾（Marissa Mayer）登上《Vogue》人物專訪、還由時尚攝影大師掌鏡。不久之後，Yahoo 就贊助了《Vogue》主辦的紐約大都會藝術博物館慈善晚宴（Met Ball）。

Yahoo 股東掏出 300 萬美元，好讓梅爾女士能時髦地坐在時尚女王安娜·溫圖（Anna Wintour）旁邊參與年度最大時尚盛會。相較之下，Google 的首頁神聖不可侵犯，專門保留給搜尋引擎，以及具備公益服務性質的 Google Logo 動畫「Google Doodles」。廣告商出再多錢都買不到 Google 首頁。Google 知道網路的年代需要「信任經濟」（trust economy），也協助建立這樣的經濟。

Google 2016 年第三季付費點閱增加 42%，但相關營收（每次點閱成本）下降 11%。分析師誤以為這是壞事。價格下跌一般反映公司在市場上失去力量，因為沒有公司會自願降價。然而這樣的分析沒提及 Google 該年營收上揚 23%，以及關鍵是廣告商成本下降 11%。不論你是《紐約時報》或 Clear Channel Outdoor 戶外廣告公司，你的對手降價 11%，而且這個對手營運狀況良好，不靠削價求生。如果 BMW 有辦法每年大幅精進車款，還年年降價 11%，那會發生什麼事？答案是其他汽車廠商將很難追趕。沒錯，媒體產業裡除了 Facebook，其他公司比不上 Google。

■ Google 的市值，等同第 2 名到第 9 名最大型媒體的總和

2016 年 2 月 （單位：十億美元）

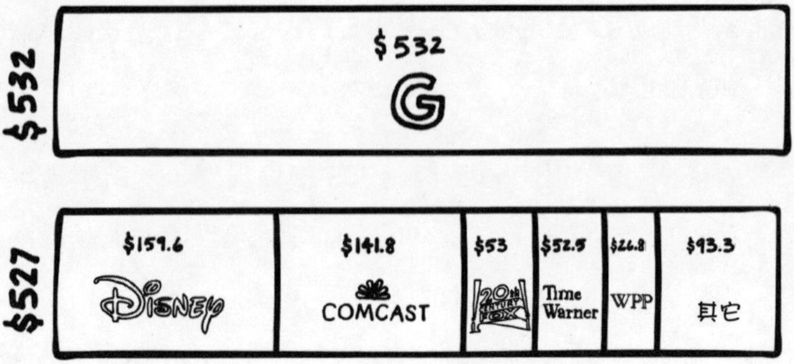

$532
$532
G

$527
$159.6
DISNEY
$141.8
COMCAST
$53
20th CENTURY FOX
$52.5
Time Warner
$26.8
WPP
$93.3
其它

資料來源：Yahoo! Finance. Accessed in February 2016. https:// finance.yahoo.com/

2016 年，Google 大神的奉獻盤上出現 900 億美元，控制著 360 億美元現金流。美國國會數度討論表現大幅超越標普指數的產業，是否該採新的企業累進稅率，然而從來沒人敢提 Google 該加稅。對許多宗教信仰來講，直視上帝可是唯一死罪。任何敢阻撓 Google 進步的議員，政治生涯也會遭受相同命運。

Google 和其他三騎士一樣，整體而言逐步壓低價格，多數消費者公司則只漲不降，耗費大量時間計算自己能收取的最高價格，拿走所有額外的消費者價值（想訂當天的航班？你一定是商務客，乖乖把錢交出來）。Google 有自己一套做事的方法，也因此每年都能有驚人成長。此外，Google 和其他三騎士一樣，吸光自己所處產業的全部利潤。諷刺的是，Google 的受害者還邀請 Google、允許 Google 抓取自己的資料。Google 今日的驚人市值，等同第 2 到 9 名最大型媒體公司的總和。

很少人說得清楚 Google 的營運方式，弄懂母公司 Alphabet 究竟是什麼。Alphabet 成立於 2015 年，Google 是 Alphabet 旗下子公司，其他子公司尚有 Google 創投（Google Ventures）、Google X、Google 資本（Google Capital）。人們知道 Apple 是做什麼的：Apple 製作有電腦晶片的美麗產品。人們也知道 Amazon 是做什麼的：你用便宜價格大買特買，接著龐大倉庫裡的人（機器）就會撿貨、包裝，用飛快速度送到你手中。Facebook：一群被連到廣告的朋友。然而，很少人了解一間恰巧掌控著巨大搜尋引擎的控股公司是做什麼的。

關鍵報告

湯姆・克魯斯（Tom Cruise）2002 年的電影《關鍵報告》（*Minority Report*），劇情是全球有三個突變人「先知」（precog）可以預見未來，預測犯罪行為，警察在犯罪實際發生前搶先介入。其中一位女先知的能力強過其他人，有時會見到另一種隱藏版的未來，她所預見的未來即為「關鍵報告」。

Google 有如這個更強版本的先知。執法單位在發生謀殺案「後」（很可惜），發現有的兇手在殺人前，先在 Google 上查詢手法：

「扭斷脖子的方法」

「如果有人觸怒你，該殺了對方嗎？」

「過失殺人與謀殺的平均刑期」

「致命的毛地黃藥量」

「有沒有可能在睡夢中殺掉一個人，但沒人發現是謀殺？」

和 Google 日益成長的先知能力比起來，Apple 2016 年發生的隱私權事件實在是小事。有一天，掌管搜尋的人工智慧和其他幾種資料串流（包括我們的活動）的薄薄一層，將被用來有效預測犯罪、疾病與股價。目前智慧型手機上的資訊已能用於定罪，然而從人類非理性的蜥蜴腦湧出的查詢字串……那才是真正能找出瘋狂念頭的地方。政府、駭客與缺乏道德操守的雇員，將忍不住靠人們的意圖來預測行動。

各位可以看一看自己近期的 Google 搜尋記錄：你向 Google 透露的你不會讓別人知道的事。我們天真以為沒人監看著我們的想法（除了老闆等上頭的人），然而事實上……Google 也在監聽。

目前為止，Google 都巧妙讓我們害怕失去隱私的恐懼不至於失控，沒濫用自家演算法的預測能力（至少就我們所知）。Google 就連公司最初的座右銘「不作惡」（Don’t Be Evil），都在強調這間大神公司熱愛世人。大神除了自己不作惡，惡人也會被驅逐：Google 趕走發薪日放貸機構（payday lender）、白人至上主義者，以及任何放貸利率超過 36%的公司。如同聖經裡的故事，它們「被趕到外邊黑暗裡去」，流放至未知之地。

不過，最大的罪是試圖愚弄上帝──愚弄 Google 的搜尋演算法。Google 一天被問 35 億個問題，也因此基本上我們每搜尋一次，搜尋演算法都會進步三十億分之一，但也有例外。2011 年，《紐約時報》調查後發現，一名傑西潘尼百貨顧問製造成千上萬條假連結，營造出該公司網站相關度高的假象（連結至傑西潘尼官網的其他網站數量較多），造成 Google 演算法將傑西潘尼排在前幾名的搜尋結果，從而刺激銷售量。《紐約時報》踢爆這起最佳化事件後，傑西潘尼百貨立刻遭受天譴，被放逐到等同被遺忘在遙遠約旦河畔的 Google 搜尋結果第二頁。

上帝的力量令人敬畏，祂不只曉得我們做了什麼，也知道我們「想做」什麼。我們可能沒向任何人透露，但當我們走過購物中心，心中要是對 Tory Burch 高跟鞋或 Bose Quiet Comfort 耳機起了貪念，神會知道這群信徒心中在想什麼。此外，上帝祂老人家也知道你偷偷喜歡有刺青的女孩，把一切都看在眼裡並牢牢記著。

我們問的問題透露出心底的想望，Google 的搜尋引擎因而擁有廣告超能力。傳統行銷把我們分成各種**族群**，例如：拉丁裔美國人、鄉村人口、退休人士、運動迷、足球媽媽等等。被歸為同族的人，被視為複製人。2002 年，每一個單身富裕白人郊區居民都穿工作褲，聽魔比（Moby）的歌，開奧迪車（Audi）。然而，有了 Google 後，我們在網路上問的問題（外加我們的照片、電子郵件，以及其他所有我們提供的資料），讓神知道我們是有哪些特定疑惑、目標與欲望的個人。我們的個人情報讓大神的廣告事業如虎添翼，可以提供更具相關性、更美好的廣告——為我們的個人幸福量身打造。

行銷主要是一種以最大程度改變行為的藝術（平日偽裝成科學），要我們買這個，不買那個，覺得 A 很酷，B 很爛。Google 把困難、成本又高的那部分留給別人做，在民眾舉起數位的手發問「我想要這種東西」後，讓他們得償所願，甚至可以在眾生還不曉得自己明確想要什麼時，就透過他們搜尋的「雅典衛城旅遊」，或只是他們稍微表示對「希臘島嶼」感到好奇，就依據他們想做的事，透過 AdWords 幫忙配對合適的商家（搭乘達美航空〔Delta〕）。

昔日的神

如果說 Google 是網路年代的資訊之神，舊經濟中或許除了晚間新聞，最接近 Google 地位的是《紐約時報》。《紐約時報》

古老的公司座右銘「所有適合印刷的新聞」（Everything That's Fit to Print）點出這家報社的創立宗旨。《紐約時報》每日判斷哪些事重要、哪些事應該讓民眾知道。當然，《紐約時報》也有自己的偏見（人類機構皆如此），然而《紐約時報》的新聞從業人員以儘量不帶人為偏見自豪，視自己為西方進步價值觀的守護者，把讀者帶離「不」適合印刷的新聞，例如色情、政治宣傳或偽裝成新聞的廣告。

《紐約時報》的編輯型塑我們的世界觀。他們選擇頭條時，也是在選擇會在其他廣電新聞掀起討論的議題，替全球主流觀點定調，相關報導同時在舊世界（40％的國家領袖每天早上收到某一種版本的《紐約時報》）與新世界（Facebook 與 Twitter）流通。

新聞是一份很不好做、有時還很危險的工作，必須在「追求真相」與「單純追求盈利」之間取得平衡。在這一點上，《紐約時報》做得比全球任何媒體公司都好，然而報紙愈來愈無法靠自己在新聞編輯室中展現的專業與冒的險擷取價值。

事實上，Google 和 Facebook 比《紐約時報》的管理階層，還懂得從《紐約時報》記者身上擷取價值。我認為《紐約時報》要是能完全拒絕讓自家內容出現在 Facebook 或 Google 平台，那些年輕公司的價值至少會減損 1％。《紐約時報》的報導大幅提升那些平台的可信度，然而《紐約時報》自身得到的是……幾乎是零。

雄風不振的《紐約時報》

2008 年時，正在成長的 Google 與正在走下坡的《紐約時報》，兩者間的差距沒有今日大。當時 Google 大步向前邁進，市值超過兩千億，然而《紐約時報》的**影響力**無遠弗屆。當時第一代 iPhone 剛問世，平板電腦三年後也將蔚為流行，平台與裝置需要內容，而《紐約時報》擁有第一流的內容。Google 要是少了《紐約時報》的內容，不只是不如《紐約時報》，和其他能刊載《紐約時報》的媒體一比，也將居於劣勢。

我感到在數位時代，《紐約時報》的內容可以也理應價值數十億美元，曾和兩位紐約大學史登商學院有財金背景的學生合作，全方位評估紐約時報公司（Times Company）每一個面向，最後的結論是紐時價值 50 億元，但被困在 30 億元的身體，所以我去找先驅資本（Harbinger Capital Partners）創辦人菲爾．法爾科內（Phil Falcone），和他合夥，他的基金讓我們有資本取得大量紐時股權，取得董事席次，推動改變。

菲爾是明尼蘇達州人，有十一個兄弟姐妹，成為對沖基金經理人之前，在哈佛是曲棍球明星。他是專注力極強的內向人，2006年時是六個有膽子下大注和信貸市場對作的其中一人，他和他的投資人因此數十億美元落袋。先驅資本的辦公室是破舊櫻桃木裝潢與假植物，交易室空調靠的是電風扇，感覺就像俄亥俄州克里夫蘭（Cleveland）缺乏魅力版的雷格斯（Regus）商務辦公室。

我把自己的想法告訴菲爾。我的點子分成「投降」與「戰鬥」兩部分，「投降」的部分是提議紐時公司將10%的股份賣給Google前執行長施密特，並且任命他為報社執行長。施密特可以買下10%以上的公司股份，從而取得股權與上風。當時施密特已經讓自己升任Google董事長，把執行長位置讓給賴利．佩吉（Larry Page）。

我認為相較於過去，施密特如今更可能接受不同的點子（拯救美國報業）。雖然規模將遠遜於四騎士，他將有機會賺到錢（我至今依舊認為《紐約時報》當初要是任命施密特為執行長，公司市值會比現在高出許多）。

下一步是紐約時報公司要戰鬥。《紐約時報》應該立刻脫離Google。也就是說，《紐約時報》應該拒絕Google或任何公司抓取內容。如果Google或其他網路公司想取得《紐約時報》內容授權，就得付費，而且金額高過其他類型的公司。Google、Bing、Amazon、Twitter、Facebook可以讓用戶自由使用紐時內容，但只有一間公司可以這麼做——出價最高者得。

計劃的下一步是將策略延伸至《紐約時報》以外。我的願景是聯合各家報社老闆成立集團，包括《紐約時報》的蘇茲伯格家族（Sulzbergers）、《華盛頓郵報》的葛蘭姆家族（Grahams）、紐豪斯家族（Newhouses）、錢德勒家族（Chandlers）、培生（Pearson）、德國的阿克塞爾·斯普林格（Axel Springer）等等。此集團將帶給世人西方世界品質最高、最具差異化的媒體內容。

這是我們唯一讓平面新聞媒體止住頹勢、獲取（挽回）數十億股東價值的機會。雖然這或許只是權宜之計，對於微軟的 Bing 等市占率小的搜尋引擎來講，它們將有威力強大的武器可以對抗 Google。Bing 目前的搜尋市占率大約是 13%，要是能取得《紐約時報》、《經濟學人》或《明鏡》（*Der Spiegel*）等經典品牌的差異化內容獨家權，市占率將多增幾個百分點。多幾個百分點，就是多數十億美元。

今日的搜尋產業價值 5,000 億美元，有的人甚至認為數字還要更高一些，理由是 Amazon 嚴格來講是有倉庫的搜尋引擎。換句話說，搜尋產業每 1%的市占率，就價值 50 億美元以上。我的計劃是成立集團，出租我們的內容，對抗靠我們的內容得到數十億利益關係人價值的科技公司。

儘管房市泡沫出現緊縮徵兆，廣告流向網路，紐時的報紙事業依舊表現強勁，體質健全。魯柏・梅鐸（Rupert Murdoch）剛以 50 億買下《華爾街日報》（*Wall Street Journal*），而《紐約時報》的股價低出許多。

此外，其他買家也表達興趣。我分別從兩個不同消息來源，聽說紐約市長彭博（Michael Bloomberg）正考慮向《紐約時報》出價。公職有任期限制，彭博似乎即將被迫離開政壇，《紐約時報》會是這位紐約億萬富豪的完美事業，他過去就曾靠著將金融資訊帶進數位時代，創造出數百億股東價值（當時沒人知道，如果你是彭博，「任期限制」只是最好不要做太久的建議，不會真的限制你。彭博後來讓市議會同意他繼續做第三任）。

最後，萬一其他策略都失敗，紐約時報公司手中依舊握有大量該出售、我和菲爾將出售的資產，包括：

- 全美第七高大樓
- About.com
- 波士頓紅襪隊（Boston Red Sox）17%的股分（奇怪，關球隊什麼事？）

這幾項資產被金融市場視為報社資產，也就是說估值是（很低的）報社利潤的倍數，處分這些資產將對股東有利。「分類加總估值分析」(sum-of-the-parts analysis)反映出依據其他資產的價值來看,買紐約時報公司的一股股票,幾乎是免費買到報紙事業。

此外,我們也將遊說紐時公司取消股利發放政策。紐時每年大約付給股東 2,500 萬元,然而公司需要可以投資創新的現金。依我來看,股利只是保護費,好讓公司董事長亞瑟.蘇茲伯格(Arthur Sulzberger)與丹.戈爾曼(Dan Golden)在參加家族聚會時不會被追殺。他們靠搞砸爺爺的公司,以及和前聯合國秘書長包特羅斯—蓋里(Boutros Boutros-Ghali)吃吃飯,每年就能拿 300 萬至 500 萬美元薪水,家族裡其他親戚也想分一杯羹。

菲爾的先驅資本和我成立的火把夥伴(Firebrand Partners)合作,一起買下時報公司 6 億美元股分(18%左右的股權),成為最大股東,爭取 4 席紐時董事會席次,並遊說有志一同的人士一起改革董事會,要求公司出售非核心資產,全心投入數位事業。先驅資本是肌肉(資本),火把是頭腦(帶領委託書爭奪戰、加入董事會、影響資產配置決定與策略、釋放價值等等)。

我們的計劃自然在紐時內部遇到阻力。我們初步和管理階層見面,提出想法,蘇茲伯格惱火:「你們說的我們全都想過!」儘管如此,我們仍認為紐時的管理階層需要協助。開完會、走出位於紐約 41 街的紐約時報大廈（由倫佐．皮亞諾〔Renzo Piano〕設計、我積極遊說出售的高樓）後，事情一團混亂。我低估媒體界對媒體界感興趣的程度。我們宣布策略 24 小時後，就有狗仔在我上課時跑到紐約大學，在教室外守候。

此外，媒體也樂於看《紐約時報》發行人兼董事長亞瑟．蘇茲伯格的好戲。一名正在報導蘇茲伯格家族的路透社記者，晚上 11 點打我手機，詢問我們和《紐約時報》之間的戰爭，還說要是我不給他一點可以寫的東西，**任何東西都好**，否則他隔天就工作不保。

那名記者用專業美術用品詳細畫出蘇茲伯格的家譜，包括叔伯阿姨的兒女、表叔伯阿姨的兒女，鉅細靡遺到嚇人的程度。顯然這個世界的媒體對媒體老闆懷有愛恨交織的情緒。

力求改革

亞瑟．蘇茲伯格和我打從認識開始，幾乎就出於本能地不對盤。我們以不同方式看世界，以完全不同的角度做事。我這一生都在追求出人頭地，害怕自己一輩子不會成功，含著金湯匙出生的亞瑟則害怕失去原有的權力地位（就我來看）。他是公司實質的執行長，他讓珍妮特．羅賓森（Janet Robinson）掛這個頭銜，只是為了把討厭的執行長職責推給別人，例如：解雇員工、舉辦法說會等等。重大決策依舊是他在做，領的也是執行長等級的酬勞。

蘇茲伯格家族和許多媒體家族一樣，為了確保掌控權，採取「雙重股權制」（dual-class shareholder structure），背後的邏輯是媒體在社會上扮演特殊角色，不該受股東短視近利的思維影響。採取「雙重股權制」的企業（Google、Facebook、光電視覺公司〔Cablevision〕），大多是家族在分散自己的股分時（出售股分），依舊能維持公司掌控權的手法。

《紐約時報》並非唯利是圖的公司，蘇茲伯格家族把自己獻身給新聞業。我進一步認識亞瑟後，發現他的確重視《紐約時報》的財務健全度，然而那只為了能夠追求更重要的事——《紐約時報》式的新聞。我想像亞瑟害怕《紐約時報》會毀在他這個子姪輩手上，晚上經常一身冷汗醒來。

蘇茲伯格家族由於採取雙重股權制，和許多報紙家族一樣，僅持有少數股權（18%），但掌控著15席中的10席董事。也就是說，像我這種想推動改革的人，得讓大量家族友人與家族成員換邊站才行。我們分享完關於數位與資本配置的想法後，繼續到處拜見股東，評估大家願意支持的程度。年度股東大會就像選舉一樣，股東（紐時公司的A股股東）投票選出自己在董事會上的代表人。我們見到的股東，大多受不了紐時的領導階層，認為他們並未妥善經營公司。各種跡象都顯示，改革紐時公司的時機到了。

接下來一週，紐時執行長羅賓森與董事比爾・肯納德（Bill Kennard）要求在我缺席的情況下，單獨與菲爾會面，看看雙方能否達成協議。換句話說，他們也知道自己在股東大會上會輸。我感到菲爾應該要求拿到我們提名的所有4席董事，但菲爾說應該展示善意，2席就好。這步棋走錯了：我們需要好幾個不同的聲音，才能打破董事會的龐大阻力，不讓亞瑟或羅賓森來主導。

紐時公司立刻同意，但有一個條件：2席董事中，我不能是其中一席（見上文：出於本能地不對盤）。菲爾知道我用自己的錢投入此事，不可能因為可以和《紐時》的專欄作家紀思道（Nick Kristoff）與湯馬斯・佛里曼（Thomas Friedman）一起參加季度晚宴，外加20萬美元的董事費（薪水與選擇權），就選擇合作，而會持續推動改變，也因此要求其中一席一定得是我，他們默許了。

2008年4月的股東年會上，吉姆・柯伯格（Jim Kohlberg）和我在一場例行股東會議中，被選進董事會。會後，亞瑟要求和我單獨談話。他帶我進一間房間，問我帶來的攝影師人在哪，但我根本沒帶任何人。接下來一小時，亞瑟不只一次而是兩度又把我拉進房間，要求「這一次」我一定得告訴他，我帶的攝影師是誰。我的語氣益發不耐煩：「亞瑟，我再說一次，我不曉得你在講什麼。不要再問了。」我不知道亞瑟是否有看得見死者的通靈能力，也或者是因為有不請自來的外人進入董事會，他壓力太大，產生幻覺。根本沒有什麼攝影師。

這個小插曲為我們兩人的關係揭開序幕，反映出我們不信任彼此，也瞧不起對方。在亞瑟眼中，我是不知道打哪來的野狗，沒資格進「灰色女士」（Gray Lady，《紐時》的暱稱）的董事會。我則認為他這個富家子弟缺乏商業頭腦。在接下來兩年，我們會互相證明對方是對的。

《紐約時報》是亞瑟全部的人生，他的精神支柱，他的DNA是灰色的，固執守舊，甚至很難想像他踏出紐時大樓。有一次，我在德國會議上碰到他，感覺像是在紐約六號地鐵線看見長頸鹿——就是不搭。

各位大概猜到了，我未能說服董事會拋棄原本的執行長羅賓森，讓熟悉科技與媒體交會點的施密特上台。我基本上是在嘲弄中被迫離開，沒人想挑戰執行長與亞瑟。我是新來的，講話沒分量，他們輕輕鬆鬆就讓我的點子失去聲音。

還要再過幾年，才開始有科技執行長接手搖搖欲墜的報業。2013年時，貝佐斯買下《華盛頓郵報》，《華盛頓郵報》再也不必每季都心驚肉跳。先前每過一季，報社都得向投資人公布每況愈下的營運數字，接著新聞編輯部就不得不裁員。貝佐斯除了讓《華盛頓郵報》吃下財務定心丸，還大力朝網路發展，三年內線上流量翻倍，超越《紐約時報》。此外，《華盛頓郵報》研發出今日租賃給其他新聞媒體的內容管理系統（CMS）。《哥倫比亞新聞評論》（*Columbia Journalism Review*）指出這套 CMS 每年帶來一億營收。《華盛頓郵報》獲得 Amazon 擁有的相同優勢：靠著便宜資本，得到積極靈活從事長期投資的信心，有如重返 18 歲。

《紐約時報》的董事缺乏大刀闊斧改革的欲望，在我出現之前，早已決定走輕鬆的路，靠收購線上公司，將自己的模式延伸至網路來面對線上挑戰。

About.com

2005 年，紐約時報公司收購 About.com。正在成長的 About.com 是旗下有數百網站的網站大全，提供讀者五花八門的資訊，例如樹木修剪與前列腺治療法，也就是所謂的「內容農場」（content farm）。內容農場的成功公式是讓網站完成一個首要目標：利用在 Google 上優化的用戶生成內容（user-generated content），出現在 Google 搜尋結果首頁，帶來流量，靠流量出售廣告。

說《紐約時報》不是創新者並不公平。《紐約時報》的確是，以亮眼的圖表、數據功能與影片成為首屈一指的網站，然而《紐約時報》的線上成長，主要來自吸引人們在 Google 上（透過 About.com）點閱的平庸內容。《紐約時報》就像那種成天坐在犀牛背上吃小蟲蝨子的非洲鳥兒，坐在四騎士之一的巨人背上，沒意識到靠 Google 的搜尋演算法維生極無保障，犀牛只要尾巴輕輕一甩，就能趕走身上食腐鳥。

Google 搜尋替 About 網站帶來數十億點閱量，《紐約時報》花 4 億美元買下 About.com，感覺是相當划算的買賣。我進入董事會時，About 的市值已經升至 10 億美元左右，炙手可熱。

我遊說眾人出售 About，或是讓 About 上市，分拆出去。About 團隊自然認為這是太好的主意，他們已經受不了負責支撐一間類比年代的公司，渴望得到網路世界的分紅與人們的敬意。我犯下一個嚴重錯誤，在一場 About 資深管理階層也在場的會議上，提議出售 About 或讓 About 上市。我這個提議很不負責任，就像是對著滿屋子的 7 歲男孩大喊：「有誰想去看怪獸卡車大賽（Monster Jam）」，但根本不確定自己拿不拿得到票。

然而，羅賓森和亞瑟不想失去自己的線上名聲，忙著把 About 當成裝飾類比服飾的數位耳環，好讓投資人和董事會（不包括我）看到《紐約時報》的確擁有數位策略，而且這個策略不但帶來營收，還持續成長。他們告訴自己，他們不但沒對未來視而不見，還擁抱未來。數位事業僅帶來公司12%的營收，賣掉About更是會讓那個數字萎縮，讓公司看起來更像一間紙本報社。

同一時間，我還在董事會議上提議，公司應該停止讓Google存取《紐約時報》的內容。Google的搜尋引擎正在摧毀股東價值。要是不加以制止，Google會進一步讓《紐約時報》窒息而死。然而其他每一個人都相信，搜尋引擎是網路時代的電力，《紐約時報》和Google有著共生關係，我們用內容交換Google帶來的流量。

有一場董事會議令我印象特別深刻。當時一名《紐約時報》記者在阿富汗被綁架，被英國突擊隊救出，行動過程中一名英勇士兵失去性命。小隊指揮官寫了一封文情並茂的信給亞瑟，解釋為什麼值得為了救這位記者，付出如此慘痛的代價——為什麼新聞很重要。亞瑟對著董事會念出信件內容，不時停下，給我們時間思考，接著才往下讀，不停拋出新聞、犧牲、敬意、聲望、地緣政治學、儀式等詞彙。亞瑟是一隻蘇丹樹林裡的平原長頸鹿，靠著吃土裡偶爾冒出的植物與金合歡維生，顧盼自得。

一屋子的人沉浸在新聞的重要性，為了人們替新聞所做的犧牲感動不已，然而當《紐約時報》董事在全美第七高建築物的 17 樓用餐，Google 正在爬進我們的地下室，從伺服器挖走我們全部的內容。

Google 不僅免費抓取我們的內容，還分拆給使用者，要是有人在找巴黎旅館，Google 會連結至《紐約時報》的巴黎旅遊文章，但頁面上方放置 Google 自己的四季飯店（Four Seasons Hotel）廣告。理論上，這種做法也會替《紐約時報》帶來流量，進而吸引可能買橫幅廣告的廣告商，聽起來很不錯，但其實是自我安慰。

問題出在 Google 處理搜尋時，也在學習《紐約時報》的讀者現在及未來可能想要什麼——Google 比《紐約時報》自己還懂。也就是說，Google 有能力以遠遠更為精準的方式，瞄準《紐約時報》讀者，從每一則廣告中比《紐約時報》賺到更多錢，多達十倍以上。《紐約時報》是在用 1 塊錢交換 10 分錢，我們理應在自己的網站上經營自己的廣告，真是太傻了。

《紐約時報》的銷售團隊表現平平，公司的商業模式愈來愈行不通。我們依舊還有價值的地方是我們的內容，以及產出那些內容的專業人士。然而，我們並未好好保護那些內容，也沒阻止或控告挪用《紐約時報》內容的數位平台，反而決定賤賣，試圖帶來更多流量……而且是四處賤賣。這就好像愛馬仕決定在沃爾瑪官網賣柏金包，好讓愛馬仕官網獲得更多流量。《紐約時報》做出現代商業史上最大的錯誤決策，把奢侈品拿到地攤去賣，還讓地攤賣的比在我們店裡買便宜（訂報）。

我決心糾正錯誤，手中握有數據，又代表最大股東，我幻想有一天個案研究上，將寫著一名憤怒教授是如何拯救灰色女士，還順便幫了新聞業一把。我在董事會上慷慨陳詞，講為什麼我們需要阻止 Google 的網路爬蟲，成立全球一流的內容集團。接下來一小時，董事會還真的半認真討論起來，只可惜董事大多是出生名門望族的中年人，對科技一無所知。我必須承認執行長羅賓森其實認真看待我的提議，還說管理階層會加以評估。

幾週後，董事會收到經過審慎考量的備忘錄，上頭說《紐約時報》不會阻止搜尋引擎，因為《紐約時報》不能冒險觸怒 Google，About.com 的流量得靠 Google。如果不讓 Google 抓內容，Gogle 可能反擊，調整演算法，About 會掉進搜尋煉獄。

簡單來講，這就是集團會碰上的問題，以及創新者的兩難：「整體通常少於部分之和」。《紐約時報》和 About 都一樣。從某種角度來看，《紐約時報》和 Google 彼此利用，Google 用我們的內容替自己的廣告吸引數十億點擊，我們則利用 Google 的搜尋演算法，將流量導向 About。然而，Google 的力量遠勝我們，Google 是關鍵網路地盤的領主，我們則是向 Google 借地耕種的佃農。我們的命運從一開始便註定了。

後來中間又隔了一段時間，不過 2011 年 2 月時，Google 終於受不了鬧哄哄的內容農場，尾巴一甩，通通趕走，About.com 也未能倖免於難。搜尋巨人來了一次「熊貓演算法更新」（Panda algorithm update），內容農場的多數流量都被放逐至天涯海角，一蹶不振。Google 只不過做了一次調整，便重創《紐約時報》，將數百萬線上營收導向其他網站，About 的價值大幅降低。Google 顯然和我們《紐約時報》不一樣，做商業決策時著眼於公司的長期價值，不怕我們會有什麼反應。About 在 Google 更新演算法前價值 10 億美元，隔天就剩不到一半。一年後，《紐約時報》用 3 億脫手 About，比當初的收購價少 25%。Google 替自家股東做出長遠來講有好處的決策時，不擔心「觸怒」About.com 的母公司紐時。

神可以解決人類的疑難雜症，施展神力幫人類一把，必要時還出手管理秩序，然而如同希臘神話一再出現的情節，與神共枕是不會有好結果的。

我在紐時的任期做得不是很成功（客氣的講法）。我提出的建議並未帶來太多改變。公司的確出售非核心資產，也在 2009 年取消發放股利，但 2013 年 9 月又恢復舊制。董事會顯然牢牢掌握在蘇茲伯格家族手裡。金融危機讓紐時的廣告營收完全掉進谷底，股價下跌，菲爾決定斷尾求生，而他手中股分是我唯一能待在董事會的原因。他的持股開始減少時，兩名董事告知我要掰掰了。亞瑟在我的語音信箱留言，要我回電，我主動請辭。

《紐約時報》的報酬制度是董事可以領選擇權，我的大約價值 10,000 至 1,5000 美元之間，只需要填寫一些文件就可以，但我因為把別人的 6 億元變成 3.5 億元，決定不領，我沒那個臉。

新神降臨

前文說 Google 是神，然而神全知、全能又永生，三種特質中，Google 只稱得上無所不知──勉強稱得上。如果說 Apple 靠轉型成奢侈品公司，做到某種程度的永生，Google 則相反，化身為**公用事業**，無所不在，悄悄融入日常生活。此外，Google 和從前成為「可樂」代稱的可口可樂公司、「影印」代稱的全錄公司（Xerox）、「修正液」代稱的立可白公司（Wite-Out）一樣，愈來愈需要強化自家品牌名稱的合法性，以免「google」變成動詞「搜尋」的意思。Google 市占率太大，在國內外永遠都可能碰上反托拉斯官司。歐盟似乎對 Google 尤其充滿敵意，2015 年起四度正式提起訴訟，指控 Google 對上廣告競爭者時具備不公平的優勢。Google 在歐盟國家的搜尋市占率是

90%，總部又不設在歐盟，被負責監督市場的人士盯上是很自然的事，監管單位的確有理由這麼做。Google 以神的高度回應近日的抗議聲浪：「我們相信 Google 的創新與產品提升，增加了歐洲消費者的選擇，也促進了競爭。」

儘管 Google 擁有四騎士中最高的龐大市占率，Google 也同樣因此最脆弱。或許那就是為什麼四騎士中，Google 似乎最害羞靦腆，最躲避鎂光燈。棒球傳奇泰德・威廉斯（Ted Williams）在最後一次上場打擊後，拒絕從球員休息室中走出來感謝觀眾，美國作家約翰・厄普代克（John Updike）講出一句著名評論：「神不謝幕。」Google 最近似乎偏好壓低帽簷，不願脫帽。

Google 的靈魂人物自 1998 年 9 月成立的第一天起就在。史丹佛學生謝爾蓋・布林（Sergey Brin）與佩吉設計出一種叫「搜尋引擎」的新型網頁工具，可以在網路中尋找關鍵字，然而 Google 的關鍵步驟其實是請來施密特擔任執行長。施密特是轉行當生意人的科學家，在昇陽（Sun Microsystems）與網威（Novell）接受過磨練。他兩個老東家都挑戰過微軟，也都沒成功，施密特發誓絕不重蹈覆轍。他擁有優秀企業領導人的關鍵特質，忍辱負重，決心復仇。比爾・蓋茲成為施密特的大白鯨，施密特把自己的執著化為策略……Google 是他的捕鯨船「裴廓德號」（Pequod），目標是用魚叉獵殺一頭名為「莫比敵」

（Moby-Dick）的大白鯨。

今日的人們很容易忘記在 Google 問世前，微軟從來不曾嘗過敗績。微軟其實是初代的騎士。成千上萬的公司都曾迎擊微軟，全都戰死沙場，就連擁有科技史上最原創的產品的網景（Netscape）也同樣不敵。微軟不斷再起，證明大象也能跳舞。

Google 只有一個產品（賺錢的只有一個），但那一個產品就改變了世界，而且公司其他每一件事也都做對了：取了有趣古怪的名字，乾乾淨淨的簡單首頁，誠實的搜尋功能，不聽令於廣告商，看起來缺乏進入其他市場的興趣，以及討人喜歡的創始人，一切的一切都令日常使用者心生好感，在羽翼豐滿前，讓《紐約時報》等潛在競爭者感到單純無害。Google 加深這樣的印象，提出「不作惡」等「愛之夏」（Summer of Love）式的嬉皮哲學，讓世人看到 Google 員工帶著自己的狗狗在辦公室隔間睡覺的照片。

然而，幕後的 Google 進行著企業史上最具野心的策略。Google 整合全球所有的資訊，蒐集與控制網路上目前存在、或是可以輸入網路的每一個有用資訊快取，並以絕對的一心一意達成目標。一開始先從網路上已經存在的事物開始——Google 不能擁有哪些東西，但可以成為守門人。接下來，Google 盯上每一個地點（Google Maps）、天文資訊（Google Sky）、地理資訊（Google Earth 和 Google Ocean），接著是取得每一本絕版書的內容（Google 圖書館計劃〔Google Library Project〕）與新聞（Google News）。

Google 以暗中進行的搜尋本質，吸收全球的公開資訊。潛在受害者一直到了為時已晚，才發現事情不對勁。Google 最後掌控住極度完整的知識，以及競爭者無法攻下的進入障礙（可以看微軟的搜尋引擎 Bing 有限的成功度），得以稱霸數年。

全球每家公司都羨慕 Google 在數位世界集萬千寵愛於一生，然而人前顯貴，人後不一定幸福。就算 Google 沒變舊人，美國國會與司法部有可能決定搜尋引擎是公用事業，並以公用事業的方式管制 Google。

Google 離失寵那一天還很遠，然而別忘了，Google 基本上以一招取勝，也只會那一招。Google 除了會搜尋（YouTube 也是搜尋引擎），Google 還會……好吧，Google 還有 Android，然而 Android 是施密特用來對抗 iPhone 的智慧型手機業界標準，最大型的公司其實是其他公司。至於 Google 的其他所有東西，包括無人車、無人機，都只是遊戲之作，用處是讓顧客、或者該說是讓員工興奮而已，目前為止的貢獻，還不如微軟勢力正在衰退的 Internet Explorer。

Google 和微軟之間還有其他類似之處。微軟在鼎盛時期，以擁有美國企業最惡行惡狀的員工出名，驕傲自大，犯下典型的高科技產業錯誤：無視於成功其實還需看運氣與時機，深信完全是自己天縱英明。微軟上市時，老員工紛紛行使股票選擇權，成群出走，自己闖天下，有的成功，有的失敗。

到了最後，美國證券交易委員會（SEC）與司法部開始盯上微軟，微軟繼續擊敗一家又一家令人興奮的年輕公司，但是突然之間，承認自己替邪惡帝國做事是一件很尷尬的事，微軟大量流失智慧資本（intellectual capital），資深人才離開，新人才不願替微軟賣命。一夕之間，微軟就算想出好的產品點子，似乎也再也無法執行，就好像大腦發號施令，但手腳不聽使喚，就連創始人蓋茲自己都離開，跑去拯救世界。

Google 尚未成為微軟，這間網路搜尋公司依舊自豪自己聚集了一群史上 IQ 最高的人才。Google 的員工並非只是自認比別人聰明，他們是真的聰明。Google 出名的地方，在於鼓勵員工每週挪出 10%的工作時間醞釀新點子。有六萬個天才在用腦，難道不會冒出大量有趣的新東西嗎？

然而，最終可能沒有差別。網路沒什麼新進展，Google 的核心事業大概會持續成長，八成還會加速前進。人類永遠渴求知識，而你仰望螢幕時，Google 早已壟斷民眾的祈禱。

第 6 章

別對我說謊

戲法人人會變，巧妙各有不同，四騎士到底在玩什麼把戲？

偷竊是高成長科技公司的核心能力，但我們不願相信這個事實，因為創業者在美國文化擁有特別崇高的地位。他們桀驁不遜，知其不可為而為之，衝撞巨人企業，是穿著 T 恤的普羅米修斯，替人類傳遞新科技的火種，然而真相其實沒那麼浪漫。

四騎士當然不是一開始就稱霸全球的大鯊魚，它們從點子起家，也是某個人在車庫或宿舍想出的點子。從後見之明來看，四騎士走的路理所當然，甚至是命中註定，然而其實一路上永遠得隨機應變。創業和專業運動員一樣，一般人通常只會關注成功者的故事，成千上萬連小聯盟都進不去的人，我們連聽都沒聽過。從車庫白手起家的新貴成為勢力龐大、財力雄厚的大公司後，看起來已經不太像當年的自己，尤其是在企業公關部門重寫創業神話之後。不論創始人如何努力保持當初創業的年輕朝氣，這樣的轉變不可避免。

不過，這種轉變不可避免的原因，除了市場永遠在變動，企業一定得跟著適者生存，也是因為年輕公司一無所有，就算偷拐搶騙，也拿它們沒辦法，有信譽、有市場、有資產要保護的公司則綁手綁腳。更別提美國司法部抓大魚，放小魚。歷史是由勝利者寫下的，「受到啟發」與「以他人為標竿」取代了其他不好聽的字眼。

騎士們犯下了兩種詐欺罪。第一種是拿其他公司的 IP（通常是**剽竊**的意思），改頭換面一下牟利，接著累積大量利潤後，又誓死保護那個 IP。第二種詐欺是從他人建立的技術得利，原創者什麼都得不到。第一種詐欺讓未來的騎士不需要靠自己的聰明才智，想出創新點子，然而如果有人試圖做一樣的事，它們就派出律師大軍，以免自己也受害。第二種詐欺則令人想起所謂的「先發優勢」（first-mover advantage）其實並不是優勢。產業拓荒者通常最後背後插滿箭，其他後到的騎士（Myspace 之後的 Facebook、個人電腦先驅之後的 Apple、早期搜尋引擎之後的 Google、首批線上零售商之後的 Amazon）踩著前輩的屍體，從它們的錯誤中學習，收購它們的資產，接收它們的顧客。

騙術 1：偷到手後牢牢保護

厲害公司通常靠著某種謊言或竊取 IP，快速累積價值，將規模擴大至先前無法想像的程度。四騎士也一樣，大多巧妙地騙其他公司或政府補助或移轉價值，把力量大幅挪到自己身上（各位可以等著看，特斯拉〔Tesla〕接下來幾年將大力遊說政府補助太陽能與電動車）。然而，它們自己壯大成騎士後，突然間就對這種行為感到深惡痛絕，要求保護自身利益。

從國家的層次來看，尤其能看清這樣的動態系統。從地緣政治角度來看，世上只有「美國」一個騎士，而美國的歷史正好呈現以上動態。獨立戰爭結束不久後，美國是窮小子，遍地是機會，但沒多少抓住機會的能力，而當時的歐洲處於相對和平的時期，工業革命帶來的工業創新遍地開花，美國製造商無力競爭，尤其是英國利用先進的織布機（從法國偷來的設計）與相關技術，主導當時十分重要的紡織業。英國努力保護自家紡織業，立法禁止輸出設備與設計圖，甚至連製造與操作機器的工匠都不允許出國。

美國明著來不行，只好靠偷的。財政部長亞歷山大．漢密爾頓（Alexander Hamilton）提出報告，呼籲透過「適當協議與必要手段」取得歐洲工業技術，甚至坦承英國法律禁止這樣的輸出。美國財政部招募歐洲工匠，直接違反歐洲各國移民法。美國 1793 年修改專利法，讓專利保護的適用範圍僅限於美國公民，剝奪歐洲專利擁有者的智慧財產權，專利被竊時求償無門。

美國的工業力量從此快速成長。被稱為「美國工業革命搖籃」的麻州洛厄爾（Lowell），奠基者正是法蘭西斯・卡伯特・洛厄爾（Francis Cabot Lowell）的企業後代。洛厄爾先是以好奇客戶的身分（是真的，但那只是他其中一個身分）參觀英國紡織廠，記下廠內設計與配置方式，回美國後成立「波士頓製造公司」（Boston Manufacturing Company），建立美國第一間工廠，接著做了現代科技產業熟悉的一件事：進行美國史上第一樁 IPO 案。山寨讓顧問業這個價值數十億美元的產業就此興起。美國擁有全球最佳顧問公司，竊盜就在我們的 DNA 中。

今日的美國挾著自身的技術優勢成為工業龍頭，有自己要保護的市場。我們雖然以百老匯歌舞劇歌頌當年的財政部長漢密爾頓，我們的法律可不接受他對智慧財產權抱持的隨意態度。美國今日是專利與商標保護的重要提倡者，政治人物要是批評中國竊取美國技術，絕不會有人站出來反駁。中國也想在世界舞台取得騎士地位，派出自己的洛厄爾，親自走訪各地或透過網路空間搶奪所有能使國家快速繁榮的事物，並在竊取全球專利數十年後，開始對自己的 IP 有信心，弄懂其中竅門，也開始提倡專利法。

科技史上最著名的「偷竊」，可能是 Apple 的起家故事。賈伯斯讓全錄未曾實現的滑鼠驅動與圖形化桌面理念，化身為改變產業的麥金塔電腦。

洛厄爾那個年代的人改進英國設計，接著又靠美國的大量資源與正在成長的人口，欣欣向榮，賈伯斯也看出全錄的圖形使用者介面（GUI）有潛力引爆個人電腦市場，就連自己十分成功的 Apple II 電腦都比不上。GUI 如同 Apple 著名的廣告語，可以帶來「適合我們一般人的電腦」，全錄則永遠無法使那種電腦成真，全錄缺乏那樣的直覺、策略，以及理念。

以過度簡化的方式說，Apple 只是靠更好的「行銷」，運用他人開發的創新。支撐著 Apple 現今領導地位的技術，許多的確借自或授權自第三方，例如全錄的 GUI、新思（Synaptics）的觸控螢幕、P.A. Semi 的節能晶片。然而重點不是年輕公司光靠「用偷的」，就能成為大企業，還要有辦法慧眼識英雄，自別人無法擷取價值的地方創造出價值，而且不達目的誓不甘休。

騙術 2：不是偷，只是借

四騎士的另一招騙術是借用你的資訊，然後再回頭賣給你。Google 就是一個好例子。

Google 的創業基礎是對於網路架構與搜尋本質的數學認識，然而 Google 能成為騎士的原因是幾位創始人（與施密特）知道，他們可以一手免費提供資訊，一手又靠資訊賺大錢。當時擔任 Google 高階主管的梅麗莎．梅爾在國會上告訴一群白人中老年男性為主的議員，報章雜誌天生有義務讓數據可以被抓取、分割、查詢與搜尋……一切由Google執行。梅爾說，Google News提供的報導，「不受政治觀點或意識形態左右。同一則新聞，使用者可以自由選擇從各種觀點出發的版本。」梅爾暗示Google是一個百家爭鳴的園地，美國將可保住創新DNA，還讓貧窮的孩子能仰賴Google完成讀書報告。這就像美國公共電視網要求政府繼續補助時，搬出旗下節目《芝麻街》的大鳥（Big Bird）當擋箭牌，誰想當殺死大鳥的罪魁禍首？

梅爾在國會上作證，Google提供「網路報寶貴的免費服務，將感興趣的讀者引導至報社網站」她聽起來很失望，Google為《紐約時報》與《芝加哥論壇報》（*Chicago Tribune*）等報社做了這麼多，報社居然不懂得感恩。然而大家之所以並未知恩圖報，或許是因為Google「寶貴的免費服務」，事實上快速挖空美國媒體的廣告地基，讓所有營收都跑到Google手中。

梅爾要國會不用怕，雖然不是免費的，Google也提供廣告方面的寶貴服務。愈來愈倚靠Google提供流量的報刊發行者，可以加入Google Ad-Sense，Google Ad-Sense將「協助發行者靠自家內容產生營收」。

當然，實情卻是2016年美國總統大選時，資訊已經因為能瞬間判斷出我們的「政治觀點與意識形態」的演算法而兩極化。梅爾在國會上作證後，先前不需要 Google「幫忙」帶來營收的新聞業者，以令人心驚的速度消失。Google 吸光資訊，蒐集我們的身家背景與個人習慣，集中這個世界的資訊，接著開啟演算法加以篩選，帶給我們更多「寶貴的免費服務」。

Facebook 和 Google 都在 2010 年代初期表示，部門與部門之間，不會彼此分享資訊（例如 Facebook 不會和 Instagram 分享，Google、Gmail、YouTbe、DoubleClick 彼此不互通），然而兩家公司都說謊，並悄悄改變隱私權政策。用戶如果不希望自己在網路上做的事，和自己的所在地與搜尋被交叉比對，需要特別提出申請。沒有證據能證明，Facebook 和 Google 除了把相關數據用在優化鎖定外，還有其他意圖，然而在數位行銷的世界，令人毛骨悚然的隱私權破壞與「關聯性」密不可分。不過目前為止，消費者與廣告商用行動投票，為了關聯性，願意付出令人毛骨悚然的代價。

資訊的價碼

「資訊想要免費流通」（Information wants to be free）這句駭客信條，造就了網路的第二個黃金年代，然而這句話的起源值得回顧一下。《地球概覽》（*Whole Earth Catalog*）雜誌創辦人斯圖爾特·布蘭特（Stewart Brand）在 1984 年的駭客大會（Hackers Conference）上率先提出：

一方面，資訊希望自己身價高，因為資訊十分珍貴。用在正確地方的正確資訊，可救人一命。另一面，資訊想要免費流通，因為取得的成本愈來愈低，因此有兩股相抗衡的力量。

資訊和我們一樣，希望自己迷人、獨特、拿到很多錢——**非常非常**多錢。資訊想讓自己身價高昂。美國除了 Google 與 Facebook，最成功的媒體公司是彭博（Bloomberg）。創始人麥可．彭博從未掉入「免費送人資訊」的陷阱，將他人的資訊混合自己的獨家數據，包上情報的外衣，接著重點來了——他創造出珍稀性。彭博公司的資訊價格高貴，以彭博終端機的形式，有自己的垂直通路（店面）。如果想得到可能影響投資組合股價的商業突發新聞，你必須和彭博簽約，在辦公室裝設彭博終端機，螢幕很快就會湧進源源不絕的新聞與財經數據。

如同蘇聯革命同志把合照裡的托洛斯基（Trotsky）修掉，布蘭特的「資訊希望自己身價高昂」那部分論述，似乎被希望內容免費的公司抹去。布蘭特感興趣的其實是兩股力量間的拔河，他認為創新將源自那裡。Google 掌握了兩者的矛盾（Facebook 也一樣，只不過情境不同），利用下降的散布成本，讓使用者得以進入先前昂貴的資訊世界，接著自己又擔任新守門員，獲得數十億美元價值。

Facebook 同樣也利用資訊取得成本愈來愈低、資訊價值卻一直很高的矛盾，比 Google 還會借力使力，讓使用者自行創造內容，接著把內容賣給廣告商，好向創造內容的使用者打廣告。Facebook 並未「偷走」我們孩子的照片，也沒「偷走」我們發的政治牢騷，但 Facebook 利用一般人無法取得的科技與創新，從中賺得數十億美元，做到世界級的「借用」。

Facebook 還靠著第二個謊言打造根基。Facebook 的銷售代表大軍在早期會議上，向全球最大的消費者品牌，重複成千上萬次相同的說法：「打造出大社群，你們將擁有那些社群。」數百個品牌因此投資數億在 Facebook 身上，打造出由 Facebook 主持的品牌社群，接著又鼓勵消費者替品牌「按讚」，免費替 Facebook 大打廣告。然而，品牌幫自己蓋好昂貴房子、準備搬進去時，Facebook 大喊：「開玩笑的，那些粉絲其實不是你們的，你們得租用。」品牌內容的自然觸及率（organic reach，品牌貼文出現在粉絲動態的百分比）驟然下跌百分之百，只剩個位數。好了，這下子如果品牌想觸及自己的社群，就必須在 Facebook 上打廣告，也就是要付錢給 Facebook。這就好像你蓋好一棟房子，一切即將完工，然後縣政府稽察員突然上門，把你的鎖換掉，告訴你：「這棟房子你得跟我們租。」

一堆大公司還以為自己會是 Facebook 房東，結果只是租客。Nike 付錢給 Facebook 建立自己的社群，結果 Nike 不到 2% 的貼文會觸及那個社群。唯一的改善辦法就是在 Facebook 上打廣告。如果不想就算了，可以去找別人沒關係。去啊，去跟另一個在全球有 20 億成員的社群網站哭訴……噢，等等。這就像跟長得比自己好看的人約會一樣，品牌抱怨歸抱怨，依舊乖乖留下來做牛做馬。

精彩騙局的關鍵

Amazon 努力的方向十分明確：一、稱霸全球的零售與媒體產業；二、改用自家的飛機、無人機、自動車運送產品（再見了，UPS、聯邦快遞、DHL）。一路上，Amazon 的確還會持續碰上減速丘，但將靠著創新文化與無限資本直接開過。有人認為有任何國家抵擋得住 Amazon 嗎？（中國大概是唯一的例外，中國保護自己的線上零售商阿里巴巴）。

保羅・紐曼（Paul Newman）在詐騙電影《刺激》（*The Sting*）中解釋，精彩騙局的關鍵是受害者從頭到尾沒發現自己受騙。一直要到真相揭曉的前一刻，都以為自己會是大贏家。報紙依舊感覺是自己**碰上**偶然發生的未來，然而事實上它們被 Google 狠狠耍了，而報紙沒被 Google 騙的時候，又自己錯失許多機會，輕鬆就能買下 eBay 時沒買，Craigslist 還是新創公司時沒搶著收購。此外，報社把自己最頂尖的人才留在平面部門，沒讓他們朝網路發展。一切的一切都種下日後的苦果。當年網路機會出現在眼前時，報社要是做對決定，不用多，做對五成就好，今日很多不至於淪落到關門大吉。

除了 Google，其他三騎士也矇騙自己的受害者。品牌積極把錢投入 Facebook 社群，建好後才發現社群不屬於自己。賣家認為 Amazon 平台將提供新型客源，迅速買單，結果發現自己得和 Amazon 競爭。連全錄當年都以為，讓賈伯斯參觀一下「全錄脫下和服後的風光」，就能得到天上掉下來的禮物（全球最熱門科技公司的 10 萬股份）。大家受害可說都是自找的。

朝氣蓬勃的騎士永遠願意以保守派對手做不到的方式進入市場，例如 Uber 在許多市場（可能幾乎是全部的市場）明目張膽和法律正面對決，在德國被禁，司機在法國被罰款（但由 Uber 付錢），數個美國地方司法單位也命令 Uber 停止營運，但投資人卻排隊向 Uber 公司奉上數十億美元，就連政府自己也一樣。為什麼？因為投資人認為法律最終會比 Uber 先投降，Uber 勢不可擋，而持這一派論點的人大概也的確押對寶。一邊是法律，一邊是創新者，多數錢押在創新者身上。

Uber 不只規避叫車服務的傳統法規，也避開勞動法，假裝自己只不過是聯合獨立駕駛的 APP——沒人真心相信這個偽裝。儘管爭議重重，Uber 持續飛速簽下駕駛與乘客，連我自己都上車了，因為 Uber 的基本服務與簡單 APP，遠勝被小心翼翼保護的計程車模式。Uber 知道只要一個產業夠崩壞，消費者會願意為了得到遠遠更好的服務，一起違反法律。再說了，各位真的認為美國國會有可能長期同時對抗華爾街和數百萬消費者嗎？

Amazon 也一樣。Amazon 成功與 5 億消費者合謀，利用演算法搶走品牌先前的利潤，讓消費者這個盟友享有分贓優惠。零售商靠自己的力量扶持高利潤的自有品牌，不是新做法，只是沒見過誰像 Amazon 這麼厲害。如同美國的盟友「震驚地」發現美國居然竊聽全球領袖的電話，各國也知道我們美國人其實也彼此監視，它們氣的其實是美國的竊聽技術領先自己太多。Amazon、消費者與演算法的結盟，帶給消費者龐大價值，Amazon 因此得到（驚人）成長，也帶給員工與投資人數千億股東價值。我們身為消費者的時候，我們與最強大的盟友之間的結盟關係，讓我們享有大量甜頭，而我們身為公民、受薪階級與競爭者時，知道自己被利用，但就是狠不下心和正妹分手。

這個世界有司法系統，然而這個系統並非王子犯法與庶民同罪。以現行犯身分被逮時，最好要像四騎士一樣有錢。Facebook 收購 WhatsApp 時，向歐盟監管單位保證，Facebook 和 WhatsApp 短期內不可能共享資料，成功安撫監管單位對於隱私權的疑慮，最終批准併購案。然而時間快轉，Facebook 一下就找出讓資料跳過部門高牆的方法。歐盟覺得受騙，對 Facebook 開罰 1.1 億歐元，這個金額就像 15 分鐘的停車費是 100元，沒投錢卻只罰10元，因此聰明的選擇是，那就違法吧。

第7章
商業與人體的關係
所有商業活動，都與大腦、心、生殖器有關

班·霍羅維茲（Ben Horowitz）、彼得·提爾（Peter Thiel）、施密特、薩利姆·伊斯梅爾（Salim Ismaiel）等科技鉅子寫下的暢銷書，主張極度成功的事業來自運用雲端運算、虛擬化，網絡效應，達成十倍數的生產力改善，打敗競爭者，以低成本放大規模。然而，那樣的解釋並沒有提到與科技無關的深層面向。從演化心理學的角度來看，所有的成功企業靠的是主攻人類身體三個區域——看是要吸引我們的**腦**、我們的**心**，或是我們的**生殖器**。腦、心與生殖器各自負責不同的生存功能。公司領導人弄清楚自己主攻哪一塊（要吸引人們哪一個器官）後，也等於是決定了公司的商業策略與結果。

腦袋

理智的大腦不停在計算，千萬分之一秒之間權衡利弊得

失，在市場上買東西時比較價格，一感到不對勁就踩煞車。大腦聽說好奇（Huggies）的尿布比幫寶適（Pampers）便宜 50 美分後，執行複雜的成本效益分析，比較過去使用這兩種尿布的經驗，哪一種吸收力較強？接著計算出較佳選擇。執行理性計算的大腦降低了商業世界的利潤。消費者的大腦是多數企業最大的煩惱與對手。林肯總統說得沒錯，你無法長期同時欺騙所有人，許多關門大吉的公司都後悔自己不老實。我們的大腦攔住我們，不讓我們做出太多愚蠢決定，至少被騙過幾次後，就會變聰明一點。

有的公司能成功，靠的是主攻消費者的大腦，迎合我們理性的一面，例如數百萬消費者衡量過面前的選擇後，最後跑到沃爾瑪購物。「物美價廉」的價值主張，長久以來一直稱霸，那就是為什麼我們的祖先在決定要把哪種動物追趕至懸崖邊時，選了野牛，沒選花栗鼠，即便獵野牛的風險較大。

沃爾瑪以無人能及的規模，管理著全球最具效率的供應鏈，掐住供應商（量產的商品產品製造者）的要害。沃爾瑪靠著向供應商施壓，降低成本，讓消費者享有優惠，自己也得以擴大市占率，目前大約掌控全美 11％的零售。沃爾瑪利潤極低，但薄利多銷。沃爾瑪的顧客好好運用了自己的腦袋，甚至可以說比起靠買高價物品換面子的有錢人，他們更聰明。

大腦戰爭的贏家創造出龐大股東價值，不過那是贏者全拿的世界。大腦一旦判定出理性的最佳選擇，就會忠貞不二，堅守同一個選擇。大腦戰爭的代表性人物包括沃爾瑪、Amazon，甚是中國也算（靠價格競爭）。多數公司並非低成本的領導者，也永遠達不到那樣的境界，那是只有少數幾間企業才能參加的俱樂部，要有一定規模才撐得長遠。

然而，要是我們不是物流之王，也不想當物流之王，那該怎麼辦？那就得往下瞄準，一板一眼冷靜計算的大腦會讓你碰釘子，要改從比較好說話的「心」下手。

大腦拒絕的，心說好

心是一片廣大的市場。為什麼這麼說？因為人類的多數行為受情感驅使，購物也一樣。相較於用掃興的大腦一板一眼分析成本效益，靠感覺購物比較簡單，也較有樂趣。用大腦思考「我該買這個嗎？」的時候，答案通常是「不該」。此外，心受到史上最強大的力量驅使：愛。

我們感覺到被愛、被呵護與關心他人時，會產生良好感受，甚至活得比較久。〈沖繩百歲人瑞研究〉（Okinawa Centenarian Study）檢視日本南方島嶼居民的生活，發現沖繩是百歲者的藍色寶地（blue zone，譯註：指全球幾個最長壽的區域與生活方式）。研究人員發現人瑞吃很多豆類食品，還天天飲酒（太棒了），不過是節制地喝（真掃興）。此外，長壽者每天運動，熱愛社交，平日還關愛與照顧一大群人。約翰霍普金斯大學「高齡健康中心」（Johns Hopkins University Center on Aging and Health）近日的研究也發現，照顧者的死亡率比非照顧者低18%，愛可以延年益壽。這是達爾文主義：物種需要照顧者才能免於滅絕。

我們的心或許不理性，然而從商業策略的角度來看，瞄準消費者的心是審慎精明的策略。二戰過後激增的消費者行銷便是瞄準心，甚至是以打動消費者的心為唯一目標。品牌、廣告標語、廣告歌曲的任務是連結消費者最在意的事——他們愛的東西。真實世界中的麥迪遜大道（Madison Avenue）廣告專家唐．德雷柏（Don Drapers，譯註：影集《廣告狂人》〔*Mad Men*〕主角）永遠在想辦法抓住民眾的心，也因此 JM 斯馬克食品公司（J.M. Smucker）讓民眾相信，自己對孩子的愛與選擇哪一牌花生醬直接相關：「挑剔的媽媽都選傑夫花生醬（Jif）」。此外，不論是聖誕節，或者是任何需要寫賀曼公司（Hallmark）賀卡的節日，「愛」也是換季大拍賣的賣點，你要「讓媽媽知道你有多愛她」，還有花掉你三個月薪水的鑽戒可以「恆久遠」（至少對我們這些逃過五成離婚率的美國人來說如此）。

對行銷人員來說，所有能牽動消費者心弦的事物都代表著利潤，包括美麗、愛國心、友誼、男子氣概、忠誠，以及最重要的愛。這些美德無法標價，但行銷人員幫忙訂出價格，主攻心的市場因此得到保護。就算競爭者搶占優勢（例如更勝一籌的物流或價值），如果能讓顧客不理性的心生起共鳴，針對心的市場就依舊能存活，甚至欣欣向榮。

如果說誘惑「心」聽來很膚淺，的確膚淺沒錯，然而膚淺正是熱情的本質，而且心是少數能推翻大腦決策的力量。

數位時代靠著「透明」與「創新」兩項特質，挑戰心的行銷。搜尋引擎與使用心得增加了透明度，讓人們在決定要購買哪樣商品時，不再那麼一時心血來潮。Google 和 Amazon 昭示著品牌時代的終結。當大神（Google）或神的親戚（Amazon）說，別再傻傻買金頂電池（Duracell），要買 Amazon 的自有品牌（占三分之一電池網購量），消費者就比較不會憑感覺購物。民生消費性用品（consumer packaged goods, CPG）部門可能是全球最大的消費者部門，而此種商品靠著正是吸引消費者的心。2015 年時，90％的民生消費性用品品牌市占率下滑，三分之二面臨營收衰退。

那麼缺乏規模的品牌該怎麼辦？答案是坐以待斃，或是繼續往身體下方走，吸引比心還要更不理性的器官。

■ 2015 年，90%民生消費品牌市占下滑，三分之二營收衰退

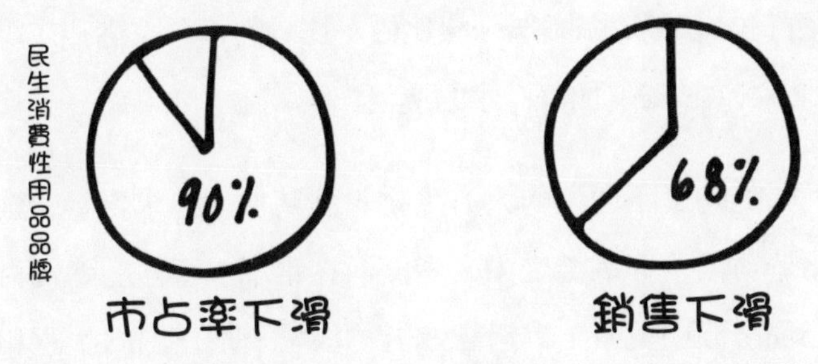

資料來源：“A Tough Road to Growth: The 2015 Mid-YearReview: How the Top 100 CPG Brands Performed.” Catalina Marketing.

下半身思考

想讓消費者心動愈來愈難，專攻生殖器的品牌開始興起。刺激性器官會激起欲望與執著於繁衍的直覺。生存不成問題後，我們耳邊響個不停的聲音就是「要上床」。行銷人員很幸運，性愛與交配儀式會壓過大腦掃興的別亂花錢警告。去問問任何 16 歲毛頭小子，或是 50 歲想買跑車的人，就知道我所言不虛。

人類處於交配心態時，就會想辦法讓腦袋閉嘴。我們喝酒，吸毒，打開音樂，還把燈光調暗，因為明亮的光線會提醒大腦上工。一項關於男性與女性一夜情的調查顯示，71%的當事者處於酒醉狀態，故意用化學物質關掉自己的腦袋，「強迫自己不在乎自己的身體」。如果你完事後隔天早上問自己：「我到

底在想什麼？」你根本沒在想。很少有醉鬼會掏出智慧型手機，像在買 Nespresso 咖啡機一樣比價，比較附近各家酒吧灰雁伏特加（Grey Goose）加蘇打水的價格。

我們喝醉時是不理性的大方生物。酒精加上追求青春，讓我們沉溺於荷爾蒙與欲望之中，極度活在當下。奢侈品牌幾百年來早已理解箇中奧妙，繞過認知能力與愛，把自己的生意和「性」，以及更全面的充滿歡愉的交配儀式生態系統連結在一起。男性自穴居人時代，就受在地球四處播種的欲望驅使，喜愛炫耀權勢與財富，好讓女性（或男性）知道，跟著我們就能吃香喝辣；我們含著金湯匙出生的孩子，生存機率較大。各位手上戴著的沛納海（Panerai）名錶，可以讓潛在伴侶知道要是和你上床，會比和戴 Swatch 的人上床，生下來的孩子更可能好好活下去。

相較之下，女性的演化角色則是吸引愈多追求者愈好，才可從中挑選最強壯、動作最快、最聰明，最有前途的伴侶，也因此女性強迫自己把腳塞進 Christian Louboutin 一雙要價 1,085 美元、不符合人體工學的厚底高跟鞋，而不穿好走的 20 美元平底鞋。

這樣的選擇，如果那稱得上選擇的話，讓消費者和供應者之間產生一種共生關係。消費者掏出更多錢，因為消費本身就代表著品味、財富、地位與欲望。企業自然是投其所好，提供消費者能夠彰顯自己的工具。企業知道如果自家產品是功能等同孔雀羽毛的求偶品牌，就能賺得更高的價差與利潤，讓大腦沮喪，讓心嫉妒。不論是迪奧（Christian Dior）、LV、Tiffany或特斯拉，奢侈品不理性，也因此是世上最棒的生意。2016 年時，雅詩蘭黛（Estée Lauder）的市值超越全球最大廣告公關公司 WPP 集團。旗下擁有卡地亞與梵克雅寶（Van Cleef & Arpels）的奢侈品歷峰集團（Richemont）市值超越 T-Mobile 電信公司，LVMH 奢侈品集團也超越高盛（Goldman Sachs）。

四騎士與人體結構

大腦、心與生殖器組成的身體架構，直接影響著四騎士的極端成功。

以 Google 為例，Google 主攻大腦，輔助大腦，我們的長期記憶因 Google 得以增加至接近無限的程度。Google 除了取得全球千兆位元組的資訊，同樣重要的是 Google 取代了我們大腦中複雜單一的搜尋「引擎」（以及有辦法快速在大腦神經元樹突中抄捷徑的能力）。Google 憑藉超高速處理能力與高速寬頻網絡的驚人力量，在正確伺服器上環繞於全球，正確搜出我們想要的資訊。當然，人腦也能做到一樣的事，只不過大概得花個幾週東奔西跑，前往某間積滿灰塵的圖書館。Google 則在一秒內就找到答案，讓我們繼續搜尋下一件不懂的事，然後再下一件，永遠不會累，永遠不會有時差問題。此外，Google 不只找到我們想找的任何東西……還順便提供其他十萬個我們可能也有興趣知道的類似資訊。

最後，最重要的是我們**信任 Google** 搜尋到的結果，甚至勝過相信我們自己有時不太可靠的記憶。我們不曉得 Google 演算法背後的原理，但我們相信 Google 提供的答案可以讓事業更上一層樓，甚至把生活也交托給 Google。

Google 成為人類共享的義肢大腦神經中樞，如同沃爾瑪與 Amazon 分別掌控著實體與線上零售，Google 掌控著知識產業。此外，Google 把手伸進我們口袋時，我們不痛不癢，因為幾乎都只是幾分幾毛錢。Google 站在奢侈品公司的對立面，每個人隨時隨地都可以使用 Google，不分貧富賢愚。我們不在乎 Google 變得多龐大、多壟斷，因為我們體驗到的是小小的個人親密 Google 經驗。如果 Google 把我們的幾分錢化為數百億營收、數千億股東價值，我們也不會因此仇視 Google。只要 Google 給我們答案，讓我們的大腦顯得更聰明，一切都沒關係。Google 是贏家，Google 的股東受益於大腦的贏者全拿經濟。Google 以最便宜、最快速的方式，提供消費者最佳答案，超越史上任何機構。大腦就是無法不愛 Google。

如果說 Google 代表大腦，那麼 Amazon 連結著大腦與我們貪婪的手指——我們想得到更多東西的獵人與採集者直覺。在人類歷史的開端，更好用的工具可以帶來更美好的生活與更長壽命。歷史上，我們擁有的物質愈多，就愈有安全感、愈成功，比敵人心安，比朋友鄰居優秀。這不就是人生最高境界嗎？人們不把星巴克的成功當一回事，說星巴克只不過是「提供咖啡因給上癮的人」，然而在購物的世界，看似無傷大雅的咖啡因，如同尼古丁之於海洛因，感覺比較不嚴重，但同樣會成癮。

相較之下，Facebook 則專攻我們的心。不是洗衣精品牌汰漬試圖引發你母愛直覺的那種攻法，而是讓我們和親朋好友得以連結在一起。Facebook 是這個世界的結締組織：我們的行為數據與廣告營收，供養著這頭和 Google 相似的巨獸，不過 Facebook 不一樣的地方在於完全從情感下手。人類是群居的動物，天生不適合離群索居。研究顯示我們遠離親朋好友時，更容易憂鬱與罹患心理疾病，壽命較短。

Facebook 厲害的地方，不僅在於給我們另一個秀出自己的網路園地，還給了我們**工具**讓呈現更**豐富**，讓我們觸及圈子裡其他人。研究早已發現，人類從古至今一向活在人數有限又固定的團體裡，不論是羅馬軍隊或中古世紀村莊人口……或是我們 Facebook 上的朋友數都一樣，我們身旁的人數有相當特定的範圍：我們通常會有一個伴侶（2 人）、心中認定十分要好的朋友（萬一你失手殺了人，會願意幫忙毀屍滅跡的人）（6 人）、能以團隊方式一起有效工作的人（12 人），以及認得長相的人（1,500 人）。Facebook 具備隱形的力量，除了能加深我們與那些團體之間的連結，還進一步提供強大的多媒體聯絡管道，讓我們與更多成員產生連結。我們因而感到更快樂，覺得被接受、被愛。

Apple 最初從大腦起家，講著科技業從邏輯出發的語言，以效率自豪，廣告寫著：「福特汽車 1903 年花了近一整年處理的細節，Apple 電腦幾分鐘就能搞定。」Mac 可以助你「不同凡想」。然而，Apple 後來改往人體下方走。Apple 強調自我表達的奢侈品牌形象，很對我們的胃口，我們需要給自己性感形象。我們的生殖渴望，讓 Apple 得以賺進企業史上相較於同業最不合理的利潤，榮登史上獲利最高公司。在我擔任捷威董事期間，捷威的利潤是（可悲的）6%。Apple 電腦的效能不如捷威，然而利潤是 28%。捷威被放逐到大腦的市場（使用捷威不會使你迷人），而同樣主攻理性的 Dell，又已經在規模上取勝，捷威孤立無援，最後以破銅爛鐵價售出，從幾年前的每股一度達 75 美元，最後以每股 1.85 美元賣給宏碁。

民眾對於放上 Apple 品牌的產品趨之若鶩，Apple 公司取得宗教般的崇高地位。Apple 教信徒以自己超級理性的選擇自豪，他們購買 Apple 產品的原因包括符合人體工學設計、優異的作業系統，而且不會中病毒，防駭客。Apple 信徒就和賣他們 Apple 產品的那些年輕人一樣，自認是「天才」（genius）。他們是光明會成員，是 Apple 十字軍東征的步兵，不同凡想，改變世界。最重要的是，他們覺得拿著 Apple 產品夠酷。

然而，教外人士人看到真相：Apple 教徒合理化了其實遠遠更接近「情慾」的東西。安卓使用者靠著理性，壓下自己的嫉妒之情，告訴自己買 Apple 不理性（花 99 美元就能買到類似手機，iPhone 卻要 749 美元）。安卓使用者說的沒錯，一個人不可能是因為做出理性決定，就為了買新一代 iPhone，在店門外搭帳篷等候幾天幾夜。

Apple 的行銷宣傳從不打傳統的性感牌。Apple 沒告訴我們，只要擁有 Apple 產品，在異性（或同性）面前就會魅力大增。Apple 和其他高明的奢侈品牌一樣，只是告訴我們，和其他求愛的對手站在一起時，Apple 產品會讓我們看起來高人一等：優雅、卓越、身價不凡、熱情。我們是完美的化身，酷炫俐落地聽著口袋裡的音樂，指間滑著上次出遊的照片。明明只是用自己手機拍下的影像，看起來卻像來自專業攝影器材。我們擁有最頂級的世俗生活，感到自己更貼近上帝，或至少可以更接近商業世界的耶穌基督：史上最成功、永不妥協的性感狂野天才賈伯斯。

企業成長與生物學

感覺上四騎士已經完全壟斷我們的人體關鍵器官，還剩什麼？如果已經沒有其他不錯的市場機會，要怎麼和四騎士拼？

首先，先回答如何和四騎士競爭的問題。四騎士目前看起來太巨大、太有錢、勢力太龐大，似乎不可能正面攻擊。直搗黃龍可能沒辦法，不過歷史還教我們其他招數，畢竟每一個四騎士當初也得迎戰其他當年稱霸天下的企業巨人，獲勝後才有今天的勢力。

舉例來說，Apple 最初面對好幾個強大對手。IBM 曾是全球最大型的企業，全球各地的辦公空間大多採用 IBM 的電子產品（有句話是「買 IBM 準沒錯」）。此外，規模幾乎和 IBM 一樣龐大的 HP，可說是史上最優秀企業，掌控著科學手持式與桌上計算機事業。另外，還有在迷你電腦領域與 IBM、HP 並駕齊驅的迪吉多（Digital Equipment）。Apple 怎麼可能跟這些大公司拼？創始人也不過是兩個窩在車庫裡的邋遢電話駭客。

Apple 靠著無所畏懼、優異設計與運氣站穩腳步。前兩項早已是大家耳熟能詳，但各位大概沒想過 Apple 能崛起是因為機緣巧合。賈伯斯知道 Apple II 是世界級的優秀產品，結合了沃茲尼克的優異架構與自己的優雅設計，然而不會有企業願意向

Apple 採購，因為它們可以買其他沒那麼優秀、但依舊堪用的電腦，價格比較便宜，產量也比較有保證。

賈伯斯因為企業的路行不通，轉而將目光放在個人消費者身上，就此大展身手：當時小型對手忙著組裝一般人不信任或不懂的業餘電腦，IBM 則因為旗下的大型電腦（mainframe computer）事業正在應付反托拉斯訴訟，避開個人電腦市場。迪吉多認為消費者電腦（consumer computer）的概念不值一提，HP 也在沃茲尼克提議將 Apple 賣給 HP 創辦人比爾・惠利特（Bill Hewlett）後，依舊決定專攻工程師及其他專業人士市場。Apple公司問世三年，賈伯斯和Apple便吃下個人電腦市場。

接下來發生有趣的事：消費者開始把自己的 Apple 電腦偷渡進辦公室，一下子全面爆發起義。成千上萬員工不顧公司 IT 部門的規定，把自己的 Apple 電腦帶去上班。Apple 開始變得「很酷」。使用者覺得自己桀驁不遜，以企業游擊隊員的身分，對抗著管理資訊系統（MIS）部門的官僚。那也是為什麼當 IBM 終於推出自家個人電腦後，個人電腦產業東倒西歪，只剩 Apple 有如在恐龍腳下亂竄的小型哺乳動物，活了下來，最後還活得比恐龍長久，稱霸地球。

Google 也一樣。Google 靠簡單的首頁，假裝自己小小的，很可愛，又很誠實——即便在已經擊敗其他所有搜尋引擎後也一樣。別忘了，Google 從 Yahoo 起家，當年 Yahoo 決定把搜尋業務外包給這個有能力的小老弟：Google 的確有能力，最後市值超越不把它視為威脅的 Yahoo 百倍。Facebook 能夠擊敗原本的社群網站龍頭 Myspace，靠的也是令人心安的形象，沒有一堆在上面約一夜情的用戶。Facebook 誕生於常春藤聯盟校園，令人感到比較高級、比較安全，要有「.edu」結尾的電子信箱才能加入，此外 Facebook 會查證與分享用戶身分，感覺比較正派。

相較於 Facebook 上的貼文，Twitter 的內容更容易招來難聽的酸言酸語，其中的道理就跟現實生活一樣，人們匿名時就比較敢大放厥詞。Amazon 十分小心，從不說書店是自己的競爭者，甚至說自己希望書店活下去。這就好像一條網紋蟒把一隻可愛的小動物勒死並一口生吞後，替那隻小動物感到惋惜一樣。Amazon 做的另一件類似的事，就是在最後一哩物流服務上投資數十億美元，但貝佐斯先生表示 Amazon 沒有取代 UPS、DHL 或聯邦快遞的意圖，只不過是「補足缺口」。對對對，貝佐斯和 Amazon 只是好心來幫忙。

四騎士一共採取了起義、假裝謙遜、令人安心、簡單明瞭、折扣等策略，很難說這些策略不會有一天也被用在它們身上。大公司永遠有大公司會碰上的挑戰：最優秀的人才會跑去酬勞更高的新創公司；實體工廠會逐漸老舊；帝國大幅擴張後，調度起來就比較力不從心，此外還得分心應付眼紅或緊張的各國政府發起的調查，擴張的腳步會開始趨緩，管理人員開始認為遵守規章制度比做出好決策重要。貝佐斯強調 Amazon 永遠不會變成他口中的「第二天」（Day 2）型公司，然而 Amazon 雖然看似不會有失去前瞻性的一天，但那一天終將來臨。企業和生物一樣，目前為止死亡率是百分之百。四騎士也一樣，總有一天會逝去。我們該問的不是四騎士會不會死，而是那一天何時會來臨，以及敗在誰手上？

第8章

兆演算法

成為「一兆俱樂部」會員的關鍵

世上總有一天會冒出第五名騎士，不但市值超過一兆，市場也大到可以在全球割據一方。也或者更可能的情況是四騎士之一會被取代。哪些公司有望加入這個菁英騎士團？

據說馬克·吐溫（Mark Twain）講過一句話：「歷史不會重來，但類似的事會不斷上演。」四騎士有八個共通點：產品差異化（product differentiation）、願景資本（visionary capital）、全球觸角（global reach）、親和性（likability）、垂直整合、人工智慧（AI）、職涯助力（accelerant）與地緣性，八大元素提供了成為「一兆（trillion）企業」的公式演算法。我成立的L2公司就是用此「兆演算法」（T Algorithm）協助企業以更理想的方式配置資本。

八大元素如下：

一、產品差異化

從前從前，「地點」是零售業打造股東價值的關鍵競爭力，人們頂多就是到街角那間店買東西。接下來，「配銷」（distribution）就成為關鍵。鐵路讓消費者有機會享受到大量製造的各式產品，不但價格下降，還可以挑選可靠品牌。

再來是「產品」的年代，汽車與家庭用品產業尤其如此。這兩個產業背後的主要推手是二戰過後和平帶來的創新，民眾可以取得品質更優良的車、洗衣機、電視機，穿到更好的衣服。皮夾克就是二戰產物，傻瓜黏土（Silly Putty）、雷達、微波爐、噴射引擎、電晶體、電腦也是。產品創新則帶來了「金融年代」（financial age），一群公司利用便宜資本，與其他公司組成集團，全球出現各種 ITT 工業公司式的多元化大集團，隨之而來的是 1980 年代與 1990 年代的「品牌」年代，建立股東價值的關鍵是把鞋子、啤酒、肥皂等普通產品包裝得引人入勝。

本書第二章提過，我們已經再度回到「產品」的年代，新技術、新平台（例如 Facebook 或 Amazon 的使用者評論）讓消費者能以前所未有的速度，一下子貨比三家。買東西前先做功課變得前所未有地容易，不再那麼需要仰賴品牌或口碑。今日最優秀的產品有機會突破重圍，不像從前最好的產品要是缺乏行銷，就像森林裡倒了一棵樹，無聲無息就消失。此外，原本靜態的無生命產品被加進數位「大腦」後，帶來新一波創新，如今我們能輕鬆下載與更新個人化客製APP，不需要換掉原本的「盒子」。

床墊就只是床墊而已，但加上iPad和一些基本技術後，今日你和另一半就可以設定「頂級睡眠數字」（ultimate sleep number），或是訂購線上最佳床墊，毋須親自造訪那些自稱為床墊店面的潮濕倉庫，床墊就會自己裝在盒子裡送上門。更酷的是，你還可以在丟掉盒子的時候，看著床墊自己舒展開來。

我必須開車到車廠才有辦法調整車子設定，而我開特斯拉的鄰居靠無線傳輸，就能調整車子的操作系統。引擎收到移除速度調節的更新指示後，最高車速就能以遠端方式從140調高至150。各位還記得晶片與無線裝置讓室內電話可以離開插座前，是哪間公司製造你的電話嗎？

世上幾乎每一項產品，就連已經商品化的產品與服務，如今都靠著便宜的感應器、晶片組、網際網路、網絡、顯示器、搜尋、社群功能等等，打造出新面向與新消費者價值。今日幾乎供應鏈、製造鏈、配銷鏈的每一個環節都出現新型差異化手法，由科技與可保護的IP所帶動的產品一夕之間炙手可熱。

不過，不要誤以為產品差異化的重點是你賣的實物。差異化可以發生在消費者發現產品的地方、消費者的購買方式、產品本身與產品的交貨方式等等。各位可以畫出自家產品或服務的價值鏈，從原料來源一直畫到製造、零售、使用、丟棄……找出科技可以替哪一個環節增加價值，或是省掉製程／體驗過程中的麻煩事。你會發現這個價值可能影響著每一個步驟。如果恰巧發現一個不受影響的步驟，那就替那個步驟開一間新公司。Amazon 正在把技術與數十億美元，投入自家的消費者體驗物流部門，而那個部門大概會帶來全球最有價值公司。Amazon 問世前，你如果向威廉斯所羅莫居家用品店訂貨，必須先付 34.95 美元運費，然後等上一星期才能拿到東西。有了 Amazon 之後，二天內就會免費送達。供應鏈中原本最平凡無奇的環節，搖身一變成為企業史上最有價值環節。

創業者腦力激盪新點子時，通常滿腦子想著要「加上」什麼（如何提升體驗），忘了思考「減去」什麼可以替使用者省去麻煩，然而依我個人來看，過去十年新產生的利益關係人價值，主要來自**減法**。人類這個物種已經找出大多數會讓我們快樂的事物，例如與所愛之人共享時光、肉體與心理刺激、可以強化或痲痹身心感受的物質、Netflix，以及路邊教堂告示牌上寫著的俏皮話。

各位可能會覺得，網路時代的競爭優勢最終是簡單的「物美價廉」，畢竟 Amazon 顯然就是靠這點取勝。可是 Apple 呢？

Apple 一路走來幾乎都是價格最高貴的品牌，而 Apple 的產品雖然通常比競爭者優秀，通常也沒優秀到有資格定那麼貴的價格。我認為 Amazon 就算產品定價和實體對手一樣，依舊會稱霸市場。為什麼？因為 Amazon 太方便，不論是買書，還是買家具，只需要在電腦上按幾個鍵，不必開車到地方購物中心、找停車位、走半里路進入賣場、被成千上萬不相關的商品弄得眼花繚亂、一路拖著結完帳的東西回車上，然後再開車回家。Amazon 替你**省去**中間這所有麻煩，直接把東西送到家，運費比你開車的油錢還省。

技術革命帶來的價值大爆炸，看似來自新增的功能，但真正的大功臣其實是減法：消除障礙和日常生活中浪費時間的事物。

日常生活中的麻煩無所不在，例如交通就很令人頭痛。Uber 從麻煩中看見機會，靠著 GPS、簡訊與線上付款，減少叫車的痛苦與焦慮（不必想著「那台該死的車究竟在哪裡」），下車時也不必在後座遍尋不著錢包付帳。各位之中有多少人因為已經太習慣「零阻力」（frictionless）的 Uber，最近不小心沒付錢就下計程車？最根本的重點在於付款這個動作是一種阻力，而這個阻力正在消失。如同飯店的退房手續在十年前消失，飯店的入住手續再過十年也會成為過往。歐洲的高級旅館餐後已經不需要你簽帳，它們知道你是誰，直接記在帳上。這是一個

「少即是多」的年代。

四騎士各自有勝過他人的產品。雖然聽起來像老生常談，但 Google 的搜尋引擎真的比別人好；Apple 的 iPhone 是性能較優越的智慧型手機；Facebook 靠著乾淨的動態，以及網絡效應（每個人都用 Facebook）助陣，再加上不斷推出新功能，成為更勝一籌的產品；Amazon 重新定義購物體驗與期待，提供「一鍵下單」（1-click ordering）與 2 天內到貨服務（或是靠無人機與從前 UPS 旗下的貨車，幾小時內便送到家）。

以上是四騎士有形的創新與做到產品差異化的地方，便宜資本與靈活的技術創新助了一臂之力。「產品」正在走過文藝復興，是兆演算法的第一個要素。各位手中如果沒有貨真價實的差異化產品，就必須仰賴效果愈來愈不彰的昂貴廣告。

二、願景資本

四騎士的第二個競爭優勢，是靠著提出好懂的大膽願景，吸引便宜資本上門。前文第四章提過，願景資本是 Amazon 的強項，其他三騎士也是箇中好手。

Google 的願景是「統整全球資訊」，簡單，誘人，是買 Google 股票的好理由。Google 比史上任何媒體公司都有財力投資工程師，有能力設計出自動車等更多東西。

Facebook 的願景是「連結全世界」，想一想那是多重要、多美好的景象。Facebook 今日身價超過沃爾瑪，市值超越 4,000 億。Facebook 和 Google 一樣，有能力多方研發新產品，也有能力提供更慷慨的育嬰假，還租巴士送你上班，讓辦公大樓屋頂變公園，甚至幫忙付凍卵的費用，讓員工可以晚點再生小孩，先專心做**真正**對人類有貢獻的事──連結這個世界。

在此同時，在 2016 年感恩節週末，Amazon 占了熱門禮物的最高整體自然搜尋結果比例。Amazon 是 Google 最大的顧客。搜尋是一種需要配套措施的技能組合嗎？絕對是。搜尋是 Amazon 的強項，但 Amazon 要是沒砸下數千萬美元做搜尋引擎最佳化（SEO），將變成手中沒球棍的曲棍球之王韋恩．格雷茨基（Wayne Gretzky）。六分之一的民眾搜尋產品時，第一個先查 Google，Google 因此等同全球第二大零售櫥窗（冠軍是 Amazon）。55%的民眾想買東西時，把 Amazon 當成入口網站。如果把梅西百貨的聖誕節櫥窗，做得和世界第一高峰聖母峰與第二高峰喬戈里峰（K2）一樣大，就會是 Google 與 Amazon 的搜尋結果在線上商務這個全球成長最快速的通路所占的櫥窗大小。

任何人都能買那個櫥窗的一塊位置，名列 Google 搜尋結果最上方。民眾搜尋「星際大戰公仔」時，出最多錢的零售商會出現在付費搜尋結果最上方。Amazon 通常會買下那個最好的位子，因為 Amazon 有財力，手中握有便宜資本，能以其他廠商望塵莫及的規模包下所有位子。Amazon 遵守著一套不同的遊戲規則，手中的牌和別人完全不一樣。如同 J.Crew 服飾董事長德雷克斯勒所言：「你不可能跟一間無意賺錢的大企業拼。」

願景資本的力量帶來了競爭力。為什麼？因為你將可以耐心培育資產（投資），嘗試五花八門的創新（有萬分之一機率會改變全局的瘋狂念頭）。當然，你最終還是得給股東看偉大願景的實質進展，但要是有辦法以光速大躍進，市場會封你為創新者，獎勵是膨脹的公司估值……以及靠便宜資本成真的自我應驗預言（「我們是第一名」）。在這個數位的年代，最頂級的能力是執行長一邊靠著說故事的才能，帶給市場想像空間，一邊又讓身邊圍繞一群人才，每天都替那個願景帶來一點新進展。

三、全球觸角

兆演算法的第三個元素是**觸及全球**的能力。若要當舉足輕重、貨真價實的大公司，你的產品必須能夠跨越地理界限，吸引全球各地民眾。觸及全球的意思不只是更大的市場，你必須擁有投資者感興趣的多元性，而且感興趣到獎勵你便宜資本。所謂的多元性，不只是擁有「抗循環市場」（countercyclical market），碰上一地經濟不景氣時，可以在世界其他地區補回來。如果你的產品擁有擴展到全球的潛力，你將觸及全球 70 億

■四騎士在美國以外地區的營收都占全球營收相當比例，具備觸及全球的能力

2016 年

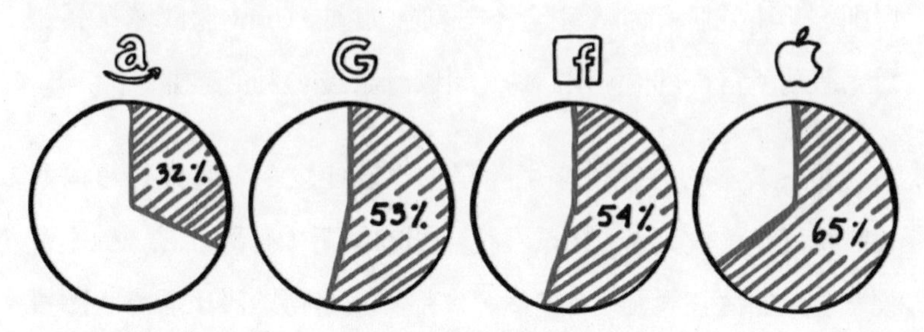

資料來源："Facebook Users in the World." Internet World Stats.
"Facebook's Average Revenue Per User as of 4th Quarter 2016, by Region (in U.S. Dollars)." Statista.
Millward, Steven. "Asia Is Now Facebook's Biggest Region." Tech in Asia.
Thomas, Daniel. "Amazon Steps Up European Expansion Plans." The Financial Times.

消費者，不只是中國的14億人，也不只是美國或歐盟的3億人。

你不需要稱霸全世界，但必須證明你的產品或服務「夠數位」，一般的文化差異帶來的障礙不會影響到你。Uber 在美國以外的各國營收成長，替公司估值（營收的倍數）帶來助長效應，在美國以外的地區賺到的第一塊錢，讓 Uber 市值增加數十億。想當騎士，你的產品寶寶必須在上幼兒園前（5 歲以下）就拿到護照，有辦法全球走透透。四騎士創業時有這樣的產品嗎？沒有，只有 Google 有，但四騎士後來改寫了遊戲規則。

Apple 今日定義了全球觸角：每一個主權國家的多數民眾都接受這個品牌。Google 也做得還不錯，在成熟市場都表現強勁，但被踢出中國。Facebook 三分之二的使用者分布在美國以外的地區（雖然一半的營收集中在美國）。以使用者人數來看，Facebook 最大的市場在亞洲，亞洲帶來力道最強勁的成長機會。Amazon 則在歐洲的成長速度勝過美國，在亞洲還不是很大，但依舊是一間全球企業。

四、親和性

商業是一個受到管制的世界。政府、獨立監督團體與媒體，對於一間公司的成長扮演著重要角色。如果你的公司被當成乖孩子與好公民、關心國家、人民與員工，善待你的供應鏈，那麼你已經建立起保護自己免於壞名聲的堡壘。套用矽谷行銷人湯姆・海耶斯（Tom Hayes，他專門替應用材料公司〔Applied Materials〕搞定這件事）的話來講：「發生負面新聞時，你想被當成受害的好公司。」形象十分重要。一間公司究竟發生什麼事，外界怎麼看就是事實，也因此一間公司一定得討喜，甚至要可愛。親和性是兆演算法的第四個要素。

比爾・蓋茲與前微軟執行長史蒂夫・鮑默（Steve Ballmer）不討喜，也不可愛，甚至每當他們離開一個地方，世界就會再度大放光明，也因此微軟擁有一定程度的影響力後，全歐洲的地方檢察官與監管人員有一天早上醒來，突然決定自己的政途若要平步青雲、進入國會，最簡單的辦法就是追捕雷德蒙德（Redmond，譯註：微軟總部所在地）的巫師。一間公司愈不討喜，就會愈快碰上監管單位的反托拉斯與反隱私調查。公司的供應鏈或任何出於理性的行為，被不理性地挑出來盤查。我們通常活在錯覺之中，誤以為此類調查程序經過深思熟慮，有某種公正或法律方面的依據。不是的，最後的結果將交由司法判決，然而因為一時衝動或以預謀手法把一間公司拖進法院，則出自人為的主觀判定，而那個主觀看法主要看人們覺得那間公司有多好、多循規蹈矩。

不曉得各位還記不記得，聯邦人員曾在同一時間追查英特爾公司（Intel Corp）與微軟的壟斷行為。英特爾執行長安德魯・葛洛夫（Andrew Grove）是美國業界最嚇人的人物，然而聯邦人員找上門時，他做出企業史上最重大的認罪，跪在美國證券交易委員會腳下……接著就獲得原諒。同一時間，嚇人程度遠不如葛洛夫的蓋茲，卻決定和聯邦人員硬碰硬，糾纏十年後在世人眼中已經失勢。

Google 比微軟可愛太多，創始人布林與佩吉也比蓋茲和葛洛夫討喜太多，他們是移民，長得又帥，是相當理想的報導對象。擔任過 Google 發言人的梅爾同樣也引人注目，來自威斯康辛州，工程師，金髮，未來的《Vogue》攝影特輯人物。Google 可不是隨便派梅爾到國會聽證會說明 Google 是如何屠殺報業……噢，不對，講錯了，是去說明 Google 如何創造報業的未來。梅爾被問到辛辣問題時，例如：「如果 Google 扼殺報紙的分類廣告事業，第四權要如何生存？」梅爾女士回答：「講這種事還太早。」太早？那是報業存亡關頭的最後警訊，然而白髮蒼蒼的參議員卻都相信了。

凡是從保險業務員變國會議員的人士（美國眾議院最常見的職業生涯道路），有誰想舉起手說：「我**不懂 Apple** 好在哪，我不喜歡 Apple。」Apple 是美國企業史上最會逃稅的公司，但 Apple 很潮，每個人都想跟酷的人當朋友。Amazon 也一樣，電子商務很潮又很酷，傳統零售則又土又老。Amazon 在 2017 年 3 月終於決定在美國各州都會繳營業稅，這是一間市值超越沃爾瑪的企業，但在 2014 年之前只繳五個州的營業稅，靠政府補助少繳 10 億美元。Amazon 需要政府補助 10 億嗎？ Amazon 刻意讓自己處於損益兩平，市值逼近 5,000 億，但付的公司所得稅寥寥無幾。

Facebook：沒人不想和 Facebook 稱兄道弟。老態龍鍾的執行長都想請 Facebook 執行長祖克柏穿著他的帽 T 大駕光臨。祖克柏這個人不是很有魅力，也不太會演講，但這都不重要。祖克柏有如一條緊身牛仔褲，凡是試穿過 Facebook 的公司看起來都會變年輕。Facebook 營運長雪柔・桑德伯格（Sheryl Sandberg）也是關鍵人物，極度討喜，被視為現代成功女性的原型：「嘿，大家一起來挺身而進！」

Facebook 不像微軟被嚴格檢視，原因是 Facebook 比較討喜。Facebook 近日試圖逃避散布假新聞的責任，宣稱自己「不是媒體公司，只是平台」，躲在「言論自由」與「平台」等詞彙背後，有可能無意間過失殺人，以空前規模害死真相。

當最受歡迎的畢業舞會皇后可真是好。

五、垂直整合

兆演算法的第五個元素，是透過垂直整合控制消費者的購買體驗。

四騎士全都掌控著自己的配銷。產品就算不是自己製造，它們負責原料，負責銷售，負責零售，負責支援。Levi's 的銷售額自 1995 年的 70 億萎縮至 2005 年的 40 億，原因是 Levi's 並未掌控自己的配銷。走過傑西潘尼百貨，看見堆積如山的 Levi's 牛仔褲，讓人沒有很想購買的體驗。卡地亞則靠砸大錢投資店內體驗，品牌資產已經趕上甚至可能超過勞力士。我們手錶是在哪裡買的、怎麼買的，和哪個網球選手也戴那支錶一樣重要，有時甚至比代言人是誰重要。

投資「購物前流程」(pre-purchase process，也就是廣告)的報酬率已經下降，那就是為什麼成功品牌以更前瞻的方式進行整合，擁有自己的店面或自行進行購物者行銷(shopper marketing）。我認為寶僑將展開雜貨零售店併購，因為寶僑一定得發展正在成長的物流業，不能倚賴 Amazon。Amazon 是寶僑居心不良的朋友……沒有友情可言。

Google 掌控著自己的購買點（point of purchase, POP），在 2000 年快速成長，也因此當時最大的搜尋引擎 Yahoo，買下在 Yahoo 首頁提供 Google 搜尋的權利。今日一切已成往事。Facebook 顯然也垂直整合，Amazon 也是。Facebook 和 Amazon 並未自行製造產品，然而除了貨源與製造，兩家企業都掌控著整體的使用者體驗。iPhone 被視為 Apple 最重要的創新，然而把 Apple 推向兆元公司的推手，其實是進軍零售的天才之舉，Apple 掌控住自己的配銷與品牌，而當年很少或幾乎沒人看懂 Apple 為什麼走這一步。

一間公司必須垂直整合，市值才有辦法達到 5,000 億美元。這件事說起來容易，做起來難。自行打造配銷通路的成本十分高昂，多數品牌借用其他公司的通路。如果你是 Rebecca Minkoff 的服裝設計師，口袋裡資本沒那麼多，無法自己擁有店面，頂多在全球各地成立十幾間旗艦店，只得在梅西百貨或諾德斯特龍百貨擺設自家產品。即便是 Nike，透過富樂客鞋店（Foot Locker）販售，也比打造自己的商店來的有效率。

四騎士垂直整合。很少有品牌能夠不掌控自己大部分的配銷流程，依舊立於不敗之地。三星要是繼續仰賴 AT& T、威訊電信（Verizon）和百思買的店面，永遠無法和四騎士一樣酷。各位還記得 15 年前你的 Apple 電腦是誰維修的嗎？那個看起來一輩子沒親過女孩子、但應該是夢幻冒險遊戲專家的阿宅。他站的櫃檯堆放著大量被肢解的電腦零件，一旁是幾疊《麥金塔世界》（*Macworld*）雜誌。

Apple 感受到時代在變，讓服務人員穿起藍襯衫，職稱改成「天才」，把他們擺在讓 Apple 產品活過來的殿堂──裝潢強調 Apple 產品有多獨特、多優雅的空間。今日的 Apple 商店刻意弄得美輪美奐，好提醒你 Apple 與 Apple 的消費者有多潮。

六、人工智慧

兆演算法的第六個元素，是公司取得與運用數據的能力。一兆公司一定要擁有能學習人類輸入、演算數據的科技。堆得和喜馬拉雅山一樣高的數據，可以被輸進演算法改善產品，接著利用最佳化技術，在一毫秒間，除了讓產品校準至顧客的個人立即需求，還能在使用者每一次上平台時逐漸改善產品，讓目前與未來的顧客都能得到更好的服務。

從潛在顧客被瞄準的方式來看，歷史上的行銷可說是歷經過三次重大轉變。率先登場的是「人口統計瞄準」（demographic

targeting）的年代，也就是理論上凡是住在城市的 45 歲白人，他們做的事、身上的氣味、說的話都一樣，也因此一定全都喜歡相同產品。那是媒體購買（media buying）最基本的假設。

繼人口統計瞄準後，有一陣子是「社群瞄準」（social targeting）當道。Facebook 試圖說服廣告商，如果有兩個人在 Facebook 上幫同一個品牌按「讚」，不論他們的性別身高年齡是什麼，他們兩個人很類似，應該被歸進同一個群組來瞄準。那種說法其實毫無依據，那樣的兩個人唯一的共通點，只有他們都在 Facebook 的品牌頁面上按了讚，僅此而已，他們並未想要取得相同的產品服務。社群瞄準失敗了。

新型行銷是「行為瞄準」（behavioral targeting），這方法有效：一個人目前的活動最能預測這個人未來的購買。如果我上 Tiffany & Co. 網站搜尋訂婚戒，還預約要在某間分店買某某樣式的戒指，那麼我大概會結婚。如果我花了一堆時間瀏覽奧迪的 A4 車款網頁，那麼我應該身處 3 萬至 4 萬美元四門豪華轎車的市場。

由於人工智慧的緣故，我們如今能以先前想像不到的程度與規模追蹤行為。我會一瀏覽網頁就看到奧迪廣告，並非巧合，行為瞄準今日是行銷的兵家必爭之地。能將行為連結至特定身分的技術是媒體悄悄開打的戰爭。

一切還在起步而已。在我寫這段話的當下，人在慕尼黑飛往曼谷的班機上。我先前參加了慕尼黑舉辦的「數位設計生活大會」（DLD conference），基本上就是比較酷版的達沃斯大會（Davos），創新的信徒到慕尼黑朝聖，膜拜現代的創新使徒，例如：Uber 創始人卡蘭尼克（Travis Cordell Kalanick）、Netflix 創辦人哈斯廷斯（Reed Hastings）、祖克柏、施密特等等。我顯然沒能力和那些人互別苗頭，所以我要用什麼策略，才能讓更多人到現場還有 YouTube 上觀看我的 DLD 演講？我戴上假髮跳舞（是真的）。我出了奇招，奇招是所有優秀策略的基本原則。

整體而言，我要傳遞的商業策略訊息可以濃縮成一句話：「有哪件事你做得非常好，而且非常難做？」

我首先在演講中提及一些事，強調 Apple 是全球最會逃稅的企業，背後的原因是議員把 Apple 當成校園美女——美女對他們拋個媚眼，他們就昏頭，甘願被利用。我還說 Uber 正在造成一股不好的社會風氣。4,000 名 Uber 員工與 Uber 投資者將分贓 800 億（可能還超過），但 160 萬名 Uber 司機的收入則被壓縮成窮忙族。我們從前讚揚的的企業創造數十萬中上階級的工作機會，今日的英雄則製造出屈指可數的領主與數十萬農奴。

出席 DLD 等活動的執行長們無法回應我的指控，因為一旦回應，市場就會聽他們說話，後果不堪設想。此外，他們要是不小心揭露非公開資訊，將惹上非常麻煩的官司。我本人可以上演一齣精彩大戲，但執行長們只能念出經過彩排與漂白的講稿，了無新意，所有的話都可以在他們的投資人關係部門發布的新聞稿中找到。那就是為什麼人們來聽我演講：我可以自由說出實情，或至少努力追求真相（我常有弄錯的時候）。

執行長們坐著聽我演講，面露微笑，那種手中握有王牌的玩家笑容，而每一張王牌都與數據有關。過去 10 年，全球最重要的公司已經搖身一變成為數據專家，包括數據蒐集、數據分析與數據使用。大數據與 AI 的威力在於它們昭示著抽樣與統計的終結：如今企業可以直接追蹤自己在全球**每一間**分店**每一名**顧客的購物模式，接著幾乎是立即回應，例如打折、調整存貨、改變店內佈置方式等等……而且是一年三百六十五天、一週七日、一天二十四小時永不停歇。或者更棒的是，你可以內建每秒自動回應技術。我個人最喜歡的 AI 應用是 Neflix 會自動播放下一集影集，今日的其他平台也加以模仿。

結果就是你以前所未有的程度了解你的顧客，甚至是了解人性。你碰上比你小的地方企業時，將擁有基本上攻無不克的競爭優勢。四騎士已經成為有魔法的巫師。

運用數據的能力與即時更新產品的技術，將是第五名騎士的關鍵元素。在蒐集消費者喜歡什麼、他們想做什麼的數據這方面，沒人比得上Google。Google不只知道你來自何方，還知道你想去哪裡。兇案調查人員抵達犯罪現場時，如果有嫌疑犯（幾乎每次都是死者的配偶），他們會檢查嫌疑犯在Google上搜尋過哪些可疑的事，例如：「如何對你的丈夫下毒」。我猜以後會爆出新聞，說美國政府單位一直在探勘Google的資料，不只想知道購物者對洗衣粉的看法，還想知道有沒有哪個團體想利用肥料製造炸彈。

Google掌控著大量行為數據，只不過理論上使用者的個人身分會維持匿名，以及就我們所知是以群組方式呈現。想到自己的名字與照片，被單獨擺在搜尋過的所有Google問題清單旁，令人感到不安。不安是正常的。

各位可以想像一下自己的照片和名字，被擺在所有你打過的Google關鍵字上方。你絕對打過你**不會**想讓別人知道的東西，也因此Google只能統整這個資料，只能告訴外界某某年齡或某某世代的人，平均而言會在Google的搜尋欄內輸進這種類型的事。即便如此，Google就算無法連結特定ID，依舊擁有可以連結至特定群組的大量資料，而且真有必要時，別以為Google找不到你。別忘了，Google以前也號稱定期刪除所有紀錄，結果呢？

Facebook有能力將特定活動連結至大量特定ID。Facebook

擁有 10 億活躍的每日使用者。人們大聲在 Facebook 上透露自己的生活，記錄自己的行為、欲望、朋友、連結、恐懼與想購買的東西，也因此 Facebook 以比 Google 更清楚身分的方式追蹤使用者，Facebook 在推銷自己觸及特定受眾的能力上占有優勢。

如果我在香港擁有一間專門做家庭客的飯店，我可以跑去跟 Facebook 說，我想登廣告，瞄準收入在某某範圍、每年至少造訪香港兩次的家庭。Facebook 就能以前所未有的規模提供我正確的消費者族群，因為 Facebook 有辦法連結資料與身分，我們一點都不感到毛骨悚然，因為那些資訊是我們自己公開的。

Amazon 握有 3.5 億信用卡與購物者檔案，數量超越全球所有公司。Amazon 知道你喜歡什麼，有辦法連結身分、購物模式與行為。Apple 也不差，擁有 10 億信用卡檔案，也知道你最喜歡的媒體。要是 Apple Pay 成功了，Apple 還會知道更多東西。Apple 也有辦法連結購物資料與身分。擁有這樣的自家數據集，等於是擁有資訊時代的智利金礦或沙烏地阿拉伯油田。

同樣重要的是，這些公司都有能力利用軟體與 AI 找出模式，改善自家產品。Amazon 寄發大量 AB 測試（A/ B test）電子郵件，看看哪種效果最好。Google 搶在所有人之前知道我們想做什麼，而 Facebook 大概會比史上任何機構都還要能掌握行為與人際關係的各種面向。然而，最終一切會歸結成什麼？網羅史上最多人才，把數據全部蒐集在一起，最後求的是什麼？為了賣出更多的Keurig牌馥緹奇歐濃黑咖啡膠囊（Keurig Fortissio Lungo Pods）。

七、職涯助力

兆演算法的第七要素，是公司吸引一流人才的能力。公司必須被求職者視為「職涯助力」。

科技人才搶奪戰已經抵達白熱化階段。吸引人才、留住最佳員工是四騎士的第一要務。四騎士的成功關鍵在於要能管理公司名聲，不只要贏得年輕消費者的心，還得讓人們很想為你工作。對於四騎士來說，目前與潛在員工之間的品牌資產，可以說比公司的消費者資產**還重要**。為什麼？網羅最佳人才的團隊可以吸引到便宜資本，有能力創新，製造出一股向上的動力，在競爭之中脫穎而出。

各位如果是你們那一屆的畢業生代表，代表你智力、毅力、EQ過人，背上有可以帶你一飛沖天的噴射背包，然而你是無頭蒼蠅，你是尚未學會四處飛的鋼鐵人。你有很多動力，很多衝勁，但原地踏步。你需要找到指引你正確方向的正確舞台，職業生涯才有辦法加速。

四騎士可以助你一臂之力。有天賦的25歲人士，如果想在

30 歲時職稱、收入、名聲、人生機會有所進展，很少有公司提供的舞台超越四騎士。人們搶破了頭要進這幾間公司。美國軍校第一天吃晚餐的慣例是要求從前有優秀表現的新生起立。誰是畢業生代表？誰是校隊運動員？誰是鷹級童軍（Eagle Scout）？誰是全國績優獎學金得主？新生起立時，左看看，右看看，大吃一驚，原來**每一位同學**都是。四騎士也一樣：漂亮的學經歷只不過是最基本的應徵資格。Google 出名的挑人篩選程序包括你得回答五花八門、沒有標準答案的問題。這種篩選方法透露的訊息是：要是這樣都能通過，你是菁英的一員，你是你的世代最優秀的人。

沒有證據顯示這樣的徵人手法可以找到最好的人才，不過這不重要。可以進四騎士，就是進科技光明會的門票，你的職業生涯將一飛沖天。

八、地緣性

地理位置很重要。過去 10 年成長數百億的公司，公司所在地很少不是騎腳踏車就能抵達世界級的理工大學，可能根本沒有例外。加拿大黑莓公司（RIM）與芬蘭 Nokia 是全國的驕傲，兩間公司同樣位於國內一流的工程學校旁。兆演算法的第八個元素，就是有能力靠全球一流學校產出的最佳工程人才研發與優化產品線。

四騎士中的 Apple、Facebook、Google，和世界級的工程大學史丹佛關係密切，而且騎腳踏車就能抵達校園，或是開一下車，就能抵達另一間世界頂尖的柏克萊大學（分別排名第二與第三）。許多人會說 Amazon 附近的華盛頓大學（University of Washington）也是同一階的大學（排名第二十三）。

想當職涯助力提供者的話，得要有原料。如同以前的人會在煤礦附近蓋發電廠，今日的原料則是頂尖的工程、商業與文科畢業生。科技（軟體）正在吃掉這個世界。你需要打造的人：你需要的人要能寫軟體，懂「科技」與「能替公司／消費者增加價值的事物」的交會點。最適合此一任務的工程師與管理人員，有愈來愈大的比例來自最優秀的大學。

此外，未來 50 年間，全球三分之二的 GDP 成長將來自城市。城市除了吸引最優秀的人才，也製造最優秀的人才。城市帶來的競爭與機會，就像和網球選手克里斯．艾芙特（Chris Evert）組隊：你會愈打愈好。在英法等許多國家，單一城市就占全國一半 GDP，75％的大型公司位於國際超級都市。這樣的潮流在未來 20 年只會持續下去，企業現在需要跟著年輕人才跑，而不是年輕人才跟著企業跑。近日的偶像正在市區成立園區，徵人時優先挑有鬍子、刺青與工程學位的小伙子，不挑有孩子的應徵者。

運用兆演算法是相當簡單的一件事。我告訴 Nike，想朝一兆邁進的話，有三件事可以做：

- 10 年內讓「直接面向消費者」（direct-to-consumer，DTC）的零售增加至 40%（2016 年為近 10%）。
- 多多利用數據，將數據整合進產品功能。
- 總部遷離波特蘭。

我的心得是，運用兆演算法不是難事，讓人們聽進你說的話（「把總部從波特蘭搬到新地方」）才是大工程。

第9章

第五名騎士？

誰會在四騎士之後稱霸市場？

本章將依據四騎士的特質，一一檢視幾家有潛力成為第五間科技巨擘的公司。這幾間公司擅長什麼？哪些地方做得不夠？想當第五名騎士有什麼條件？

以下只是試舉幾例，提供一點思考素材，不代表沒提到的公司就沒機會，畢竟科技的進展、市場的變化、人口的改變，常有厲害的公司從意想不到的地方冒出來。

四騎士具備許多共通點，但各自在數位時代扮演著獨特角色，從不同地方崛起。Facebook 和 Google 稱霸 20 年前尚不存在的領域，Amazon 與 Apple 則來自歷史悠久的產業，然而異中有同，同中有異，Amazon 靠著極具效率的營運長才與便宜資本打敗對手，Apple 靠產品創新與鞏固高階市場領導地位，創造出價值數億的全新產品類別，以及全球最振奮人心的品牌。Facebook 在創始人過 32 歲生日前，使用者就達 10 億，Apple

則花了一個世代才成熟，在今日稱霸全球。

換言之，我們無法假設下一個型塑數位時代的第五名騎士，一定來自顯然屬於數位年代產業的公司，或一定是由大學中輟生掌舵、被高度炒作的獨角獸。此外，也不能假設下一個騎士一定來自美國，雖然這個騎士在通往成功的道路上，一定得征服美國市場。

還有，我們也無法假設在未來數十年，目前的四騎士一定會屹立不搖，畢竟 IBM 在 1950 年代與 1960 年代是電子世界的霸主，但接著在硬體世界失利，並在領導階層令人驚奇的指揮下，轉型成為顧問公司。也不過 10 年前，HP 是全球最大科技公司，結果敗在無力的領導階層，接著分家。微軟令整個商業世界聞風喪膽，尤其是在科技業，1990 年代天下無敵，然而後來就和其他公司一樣，依舊是巨人，但已經沒人把微軟視為註定統治全球的世界主宰。

儘管如此，如同我在先前幾章試圖解釋，四騎士目前在產品、市場、股票估值、聘雇、管理（詳細研究過為什麼前人會跌倒）等方面具備特定優勢，也因此不太可能在人類的一個世代或幾個世代（也許吧），就失去目前的地位。四騎士全是浴血奮戰才走到今日，不會輕易交出領導地位。就算四騎士彼此相爭，它們也似乎總是在競爭變得太白熱化之前就各退一步，目前某種程度上願意共存，沒必要鬥到你死我活。

以下來看爭奪騎士地位的競爭者。

阿里巴巴

2016年4月，某間本地線上商務公司超越沃爾瑪，成為全球最大零售商。大家早就知道這一天終將來臨，出乎意料的是，擊敗沃爾瑪這頭巨獸的公司不是Amazon，而是馬雲蒸蒸日上的中國公司阿里巴巴。其實，阿里巴巴不是純粹的零售商，阿里巴巴的商業模式是擔任其他零售商的市場，包括電子商務、購物、線上拍賣、轉帳、雲端數據服務等各式商業活動。此外，打敗沃爾瑪的是透過阿里巴巴售出產品的4,850億「商品交易總額」（gross merchandise value，GMV），阿里巴巴本身只收到那個營收的一小部分，2016年會計年度為150億。

即便如此，大小的確重要，沒有任何企業經手的零售貿易超越阿里巴巴。阿里巴巴占全中國63%的零售貿易。此外，透過中國郵政寄送的包裹中，54%來自阿里巴巴商家。阿里巴巴還自豪自己擁有近5億的活躍使用者（4.43億），透過手機使用阿里巴巴的每月活躍使用者（monthly active users, MAUs）數量更是高（4.93億）。阿里巴巴和四騎士一樣，重塑中國零售面貌，原本很少人聽過的「雙11光棍節」，搖身一變成為全球最

■ Alibaba.com 每年的成長幅度都比前一年高

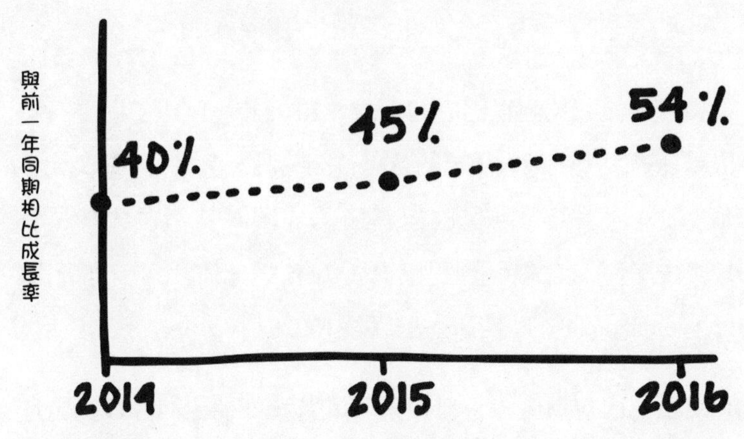

資料來源：Alibaba Group, FY16-Q3 for the Period Ending December 31, 2016 (filed January 24, 2017), p. 2, from Alibaba Group website.

大購物節。阿里巴巴的商品交易總額光是 2016 年光棍節一天，就達 174 億元，其中 82%來自行動裝置。

阿里巴巴能成功的原因，在於擁有前文探討過的多項特質。阿里巴巴從中國這個龐大市場起家，市場裡有數百萬迫不及待想接觸外界的小型製造商。阿里巴巴幾乎是一夕之間就走向全球，觸及全球幾乎每一個國家。阿里巴巴是大數據／人工智慧的專家，大數據／人工智慧就是阿里巴巴提供的服務之一。此外，市場給了阿里巴巴突破天際的估值，也因此阿里巴巴有充裕投資資本可燒，成長速度快到幾乎無敵手，和 Amazon 的情況相仿，與其和阿里巴巴作對，不如合作。許多西方品牌乾脆關閉自家在中國直接面向消費者的官網（這在歐美無法想像），專心經營在阿里巴巴與姐妹公司天貓的網頁。

投資人沒漏掉阿里巴巴的崛起。2014 年，阿里巴巴進行迄今依舊是美國史上最大規模的首次公開募股，募集250億美元，市值 2,000 億美元。阿里巴巴其後的表現一直遜於大盤，我 2017 年初寫這段話時，阿里巴巴（BABA）市值比上市時下跌 15%，Amazon 同一時期卻上漲超過 100%。

阿里巴巴規模龐大，但如果想成為和四騎士同等級的全球數位時代企業，將是一場硬仗。從定義上來講，阿里巴巴將必須大幅擴張至母國以外的市場。最重要的是，阿里巴巴必須在美國商業中占有一席之地，目前美國幾乎只扮演阿里巴巴的投資人角色，中國市場依舊占阿里巴巴 80%的事業，而且中國市場似乎每年愈來愈動盪。

阿里巴巴在走向稱霸全球的路上必須先開山闢路。首先，歷史上沒有從中國崛起的消費者品牌先例。這個世界習慣來自歐美的全球品牌，近日則有日本與南韓品牌，但中國品牌令人感到陌生。不論這樣的評價是否公允，中國公司令人聯想到勞動剝削、假貨、侵犯專利權、政府介入，不符合「理想品牌」背後的西方價值觀。此外，阿里巴巴早期名聲不好，據說旗下有許多賣假貨的小型零售商，這點也傷到阿里巴巴。

阿里巴巴最終可能受惠於Apple成功扭轉中國製造品質不佳的印象。微信等其他培養出全球支持者的中國企業，可能也有助於阿里巴巴改變形象，然而阿里巴巴還得努力才能擁有最重要的品牌力量：一個令人聯想到領先群倫、精品品質、性感魅力的理想品牌。《富比世》（*Forbes*）2016年的百大最有價值品牌並未列入阿里巴巴。

阿里巴巴缺乏願景資本，說故事的能力不夠強──不只要跟消費者說故事，也要跟投資人說故事。另外，阿里巴巴管理較不透明，也令人更不易理解它想說的故事。相較之下，四騎士是公認的說故事大師，兜售願景，說服股東一起加入偉大的十字軍東征。阿里巴巴集團除了屢戰屢勝的戰績，沒有什麼真正的故事可說，我們前文也談過那樣還不夠。

最後一點則是阿里巴巴與中國政府之間的糾葛，嚴重限制了公司長遠的成功。中國政府以各種方式支持自己的投資，其中影響最大的或許是大幅限制阿里巴巴在中國的美國競爭者的營運。西方投資者願意接受一定程度的政府干預，但不喜歡有如作弊的手法，以及隨之而來的市場扭曲。

阿里巴巴與中國政府之間的關係，在公司成長期無疑是一種資產，然而當全球股東與阿里巴巴的超級強權贊助者意見不同時，投資人絕對會關切誰的利益會勝出。事實上，由於中國限制外國擁有中國資產，外資並未實際持有阿里巴巴股份，手上其實是一間擁有阿里巴巴獲利合同權利的空殼公司股份——僅中國法院可以強制執行的合同權利。雪上加霜的是，從阿里巴巴 2015 年以來出現在中國媒體的重大報導與政府單位發布的消息來看，也有跡象顯示阿里巴巴無法完全仰賴中國政府的支持。

此外，至於兆演算法中的「職涯助力」這一項，在中國及其他開發中世界，在阿里巴巴上過班的確是漂亮的工作經歷，但在西方呢？在西方就不同了，這份紀錄甚至可能是汙點，也就是說阿里巴巴進入西方市場時，可能不容易招募到優秀人才，公司的智慧資本不合格。

阿里巴巴與中國政府之間的關係替阿里巴巴帶來風險，任何外國相關人士（包括歐美政府在內）都可能透過地緣政治的角度來看阿里巴巴，藉由法規障礙、調查及設置其他關卡表達關切。即使並未牽涉到政治，也會帶來問題。馬雲近日承認，美國證交會正在就阿里巴巴複雜的多公司架構事宜進行調查：「阿里巴巴的商業模式在美國沒有可以參照的樣本，讓美國理解阿里巴巴的商業模式不是一天兩天的事。」聽起來不是很樂觀。

最後，阿里巴巴走向全球時，人們對於資料隱私權的關切，大概一直會是一大隱憂，造成阿里巴巴應用兆演算法中的 AI 元素時受限。

總而言之，阿里巴巴的母品牌「中國」帶來了負面光環：「我們或許不酷，但我們懂得使壞。」然而，沒人要跟中學裡很遜的「壞男孩」上床。

特斯拉

歷史上挑戰大車廠的創業者，老是落得屍橫遍野的結局，甚至還被拍成電影（想想塔克汽車〔Tucker〕的慘劇），不過特斯拉創辦人馬斯克的電影，目前似乎有超炫的鋼鐵裝，還有一直為他擔心的葛妮絲．派特洛（Gwyneth Paltrow）。

特斯拉面臨各式各樣的挑戰，然而在我們的年代，特斯拉的成就已經超越其他所有新創汽車公司，看來有機會鞏固電動車市場領導者地位。特斯拉的產品雖然依舊是矽谷人的奢侈品，特斯拉的設計（電動車不再是給哈比人開的）、創新的數位控制、重大基礎建設投資（尤其是位於雷諾〔Reno〕郊區的巨大電池廠），更別提公司有如愛迪生再世、充滿願景的領導者，在在顯示特斯拉有潛力衝出利基，進入大眾市場。

特斯拉的第一台量產車「Model S」搶下業界大小獎項，史無前例獲得一致的推薦，榮登《汽車潮流》（*Motor Trend*）年度汽車、《消費者報告》（*Consumer Reports*）測試有史以來最高分汽車、《汽車與駕駛人》（*Car and Driver*）的「世紀之車」，《頂級跑車秀》（*Top Gear*）選出的「史上最重要的車」。即便售價為對手的兩倍，依舊是 2015 年美國最暢銷的插電式電動車。

即將問世的 Model 3，有可能讓特斯拉躍身為汽車產業的重要火車頭。Model 3 的起始價是 3.5 萬美元，發表一週內便接到 32.5 萬台預售訂單（必須先交可退還的 1,000 美元訂金）。很少有公司能像特斯拉一樣，以零借貸成本取得 3.25 億資金，展現騎士級的說故事功力。

儘管如此，今日的特斯拉若想有朝一日成為第五名騎士，中間還有不少變數。除了要解決傳統汽車公司面臨的挑戰，還得廣設充電站、服務站（修理不及會是一個問題），打造全球通路，解決各式政府補助，回應人們對電動車的期待，還得打點好和汽車產業監管單位的關係，不過今日的障礙，可能是他日讓巨人立於不敗之地的類比護城河。特斯拉目前的表現和其他兆演算法候選人一樣優秀。

從兆演算法的標準來評估，特斯拉的產品在品質與技術創新方面無與倫比。特斯拉不光只是電動車，在好幾個領域高人一等，包括深受喜愛的大型觸控儀表板、OTA 無線軟體更新（大數據／ AI）、領先業界的自動駕駛模式，以及顧客喜歡的設計細節（例如重新想像車門把）。

特斯拉以前所未有的方式掌控著顧客體驗，其他車廠得進行昂貴大改造才追得上。一般的汽車公司並未做到垂直整合，採行輕資本策略，旗下的獨立營業所，有如時光機一樣，造訪一趟彷彿帶你重返 1985 年。萬年不變的第三方經銷商網絡，加上車子出廠後有限的改造或升級能力，以及整個產業專注於出清存貨，汽車公司與消費者之間出現鴻溝。

特斯拉替汽車產業帶來的最具革命性的改變，不是電動引擎（每家公司都在研發），而是親近消費者。從馬斯克直播產品發表會，到特斯拉直營店，再到定期的無線產品更新，特斯拉了解顧客花 5 萬至 10 萬美元買一輛車，是顧客與特斯拉本身之間數年關係的開端，而不是選擇「約翰．埃韋的克萊蒙特克萊斯勒道奇吉普大公羊經銷商」（John Elway's Claremont Chrysler Dodge Jeep Ram）。如果特斯拉在快速成長的同時，依舊能維持高品質的顧客支援，特斯拉傲人的顧客回頭率，將成為協助公司取得便宜資本的固定故事，而便宜成本又提供提升顧客體驗的資源，進而增進重複購買，開啟良性循環。

特斯拉目前股價是營收的 9 倍，福特與通用汽車則不到 0.5 倍。特斯拉 2016 年僅售出 8 萬輛車，福特賣出 670 萬台，然而特斯拉的市值在 2017 年 4 月超越福特。特斯拉自 2010 年首度公開發行後，定期重返公開市場進行二次發行，最近一次為了 Model 3 的生產募得 15 億美元——儘管不曾有任何一季獲利。投資人願意如此鼎力支持是因為相信馬斯克的願景，相信他講

■ 特斯拉股價營收比（PSR）遠大於通用汽車與福特

2017 年 4 月 28 日

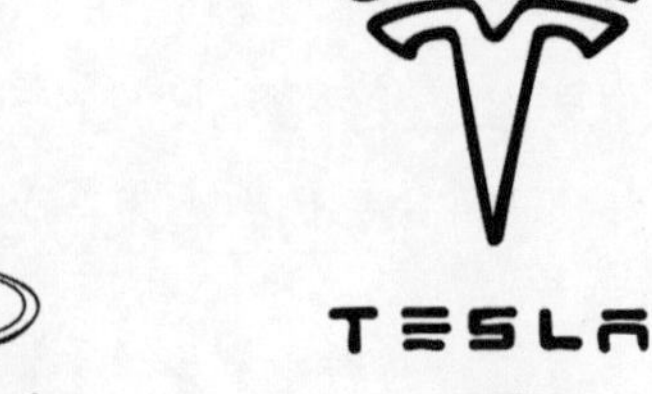

資料來源：Yahoo! Finance. https:// finance.yahoo.com/.

的故事。這個人說要把火箭送進太空，顛覆汽車產業，改造能源儲存產業。噢對了，他晚上和週末還在打造超音速車。要是可以回到過去，投資愛迪生的點子，各位會怎麼做？機會現在就擺在眼前。

特斯拉車主以狂熱的宗教情懷談論自己的購買決定，認為公司的「使命」比產品細節重要，但特斯拉不是你的嬉皮叔叔開的那種綠色環保品牌，特斯拉同樣也是奢侈品牌，「宗教地位」加上「奢侈品牌」兩個元素加在一起威力強大。其他電動車看起來像勃肯鞋（Birkenstock），特斯拉則像瑪莎拉蒂（Maserati）跑車。沒有其他品牌能和特斯拉一樣，同時讓大家知道「我買得起一輛 10 萬美元的車，我品味出眾，而且我還很環保。」或是換句話說，我酷斃了，你絕對該跟我上床。特斯拉撩動顧客情慾的功力，甚至比 Apple 還強。

特斯拉不會只做車子，公司已經在深入研發留存與運輸電力的方式，讓成千上萬輛自動車上路，Google 與 Apple 則依舊停留在園區研發階段。特斯拉的技術超越個人汽車，有潛力在其他運輸市場、替代能源發電、數位時代的其他電力應用，當早期的市場領導者。

特斯拉前途無量，但若要穩定發展，前方依舊有兩大險阻。首先，特斯拉尚未成為全球企業，營運地區以美國為主。第二，特斯拉顧客數量不多，也因此尚未以具備規模的方式處理個人行為數據，不過特斯拉汽車本身是數據蒐集器，也因此特斯拉碰上的挑戰在於「規模」與「執行」兩方面，並不缺「技術」。

Uber

在我寫這段話的當下，大約有 200 萬「司機夥伴」（Driver Partners）替 Uber 開車，人數超越達美航空、聯合航空、UPS 員工的**總和**。Uber 每個月增加超過 5 萬名司機，在 81 國 581 個以上城市提供服務，稱霸（多數）市場。

2016 年時，洛杉磯僅 30%的叫車是叫計程車。紐約的話，每日叫計程車與 Uber 的數量幾乎一樣（32.7 萬與 24.9 萬）。

Uber已經成為全球許多都市居民的預設運輸解決方案，稱霸先前充滿各家地方業者與偏好黃色車輛的市場，成為一枝獨秀的品牌。

今日我造訪每一座城市時，Uber是我一天中花的第一筆與最後一筆錢。想像一下，你每次進出一個城市或國家都掏出100美元，那就是全球商務客與Uber之間的關係……或是Uber與我們之間的關係。商務客是十分誘人的區塊。

有一次我在法國坎城下飛機，準備到「坎城創意節」（Cannes Creativity Festival，亦稱「哪一個廣告最不爛節」）演講。我手機上的Uber應用程式跳出幾個選項，有UberX、「Uber黑車」（UberBLACK），還有「Uber直升機」（UberCopter）。我不假思索按下「Uber直升機」──誰會不想知道**那是什麼**？10秒後，一通電話打來：「在領行李的地方等」。

我坐上賓士箱型車，開了半公里後，抵達直升機停機坪，坐進一台有螺旋槳的割草機，駕駛看起來就像我的送報童穿上萬聖節機師裝……接著只花120歐元（大約比計程車多20歐元），我就被一路護送到蔚藍海岸，降落在距離飯店300公尺的地方。有那麼一瞬間，我化身為詹姆士龐德……只不過長得沒他帥、沒武功，也沒各種刀槍、性感魅力、奧斯頓·馬丁（Aston Martin）跑車、殺人執照，不過很接近了……。

這種超酷情境之所以能成真，原因是 Uber 握有願景資本，還有創意，打破顧客體驗常規，有辦法做瘋狂的事，例如讓每一個人可以搭直升機從機場前往豪華飯店，或是情人節那天幫忙送貓咪禮物。不過，Uber 沒做到垂直整合，車子是司機的，而且司機經常與對手合作。旗下不擁有車，讓 Uber 得以快速擴張，但也變成 Uber 的弱點，公司缺少類比護城河。可以想像的是，Uber 擁有大量大數據技術，知道你在哪、你要去哪、你可能去哪，而且相關資料全都連到你的 ID。Uber 的應用程式已經會依據你造訪過的地點，自動帶入目的地，用久了會愈方便。

Uber 不太具有職涯助力的名聲，因為很少人認識在 Uber 總部工作的人。Uber 一共只有數千名技術超群的員工，有能力隔離領主（八千員工）與平均時薪 7.75 美元的農奴（兩百萬司機），四千員工共享 700 億元，領時薪的則分到 200 萬元。換句話說，Uber 以小但清楚的聲音告訴全球勞動力:「謝啦，笨蛋。」

Uber 的叫車服務是否真的值 700 億美元的私募市場估值？令人懷疑。不過 Uber 不只是叫車服務而已。事實上，計程車對 Uber 來講，就像書和 Amazon 之間的關係。Uber 的確是做計程車的生意，而且做得相當好，然而那只是第一步。真正的大獎是 Uber 得以動員旗下龐大司機網絡的能力（很快還會有龐大自動車網絡）。Uber 在加州試行 UberFRESH 食物外送服務，在曼哈頓試行 UberRUSH 包裹快遞服務，在華盛頓特區推出 Uber

Essentials，也就是食品雜貨店的生活必需品線上訂購與遞送服務。Uber 似乎正在打造全球事業的血液循環系統（最後一哩路），把貿易（血）送到全球事業（器官）。

對企業和個人來講，四處運送原子（物品）依舊是麻煩事，而 Uber 可以當《星際爭霸戰》中的傳送器，只不過更安全、更便宜（速度慢了點就是）。我們不知不覺中見證了 Uber 與 Amazon 搶著控制最後一哩的名人殊死戰，聯邦快遞、DHL、UPS 則即將嘗到產業顛覆的苦果。

Uber 幾乎符合兆演算法中的每一個項目，差異化的產品、願景資本、全球觸角、大數據技術，統統都有了。Uber 除了「執行」這個層面（不是小事），雖然在通往一兆市值的路上只有一個障礙，卻是很大的障礙：親和性。Uber 在這個項目腹背受敵。

首先，Uber 的執行長是混蛋，至少在外界眼中他是，幾度造成消費者刪除 APP，大量出走。不過，Uber 48 小時內就能損失 100 億市值，不是因為使用者大量刪除 APP，而是因為人們找得到替代品。Uber 並未垂直整合，對手 Lyft 有能力搶走大量 Uber 司機。Uber 除了執行長搬石頭砸自己的腳，2014 年時資深副總裁還在記者面前提到 Uber 要雇人抓記者的把柄，誰要是寫 Uber 的壞話，就找誰的麻煩。有一系列的報導指出，Uber 的管理階層為了好玩或其他私人理由，利用手上的技術，即時追蹤新聞人員等乘客。Uber 還在法國推出廣告，講輕一點是性別歧視，但其實就是在暗示 Uber 是叫應召服務的好辦法。2016 年時，Uber 因為紐約總檢察長調查公司濫用追蹤技術，繳交 2 萬美元罰款。

最糟的是，Uber 討喜的程度在 2017 年 2 月蘇珊・福勒（Susan Fowler）提出公司性別歧視訴訟後急轉直下。在數十起案例中，Uber 的中高階主管做出各種從麻木不仁到應受譴責的行為。人們或許會對剛起家的新創公司睜一隻眼閉一隻眼，然而產業巨人理應成熟一點，有人得出面負責。的確有幾人受懲處，然而那是幾個月後的事了。2017 年 6 月，外部顧問雖然建議重新調整執行長卡蘭尼克的職位，董事會起初不願意讓他下台，卡蘭尼克只宣布自己將無限期休假，而公布方式又顯示出董事會缺乏判斷力，情況雪上加霜，卡蘭尼克隔週在投資人的壓力下請辭。卡蘭尼克顯然是具備願景的天才，打造出改變世界的東西，然而 Uber 進入新階段後，需要具備新方向與危機管理能力的執行長。Uber 的市值今日超越福斯（Volkswagen）、保時捷（Porsche）、奧迪，成千上萬的家庭與投資者仰賴 Uber 與 Uber 的公司領導人。事情不再與卡蘭尼克有關，公司不該等著看他是否會戒掉為所欲為的性格，或者又會故態復萌。

以上爭議會傷害到 Uber 嗎？會，但會有一段時間落差，而且不是我們以為的方向。消費者大談社會責任，但轉身就買下員工自殺、排放含汞污水的工廠製造出來的手機與黑洋裝。Uber 是出色產品，營收將繼續加速成長。Uber 會受創的地方是管理階層會分心，無力吸引與留住最佳人才，而人才是數位時代決定戰爭輸贏的關鍵。

在公關與管理危機的背後，Uber 的討喜程度之所以碰上麻煩，除了是管理階層做出紈袴子弟的行為，還有更根本的原因。Uber 的確稱得上矽谷優秀顛覆傳統中的顛覆者，然而不巧的是，Uber 顛覆的市場也是平日受到重度管制的市場。Uber 不屑於傳統的態度，的確幫了自己很大一把，得以擺脫傳統計程車必須遵守的法規。Uber 認為自己可以聘用所有想開車的人，收費想收多少就收多少，而市場也獎勵這樣的信念，Uber 的計程車對手則在多數市場都沒有這樣的自由。此外，Uber 在對付 Lyft 等共乘服務的對手時，手段不太光明磊落。有好幾則報導指出，Uber 員工聯手打擊競爭者的方法是執行某種真實世界版的阻斷服務攻擊（denial-of-service attack）：重複向對方叫車，然後又取消。

從更廣的層面來看，Uber 的商業模式遭受抨擊的原因，在於 Uber 破壞了雇傭關係，製造出不穩定的低薪工作，殺雞取卵。Uber 主張自己根本不是叫車服務，只不過是提供駕駛人可以收費共享車子的應用程式，引發司機的保險福利爭議，以及

Uber 該負什麼樣的安全責任等討論。

2017 年 2 月出現的「刪除 Uber」(#DeleteUber) 運動，一夕之間造成估計約 20 萬 Uber 用戶關閉自己的帳號，起因是計程車抗議川普總統的移民行政命令，在紐約甘迺迪國際機場舉行罷工，而據傳 Uber 趁火打劫，利用這次罷工，向被困在機場的抗議民眾攬客。是否真有其事不重要，重點是這次的事件可以看出，就連忠誠用戶都不是那麼信任 Uber 的手法。

這個世界尚在努力判斷有 Uber 究竟是好還是壞。Uber 讓人一窺數位經濟未來可能的樣貌：在熱情投資人的贊助下，優秀應用程式提供無與倫比的消費者體驗，然而同一時間也帶來數百萬低薪工作，以及社會上一小群可以瓜分龐大意外之財的人士。領主數千人，農奴數百萬人。

沃爾瑪

在數位時代的零售商霸主之爭中，沃爾瑪或許讓 Amazon 初步領先，但沃爾瑪尚未出局。沃爾瑪在 28 國擁有近 12,000 家分店，2015 年營收超越全球任何一間公司，而且本世紀以來年年保持這個紀錄。

世界朝網路邁進後，沃爾瑪開始看起來像恐龍，不過眾家企業也開始了解，線上商務若要長久，就必須整合進實體店面等真實世界中的基礎建設，沃爾瑪依舊是不容小覷的勢力，擁有數十年管理精確庫存與高效物流系統的經驗，而且旗下的12,000間實體店面，可以是12,000間倉庫、12,000個客服中心、12,000個展示中心。再說，有顧客甚至乾脆把露營車停在沃爾瑪停車場，住在那裡，沃爾瑪擁有非常值得留意的市場優勢。

沃爾瑪在2016年底以30億美元收購Jet.com，換算起來每位員工價值是650萬美元。Jet.com缺乏可行的商業模式（營收需達200億才能打平），併購案正在進行時，Jet.com光是打廣告，一週就燒掉500萬美元。儘管如此，Jet.com擁有「說故事」這項騎士能力，創辦人洛爾先前成立過被Amazon收購的Quidsi公司，他主張的動態訂價（dynamic pricing）機制讓他被奉為救世主。我認為買下Jet.com等同一間遇上嚴重中年危機的零售商，花了30億美元植髮。不過公平一點來講，沃爾瑪在電商這方面似乎的確找回了手感，洛爾努力增加營運效率與價格透明度，提供店內取貨折扣，我們可以拭目以待。

然而，Jet.com只是沃爾瑪開始打肉毒桿菌的第一步而已。沃爾瑪有能力募得龐大資本，但代價不便宜，因為沃爾瑪和一般零售業者一樣，目前的股價是利潤的倍數。這間來自阿肯色州的零售商宣布，為了與Amazon一較高下，將增加資本支出。這雖然是正確做法，市場一聽說沃爾瑪利潤可能受影響，隔天市值便跌了一個梅西百貨。

此外，沃爾瑪也不是很討喜。沃爾瑪是全球最大雇主，公司裡領最低薪資的員工數量超越美國所有公司，但老闆家的小孩卻各各名列全球富人排行榜，身價超過美國最低四成家戶。此外，如果你好奇這年頭到底是什麼樣的人、什麼樣的家庭還沒有智慧型手機，甚至沒有寬頻，別找了，就是上沃爾瑪買東西的人。沃爾瑪的購物者是「晚期採用者」（late adopter），數位程式與創新比較不容易在這個群組引發潮流。

微軟

微軟已不再是從前那頭完全稱霸個人電腦時代的雷德蒙德野獸，不過 Windows 依舊是九成桌上型電腦的作業系統（雖然其中有一半還在用 Windows 7 硬撐）。Office 也依舊是全球的預設生產力套裝軟體，SQL Server 與 Visual Studio 等專業產品也隨處可見。要不是 Windows Phone 敗得太慘，微軟大概早已是第五名騎士，可能也還是全球最強大的企業。如果微軟可以好好培養 LinkedIn，不自廢武功，可能還有機會。

此外，微軟的雲端服務 Azure 出現驚人成長，加上年輕的新任執行長上台，替微軟故事注入新生命。微軟不再是從前那個人才趨之若鶩的公司，不過企業導向策略（四騎士則是消費者導向）帶來的市場，創新程度或競爭沒有消費者科技市場那麼激烈。

除此之外，微軟還有什麼（成長）題材？答案是LinkedIn。

LinkedIn是專業人士版的Facebook，但相較於Facebook這個龐大社群網站，LinkedIn擁有重要的明確優勢。Facebook大量營收來自「廣告」這個單一來源，LinkedIn則擁有三大營收來源：一、LinkedIn販售自家網站廣告；二、雇主付錢才能以升級版方式接觸應徵者；三、用戶必須是進階會員，才能享受獵人頭與事業發展服務。LinkedIn有能力自給自足，相關的訂閱營收來源除了讓LinkedIn不同於Facebook，也不同於其他每一個大型社群媒體。

此外，LinkedIn身處令人羨慕的戰場，算不上有競爭者。市場上有某幾個特定職業的利基網站，此外Facebook本身是潛在競爭者，不過沒人像LinkedIn一樣，提供多元豐富的聘雇與企業網絡。你可以棄Facebook選Instagram，棄Instagram選微信，棄微信選Twitter，然而在B2B的世界，履歷就只有LinkedIn一個平台可放。你對LinkedIn不滿，或是覺得不夠酷的時候，能投向誰的懷抱？答案是無處可去。放眼望去，只有LinkedIn，目前就只有它一家，看不到明顯的新競爭者。

LinkedIn的商業本質替自己帶來基本客群，使用者超過4.67億人，而且還不是隨隨便便的4億人。LinkedIn上是想展現學經歷的聰明大學畢業生，以及全球企業領導人──每3人就有1

■ LinkedIn 提供多元企業網絡，從營收來源分配可見其市場區隔

2015 年

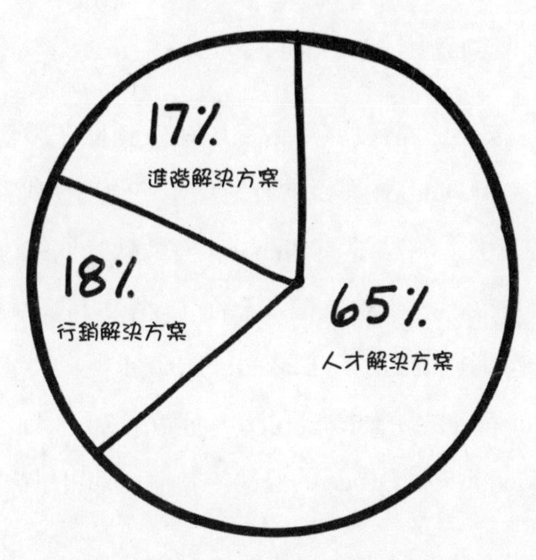

資料來源：LinkedIn Corporate Communications Team. "LinkedIn Announces Fourth Quarter and Full Year 2015 Results." LinkedIn.

人在 LinkedIn 放上自己的介紹。所以說，「LinkedIn 上有誰？」答案是「每一個重要人士都在使用」。有一小群嬰兒潮世代執行長沒用 LinkedIn，原因是擔心會被求職者騷擾，也或者他們還在學著怎麼用 Motorola 的 Razr 手機。扣除那些人以後，LinkedIn 的使用者遍及全球各行各業（順帶一提，B2B 的廣告市場是 B2C〔企業對消費者〕的 2 倍大，也因此 LinkedIn 面對的市場大過所有 B2C 社群平台）。

不過，LinkedIn 碰上的兩難是專心做某一塊的話，範圍就

有侷限。LinkedIn 能成功的原因在於公司以相對有限的服務，服務相對有限的市場。擔任全球專業人士名片簿是一門大生意，然而那僅是擁有騎士地位的開端而已。

LinkedIn 該如何持續發展平台，現在主動權在微軟手上。LinkedIn 如果能和 Outlook 與微軟其他生產力應用程式整合在一起，將是相當吸引人的點子。Windows 與微軟長期在行動領域的苦苦掙扎，可能出現一線生機。然而，那樣的機會可能抵觸 LinkedIn 本身想稱霸的野心。LinkedIn 的命運現在要看在微軟眼中，LinkedIn 有多能帶動微軟利潤，而過去 20 年間，微軟不惜一切維持 Windows 與 Office 的優勢，其他事都可以被犧牲。

LinkedIn 能否成為騎士的最大挑戰，在於雖然 LinkedIn 符合一切條件，每一欄都能打勾，那個勾是用鉛筆畫的，不是墨水。LinkedIn 產品很好，但沒好到像 Facebook。LinkedIn 有管道取得願景資本，但成本沒 Amazon 那麼低。此外，LinkedIn 目前的老闆正在回春，但微軟先前已衰退 10 年以上。整體而言，LinkedIn 有如布魯斯．詹納（Bruce Jenner），是很優秀的運動員，多項運動都出類拔萃……得過奧運十項全能金牌，頭像還出現在我小學時吃過的穀片盒子上（抱歉了，詹納，雖然你變性後已經更名為凱特琳．詹納〔Caitlyn Jenner〕，你在我心中永遠是布魯斯），然而詹納從來不是任何單項運動的金牌得主，套一句俗諺，他「樣樣精通樣樣鬆」。

Airbnb

人們很容易把 Airbnb 當成旅館版的 Uber，然後就跳過不討論，然而 Airbnb 和 Uber 握有相當不同的競爭優勢，運用兆演算法來調整策略與資本配置的方式，自然也不同。

Airbnb 和 Uber 都是全球企業，享有便宜資本，但兩間公司產品差異極大。紐約大學史登商學院管理教授桑妮雅・馬爾基亞諾（Sonia Marciano，現今頭腦最清楚的策略思考者）認為，建立優勢的關鍵在於找出「差異點」（point of differentiation），也就是真實情況或感受上差別很大的地方。如果你十項全能，關鍵在於找出你在哪一種運動有最大的表現差異，接著稱霸那個領域。Uber 是優秀產品，但我們要是不曉得自己是從哪一個共乘平台叫車，大概分不出 Uber、Lyft、Curb、滴滴出行。

共乘服務提供比計程車好十倍的產品，然而共乘公司之間彼此愈來愈像。這種現象大概還會持續一陣子，不過 Uber 執行長不正經的公子哥行徑，已經讓民眾自行發現其實改用 Lyft 也是一樣的意思，不一定要搭 Uber。Airbnb 平台則比 Uber 平台扮演著更為重要的角色，Airbnb 必須是令人信任的仲裁者，原因是 Airbnb 的產品差異較大，馬林（Marin）的水上船屋和南肯辛頓（South Kensington）的聯排別墅很不同。聯合航空目前的差異性勝過 Uber，因為他們會把乘客拖下飛機（是乘客自己不好），但要是你想搭飛機從舊金山前往丹佛（聯航的中繼站），你就必須忍受聯航的所作所為，因為聯航的航線高度差異化（那是你唯一的選擇，聯航是唯一飛舊金山到丹佛的航空）。

此外，Airbnb 在產品方面還有「流動性」（liquidity）這座護城河，擁有讓公司服務得以成真、數量多到足以配對的供應者與顧客。Airbnb 和 Uber 都具備流動性，然而 Airbnb 達成的流動性較不容易，也較難複製。Uber 如果要在一座城市中營運，同時需要大量的司機與想搭車的民眾，而 Uber 手中的現金讓公司有能力在一座城市擴張，但其他資本充裕的叫車公司也辦得到。Airbnb 就不一樣了，Airbnb 在一座城市（例如：阿姆斯特丹）的供應，以及各地對那座城市的需求（全球造訪阿姆斯特丹的人士），必須同時達到關鍵多數。Uber 在每一座主要城市都面臨競爭，因為任何公司只需要在單一市場建立起流動性，就有辦法挑戰 Uber。Airbnb 則一開始就得先達成大陸級別的規模，而且也成功了，接著又擴展為全球規模。

在本書寫作的當下，Airbnb 與 Uber 的市值各為 250 億與 700 億，然而我認為 Airbnb 的市值將在 2018 年年底超越 Uber，當大家聽說 Uber 缺乏產品差異性，地區競爭又讓損益表不好看時（2016 年營收 50 億，虧損 30 億），Uber 將出現各式各樣的會計減計，情勢雪上加霜。

Airbnb 是最可能成為第五名騎士的「共享」獨角獸。Airbnb 最大的弱點是缺乏垂直整合（並未擁有任何公寓）。也就是說，Airbnb 能掌控顧客體驗的程度不如四騎士，管理階層必須努力將公司的便宜資本用於掌控通路，利用特色與一致的便利設施（無線網路、擴充功能塢、每條地鐵的地方旅遊資訊服務等等），保住長期的獨特性。

IBM

從前從前，在 Google 問世前，在微軟問世前，甚至在本書有的讀者尚未出生之前，科技業有一家舉足輕重的公司，名字是 IBM。IBM 被暱稱為「大藍」（Big Blue），從前是科技的代名詞，是美國企業公認的標準，與 Intel、微軟結盟後，25 年間稱霸最初的個人電腦。

不過，這裡提到 IBM 不是為了懷舊。雖然 IBM 的營收自巔峰長期緩慢下滑（2017 年第一季時，營收已經連跌 19 季），2016 年營收依舊達 800 億，而且營收組合每年逐漸從過時的電腦硬體，走向高利潤服務與回頭客。IBM 引以為傲的銷售人員，今日依舊見得到每間財星 500 大企業的技術長，而且公司正在奮力將美國企業帶進雲端，近日還冒出一個叫華生（Watson）的 AI 帥哥男主角。IBM 是全球公司，而且稱得上做到垂直整合，不過 IBM 現在跑到食物鏈上方，轉型做服務，進入股價是看 EBITDA（稅前息前折舊前攤銷前利潤）倍數的產業，而不是看營收，公司得以取得的便宜資本因而有限。此外，IBM 被視為安穩而非可以大展宏圖的工作地點，進 IBM 的年輕人是闖進 Google 第二輪面試但沒錄取的那些人，IBM 不再被視為可以鍍金的工作地點。

威訊電信／ AT&T ／康卡斯特／時代華納

本書假設各位讀者都上網。如果是美國讀者，你用哪家公司的網路？大概不脫四大公司。美國的有線電信業者是二十世紀最大的合法壟斷者，經過數十年併購整合而成的四大有線電信公司，絕對是數位時代不可或缺的企業。

然而，美國四大電信業者若想挾自己的優勢打天下，將困難重重，主要問題在於多數民眾討厭它們，而且也看不太出它們可以如何往全球發展。地方電信公司是國家認同的根源，各國政府又厭惡其他國家監聽自己的電話與數據。不過話又說回來，過去每個人也都討厭鐵路，還討厭過運河船公司，討厭驛站馬車公司。霸道的大企業正如美國喜劇演員莉莉．湯琳（Lily Tomlin）飾演的電話接線生艾斯坦（Ernestine）所言：「我們不在乎，我們不必在乎。我們可是電話公司。」

如果你擁有世上數據流通的管線，你永遠都很重要、很賺錢、很巨大。那不太符合成為騎士的標準，不過或許有辦法摸到邊，畢竟只需要管理階層突然開竅，再加上被人才視為職涯助力，就有機會變身成為騎士。這種事大概不會發生，但不是完全不可能。

● ● ● ●

本章提到的幾間公司，是否有任何一家能成為第五名騎士？四騎士會允許嗎？ Amazon 絕不會讓沃爾瑪收復全部的江山，Google 研發自動車時，也絕對會留意 Uber 與特斯拉。

不過，歷史會怎樣很難說。1970 年時，IBM 打遍天下無敵手。1990 年時，微軟讓電子產業瑟瑟不安。企業會變老，成功令人自滿，人才會尋求新挑戰與首次公開募股前的股票選擇權。還有當然，沒人知道哪一天會突然冒出哪個新起之秀：此時此刻，在某間實驗室或學校宿舍，有人正在研發未來將顛覆數位世界的新技術，就像 1947 的電晶體、1958 年的積體電路。在其他地方，在某張廚房桌子或星巴克裡，由下一個賈伯斯領導的新創團隊，正在籌劃可超越四騎士的新事業，直奔第一間一兆企業的寶座。機率雖低，不是不可能。如同近日似乎每十年就發生一次百年大洪水，聽起來不可能，但真的發生了。

第 10 章

四騎士與你

跟隨你的事業，可別跟隨你的熱情

四騎士稱霸一方，深深影響著競爭環境與消費者的生活，然而對一般受過教育的個人而言，四騎士將對職業生涯道路產生什麼整體影響？今天的年輕人絕對不能不了解四騎士如何重塑經濟，四騎士讓中階公司難以成功，也讓所有的消費者科技新創公司難以競爭與生存。

我們多數人只是普通人（有數據為証），我們可以學到什麼，讓自己從「還 OK」晉級到「強者」，甚至變「卓越」？在本書的結尾，我要分享我在這個美麗新世界觀察到的成功職業生涯策略。

成功與不安全的經濟

整體而言，今日是卓越人士最容易出頭、普通人則向下沉淪的年代。背後的原因在於「彩券經濟」（lottery economy）與起，帶來顛覆性環境，數位科技創造出單一市場，單一領導者就囊括市場絕大多數的利潤。全球化帶來的傾盆大雨，帶來許多不相連的池塘、企業與地形，真正廣闊的大湖泊數量不多。壞消息是掠食者變多，好消息則是大池塘裡的大魚過著美好生活，四騎士就是最好的明證。

此種現象的背後是必然的市場結果。同一個領域中，普通產品價值暴跌，最頂尖的產品卻暴增。以珍本書為例，Amazon 讓原本無人知曉、極難尋覓的孤本得到全球曝光，導致供給固定的需求增加，價格自然提高，但那是珍貴古籍的情形。普普通通的書則到處都是。如果不是想買最珍貴的書，選擇立刻暴增，自然出現與珍本書相反的情形，非一流的書籍價值暴跌。

勞動市場也發生相同情形。由於 LinkedIn 的出現，今日每一個人隨時處於全球工作市場。如果你很傑出，成千上萬的公司正在找你，也有管道找到你。然而如果你只是還算 OK，如今則得和全球其他數千萬「OK」的求職者競爭，薪水可能停滯不前或下滑。

史登商學院最頂尖的 12 名教授引發全球需求，一場午餐會就能拿到 5 萬美元以上的演講費，我估算他們的平均年收入達 100 萬至 300 萬美元。剩下的「好」教授今日則得和可汗學院與阿德雷得大學（University of Adelaide）競爭（可汗與阿德雷得都提供「好」教育，可汗是線上大學）。這些「好」教授靠著教高階管理教育，賺取金額普通的額外收入，或是發出原始怒吼，抱怨系主任，希望抬高身價，因為他們拿到的錢，只有（稍稍）比他們優秀的同事的零頭。「好」與「優秀」之間的差異，可能不到 10%，收入卻可能相差近 10 倍。「好」教授平均年收入 12 萬至 30 萬美元，薪資過高，很容易就能取代，但由於終身教職制的緣故，大學不能解聘，所以假裝在乎他們，但（多數時候）把他們供起來，讓他們當系主任，指派他們參加委員會，替他們的平庸找一堆藉口。

好，那萬一我們不是天生的奇才，怎麼樣可以讓自己多優秀 10%？基本原則不會變。不論是哪個領域，卓越、毅力、同理心是永不過時的成功人士特質，不過隨著工作步調與變化性增加，成功者將是極端值的那一小撮人，和大眾愈離與遠。

本書的開頭提過，我成立的第六間公司 L2 是一間**商業智慧**（business intelligence，其實就是「研究」的時髦說法）公司，7 年內成長至 140 人。我們七成的員工不到 30 歲，平均年齡 28 歲。L2 員工的特質是受熱血公司吸引，他們是一群孩子，除了小時候的先天與後天養成，工作性格尚未太社會化。L2 因此成為一個有趣的環境，可以觀察人們的哪些重要性格會影響工作上的成敗。我在觀察過後，對於如何在今日這個不斷演變、由騎士帶頭的經濟環境中成功，得出幾點結論。

個人成功因素

即便小人有時的確會得逞，平均而言，努力工作、待人和善的聰明人，表現會勝過頭腦不清、懶散、惡劣對待同事的壞人，這是千古不變的道理。然而有能力又肯努力，也只會讓你成為全球排名前 10 億的人，數位時代還有其他看不見的元素，把成功人士和普羅大眾分隔開來。

最重要的元素就是「情緒成熟度」。情緒成熟度對 20 歲世代來講尤其重要，這個年紀的人在這方面差異極大。現在愈來愈少領域是一個人只有一個頂頭上司，只負責明確的特定工作，而且工作評量標準不太會有重大改變。數位時代的工作者經常得對不同的相關人士負責，一天之中不斷變換角色，成熟的人才有辦法應付這樣的環境。競爭與產品循環週期縮短，我們的工作生活不斷快速擺盪在成與敗之間。

能在那樣的循環中維持個人熱情的程度十分重要。一個人與他人互動的方式，將決定手上專案的成敗、誰願意與其共事，以及獲得賞識。清楚自己是誰的年輕人在碰上壓力時，依舊能保持鎮定，從做中學，愈戰愈勇，表現勝過容易慌張、為小事煩心、被情緒牽著鼻子走的同儕。權責模糊、組織結構不固定時，願意接受指令，也有能力下指令，了解自己在團隊中扮演的角色的人，表現將勝過其他人。

校園環境研究已經充分證明相關效應。一項集合668份學校課程評估研究的大型綜合分析顯示，上過社交與情緒生活技能課程的孩童，50％學業表現提升，不當行為大幅減少。讓「EQ」（emotional intelligence）一詞廣為人知的暢銷書作者丹尼爾．高曼（Daniel Goleman）也發現，跨國企業的領導者若具備自知、自律、動機、同理心等特質與社交技巧，公司績效會有顯著差異。

值得留意的是，情緒成熟度益發重要的結果，就是年輕人之中，女性尤其吃香。我不是為了政治正確才這麼說，雖然老實講，如果研究結果是男性同胞比較強，我不確定自己是否有膽子在這裡強調這件事。反正呢，調查結果顯示，男性與女性都同意在20歲到30歲這個年紀，女性的行為舉止比男性成熟。神經學證據也顯示，女性的大腦較早開始發育，也較快發展至成人的大腦。

我參加會議時，經常碰上很多年輕男性占據多數發言時間，侃侃而談自己感興趣的事，就對話主題針鋒相對，基本上就是在眾人面前炫耀自己，直到在場一位從頭到尾都沒開口、專心聽別人講話的年輕女性，冷靜指出相關事實，摘要總結關鍵議題，提出能讓會議進行到下一個討論事項的建議。

企業挑選升官人選時，男性目前依舊比女性享有文化上的優勢，就算是年紀較輕的男性也一樣。背後的原因可能與男性給人的感覺較為果決有關。然而在未來，少數培養出情緒成熟度的年輕男性大概也會繼續占優勢，不過那畢竟是少數中的少數，企業已經開始意識到，當優秀的中學畢業生代表有七成都是女性，未來的確屬於女性。

數位年代變幻莫測，每天都在變。幾乎在每一個專業環境，我們都得擅長使用10年前或甚至是去年尚不存在的工具。不論是好是壞（坦白講，通常壞的比較多），今日的組織有管道取得基本上是無限的數據，以及無限的各種分析應用那些數據的方法，點子以前所未有的速度成真。Amazon、Facebook，以及Zara等熱門公司的共通點就是「敏捷」（agile，其實就是「快」的意思，只是新經濟喜歡講「敏捷」）。

「好奇心」也是成功的關鍵。昨天行得通的東西，今天就過時，明天就被遺忘，被沒聽說過的新工具或新技術取代。想一想，電話一共花了75年，使用者才達到五千萬，電視只用了13年就到達五千萬，網路花了4年……憤怒鳥（Angry Birds）35天就辦到了。科技年代的步調不斷加速：微軟Office花了22年達成十億用戶里程碑，Gmail只用了12年，Facebook只花9年，試圖抵抗改變的浪潮的人會被淹沒。數位時代的成功人士每天工作時，不害怕下一個改變的出現，而會問：「如果我們這樣做

■ 科技時代步調加速，達成 10 億使用者所花的時間愈來愈短

資料來源：Desjardins, Jeff. "Timeline: The March to a Billion Users [Chart]." Visual Capitalist.

呢？」墨守成規、照章行事會變成大公司的弱點，各位要提出可行但又瘋狂至極、值得討論、值得一試的點子，還要主動出擊，每被吩咐做四件事，就主動做一件事，或是提出公司沒要求的點子。

另一項可以讓自己突出的能力是「把事情當自己的事來做」（ownership）。你要比團隊裡所有人都還要執著於細節，堅持哪些事該做、何時該做、要如何做，把事情當成如果自己不去推動，不會有任何事自動發生，而這個世界也的確是你不做，沒人會去做。把一切當成自己的，任務是你的任務，專案是你的專案，事業是你的事業，統統都是你的。

上大學

我知道，我知道……我懂，但這裡還是要再講一遍。如果你想在數位年代當成功白領階級，最明顯的指標是念名牌大學。光念大學沒用，重點是上好的大學。

沒錯，祖克柏、蓋茲、賈伯斯都輟學，但你或你兒子不是祖克柏。此外，雖然他們都沒畢業，大學經歷依舊助了他們的成功一臂之力。Facebook 能在大學生之間風行起來，是因為 Facebook 源自真正的校園需求。蓋茲在成立微軟之前，在哈佛紮紮實實念了 3 年數學與程式，而且也是在哈佛認識鮑默，25 年後把微軟交給他掌舵。即便是因為年輕時的迷茫，只在里德學院（Reed College）蜻蜓點水過的賈伯斯，大家也都曉得他對於設計的熱情始於里德。父母為了讓孩子能念四年制好大學，一輩子省吃儉用，辛辛苦苦賺錢，依舊十分值得。大學畢業生一生的收入是僅有中學學歷者的 10 倍。

在我們的一生中，很少有時間、很少有地方和大學時期一樣，身邊圍繞著一群求知若渴的聰明年輕人與傑出思想家，而且有奢侈的時間可以慢慢成熟，沉思宇宙帶來的機會。

所以說，去念大學吧，說不定真的會學到東西。就算沒學到，在你擁有真正的資產前，額頭上貼著名校是你最大的資產，名校招牌永遠能替你打開大門。人資部門、研究所招生委員會，甚至是潛在的伴侶，他們很忙，有很多人可以挑。世上有無窮選擇，人人都需要篩選機制與經驗法則，很容易覺得：「耶魯等於聰明；野雞大學等於不聰明」。別忘了，在數位時代，聰明等於性感。

沒人想承認，但事實就是美國有種姓制度：那個制度叫大學。在金融危機的高點，大學畢業生失業率不到 5%，僅有中學學歷者則超過 15%。此外，你的成功級別要看你念哪一種等級的大學。念排行前 20 名大學的孩子，不用擔心前途，以後繳得起學貸。至於念其他學校的人，身上背的學貸一樣多，但借錢念書的投資報酬率卻差很多。

近年來，念大學的成本直線攀升，通膨也不過 1.37%，學費卻上漲 197%。教育到了該被顛覆的時候。近日一個常見的謬論是科技公司將顛覆教育，尤其是背後有創投基金支持的科技教育公司。沒那種事。哈佛、耶魯、麻省理工、史丹佛才是顛覆教育的可能人選，政府持續對這幾間以不理性、不道德手法囤積大量捐款的學校，施加龐大壓力。哈佛宣稱自己有能力讓去年的新生人數加倍，又不會犧牲教育品質。很好，那就去做。讓更多學生不必付學費就能念最好的學校，才有辦法顛覆體制，普通大學開的大規模開放線上校園（MOOCs）辦不到（見本書談 Apple 的那一章，希望 Apple 真的會行動）。

念一流大學除了可以受教育與獲得個人品牌，還能得到別的東西。你在校園裡認識的朋友同樣珍貴。當然，有的大學朋友可能從此沒聯絡，但有的朋友以後會取得資產、技術或人脈，你未來要成功，那些朋友說不定會派上用場。我最信任的顧問與事業夥伴，就是我先後在 UCLA 和哈斯商學院（Haas）認識的人。我知道要是沒有過去那些學校經歷和當時結交的友誼，不會有今天的我。

我在這裡就先承認，念大學這個建議的問題在於不公平。念大學貴得要命，四年學費再加上食宿費，就算只是念二流大學，可能都得花上 25 萬美元。此外，雖然許多一流大學提供慷慨補助（例如常春藤盟校提供的獎學金，已經高到家庭收入達平均的學生，不但可以免學費，還能免食宿），聰明的窮孩子進不了一流學校的原因，通常不在學費，在於要能領到獎學金的話，首先得先通過入學申請，和那些平日請私人家教、上 SAT 先修班、參加各種課外活動的孩子拼，還得和「校友優先條款」的孩子搶名額：美國的制度是爸媽如果是校友，孩子可以優先入學。此外，窮孩子的競爭對手還包括其他父母多年捐款給學校、和院長一起打高爾夫球的孩子。

如果進不了名字好聽的大學，那該怎麼辦？你可以轉學。大三再轉進好學校，通常比大一就進去容易許多。大三會有輟學的學生留下空位。先進二流或甚至是三流大學……接著拼死拼活努力，衝高 GPA、修榮譽課程、得獎、參加服務社團，走這條路的額外好處是便宜許多。

證照

當然，出於種種原因，不是每個人都該念大學。如果不念大學，能做什麼？你可以想辦法拿各種證照：CFA（特許金融分析師）、CPA（註冊會計師）、工會卡、機師儀器駕駛資格（Instrument Rating）、註冊護理師、吉瓦木克堤瑜珈師資證（Jivamukti Yoga Teacher Certification）……反正去拿就對了，就連智慧型手機與駕照都可以是讓你與眾不同的證照。大學證書是最萬用的證照，但萬一不適合你，你得想辦法取得其他資格，證明你和全球其他平均時薪 1.3 美元的 70 億人不一樣。

養成成功的習慣

在一個領域能達成目標的人，在所有領域都能達成目標。不論是進入美國大學第三級草地曲棍球決賽、小學拼字比賽拿冠軍，或是軍服上掛著櫟樹葉徽章，成功是一種可以培養、不斷重複的習慣。

贏家最重要的特質，就是參與競爭。你無法不上場就獲勝。唯有勇於冒險（臉可能被打得很腫），讓自己暴露於失敗的風險，才可能有所成就。競爭需要勇氣與行動。賈伯斯在世紀之交時重回 Apple，宣布自己只雇用 A 級人才，因為上駟只雇用上駟，中駟則會找來下駟。賈伯斯因此被大力批判，但他說的沒錯：贏家會賞識其他贏家，失敗者則把競爭者視為威脅。

競爭需要恆毅力（grit）。冷門的學校運動競賽（划船、體操、水球、徑賽）也是培養競爭恆毅力的好地方，許多商業書碰巧都談到這個主題。如果你在 800 公尺的地方吐了，在 1,400 公尺的地方開始失去意識，但依舊撐著划完 2,000 公尺，那麼你就有辦法應付棘手顧客，靠意志力讓自己從 A 變 A+。

前往城市

曾經有好幾年時間，我們都相信數位時代會讓我們「天涯海角都能工作」。在那個烏托邦裡，人們可以住在寧靜的山中小木屋，靠著資訊超級公路的魔法，在筆電上敲幾個鍵就能工作，然而事實正好相反。今日的財富、資訊、力量、機會集中在一起，創新是點子的生殖函數，人聚在一起才有進步。此外，我們人類是獵人／採集者，身邊有其他人一起忙碌時，我們最快樂，也最具生產力。

全球超過 80%的 GDP 來自城市，72%的城市勝過自己國家的成長率。GDP 流向城市的比例每年愈來愈高，而且此一趨勢沒有變動的跡象。全球百大經濟體中，36 個位於美國都會區，2012 年 92％新增的工作機會與 89％的 GDP 成長，正是來自那些城市。此外，不是每個城市都生而平等，全球的經濟首府正在成為超級城市。全球強大城市榜單上，紐約與倫敦向來就算不是冠軍，也絕對名列前茅。地產開發商熱衷於投資富裕城市，跟著富裕城市一起擴張（例如紐約曼哈頓業者正在擴張至布魯克林地區）。看來彩券經濟的理論也適用於不動產。

20 歲人士成不成功，可以看他們往哪裡跑。他們花了多少時間前進全國最大城市，接著又前進全球各洲最大城市？成功最明顯的徵兆，大概是搬到擔任全球經濟首府的超級都市，而不是待在相對偏遠的地方。

推銷你自己

好，你情緒成熟，充滿好奇心，也有恆毅力，但別人也一樣。你要如何從一群優秀年輕人之中脫穎而出？首先，你得不斷大力推銷自己的特質，拓展舒適圈的極限。先問自己，你的媒體是什麼？啤酒的媒體是電視，精品品牌的媒體是平面廣告。哪種環境最適合表達「你」？Instagram、YouTube、Twitter、公司運動隊、演講、書籍（也許吧）、青年總裁協會（YPO）、酒精（沒錯，要是你懂酒，酒也能是一種媒體，可以製造出樂趣／魅力）或美食。

你需要靠媒體讓世人知道你有多棒。想領吃虧的薪水嗎？那就工作做得很棒，但從來不大聲說出自己有多棒，或是功勞根本不掛在你名下。沒錯，理論上自誇不是美德，好好做，別人自然會看到。才怪。你應該想辦法讓十個人、一千個人、一萬個人知道你有多棒，你做了哪些事。好消息是社群媒體可以幫你搞定這件事，壞消息是社群媒體競爭激烈。我有 5.8 萬 Twitter 追蹤者，聽起來不錯，但不夠多，而我一天上 15 分鐘、花了 6 年才做到那個數字。我公司的「贏家與輸家」（Winners & Losers）影片，現在一週觀看次數達 40 多萬，138 週以前推出的第一支影片則是 785 次。順道一提，那不是什麼我和我 9 歲兒子自己在廚房用攝影機拍下的東西，我們在過去兩年半不斷投資，聘請動畫師、剪輯師、研究人員、攝影棚、大量媒體廣告（我們購買散布／觀看），才得以成功。

有的人擅長文字，有的擅長影像。積極投資長處，弱點也要以適度的努力改善到平均水準，不要被拖累。雇主、共事者、潛在的配偶，每一個人都在搜尋你。一定要讓他們看到你最好的一面。Google 你自己，如果你能以更清楚、更鮮明、更有趣的方式呈現自己，快去加強。

嬰兒潮世代

萬一你不是 25 歲的年輕小夥子，也不是常春藤名校出身，那該怎麼辦？閉緊車庫門，然後發動車子？等等，還有挽救的餘地。我今年 52 歲，同事平均比我小 25 歲。L2 依舊有幾個像我們這樣的老頭子，不過我們幾個老傢伙有一個共通點：我們學會管理年輕人（清楚的目標與評估標準、投資年輕人、同理心），還踏出舒適圈，邁向四騎士，努力了解四騎士，借用四騎士的力量。那種 55 歲自豪自己不使用社群媒體的人，他們放棄了，或可能只是因為害怕，所以不敢用。

快點加入。下載 APP，使用 APP，每一個社群媒體平台都用用看（好吧，Snapchat 就算了，你太老了）。更重要是，你要努力了解那些平台（最佳實務、使用者評論、Instagram VS. Instagram 故事），買幾個關鍵字，在 Google 和 YouTube 放影片，沒有經理人會說：「我不喜歡業績」。四騎士就是商機，沒人避得開四騎士，今日你要是不加入四騎士，生意會愈來愈萎縮，吸引不到消費者。

雖然維基百科與我的紐約大學史登商學院教授簡介上，擺著美化版的我，我不是一個天生就很會使用科技的人。儘管如此，我執著於當一個有影響力的人，想讓自己和家人衣食無虞，因此我玩 Facebook，多多少少也了解 Facebook。我真正想做的事，其實是在 Facebook 頁面上放一個橫幅（Facebook 是叫橫幅嗎？），昭告「我們很久沒聯絡是有原因的」，不過我努力了解什麼是「隱藏貼文廣告」（dark post），跑到 Instagram 點廣告，找出為什麼品牌愈來愈不打電視廣告（我懂的領域），改朝視覺平台發展。使用與了解四騎士是最基本的功課，快點跟著一起使用。

配股與分紅計劃

談薪水時，盡量談配股（萬一你覺得公司股票不值錢，快找新雇主），而且要逐年增加比例，理想上 30 歲要占薪酬組合 10%以上，40 歲要到 20%以上。如果公司沒有這種制度，你得幫自己搞定投資組合，充分利用美國的免稅帳戶（401k 退休帳戶等等），依據自己的收入與支出，替自己擬定一路走向 100 萬、300 萬、500 萬資產的計劃。時間是一種很奇妙的東西，過得很慢也很快。你會有一天醒來，發現自己突然就 50 歲了，但一點財務保障都沒有。萬一你賺的不多，也沒買到狂漲 100 倍的飆股，那就要趁早開始累積，愈早愈好。

我曾經數度賺了好幾百萬美元走人，但沒因為有了錢，就失去早上起床的動力，原因是我曾在 2008 年 9 月一個早上，幾乎是身無分文醒來。當時我孩子才剛出生，我嚇得要死。不想跟我一樣差點被嚇出心臟病的話，要趁早有 B 計劃。除非你還在念書，不然賺的錢要超過花的錢。我身邊最快樂的人量入為出，不必時時刻刻每天為錢煩惱個不停。我發現對許多或多數中產階級家庭來講，光是讓支出少於收入，就已經是不可能的任務。

沒人能靠薪水變得超級有錢，要有股票，有不斷成長的資產，才可能創造真正的財富。各位可以比一比公司執行長與創始人的身價就知道了。現金酬勞可以改善生活，但不會帶來財富。只靠薪水是不夠的。存錢聽起來違反直覺，而且相當困難。高收入人士通常會聚在一起，而我們人又是一種看到別人有什麼、自己也會想要的動物。由儉入奢易，我們一下子就習慣坐商務艙，但「富有」的定義是你的被動收入超過你的生活所需。我父親領 4.5 萬美元的社會安全金，另外還有投資帶來的現金流，這樣就算「富有」，因為他一年只花 4 萬美元。我有好幾個金融圈的朋友，他們的收入達七位數字，但不富有，因為他們一沒工作就完蛋。致富的方法是量入為出，投資帶來收入的資產。有錢主要得看紀律，而不是你賺多少錢。

人，尤其是美國人，天生不是很擅長存錢。我們是樂觀主義者。更糟的是，我們會把自己賺最多錢的那幾年當成常態，以為收入永遠會那麼高。驚人的數據顯示，大量的服務產業專業人士、運動員、演藝人員，工作沒幾年，收入就高達數百萬美元，但因為沒逼自己存錢，最後破產。依據《運動畫刊》（*Sports Illustrated*）的估算，78％的 NFL 球員離開球場不到 2 年，就深陷財務壓力或破產。

結好幾次婚，但每次都忠貞不二

親近生侮慢。同一級的職位，外面找來的人即便績效評估較差，而且比較容易辭職，薪水依舊會比公司老臣高近 20%。不過當然，過與不及都不好。如果你整天都在更新 LinkedIn 檔案，和獵頭吃午飯，會給人見異思遷的形象，沒有任何雇主會對你感興趣。

我們可以採取的策略是結好幾次婚，但每次都忠貞不二。找一個能學到新技能的好雇主，爭取高層的支持（會替你出頭的人），拿到配股／強迫儲蓄，全心全意為那家公司奉獻 3 至 5 年。除非是目前情況很糟，否則不要吃碗內，看碗外。對了，要是你卡在爛職位，一定要確認你講完自己遭受哪些「不公平的對待」後，你信任的導師的確也認為那樣不對。別表現出一副積極想跳槽的樣子，但永遠要願意聊一聊。

在適當的時機（例如：不要才剛在目前的公司接下難度高的新職務時），回獵頭的電話，參加幾場面試，請其他人協助或介紹新工作。此外，看看自己是否需要接受額外的培訓。

如果聊一聊之後，冒出吸引人的工作機會，坦白告訴目前的老闆——你一直忠心耿耿，你喜歡現在的公司，但你得到一個在 XYZ 等各方面都更理想的工作機會。市場給你的回饋，證明你對陌生人來講有吸引力。不要吹牛。實話聽起來比較悅耳。通常外面有人要你的話，你在原本的公司眼中就會更有價值，不需要離職，但如果公司沒加碼留人，代表你在那間公司發展有限，離開的時候到了。如果最後的確出走，那就去最好的一家，待上 3 到 5 年，接著重複以上步驟。

你忠誠的對象是人，不是組織

美國總統候選人羅姆尼講的不對，企業其實並不是人。英國大法官愛德華．瑟洛（Edward Thurow）在兩世紀前就指出，企業「沒有可以懲罰的身體，也沒有可以譴責的靈魂。」也因此企業不值得得到你的情感或忠誠，公司不可能以同等方式回應你。好幾個世紀以來，教會、國家、甚至有時私人公司也一樣，鼓吹我們要對抽象的組織忠誠。組織一般靠著這套手法，說服年輕人去做勇敢的蠢事，例如有人幫忙打仗，老人就能保住自己的土地與財產。這種事真是王八蛋。我班上最優秀的學生，那些年輕的男男女女跑去報效國家。他們對國家的忠誠，讓我們這些人大大受惠，但我不認為我們美國回報了他們，我認為對那些優秀青年來講，這是一筆非常不划算的交易。

各位該忠誠的對象是人。人比公司重要，而且人和公司不一樣，人重視忠誠度。好的領導人明白自己會好，是因為有團隊站在自己身後。此外，好的領導人一旦取得你的信任，就會使盡渾身解數讓你開心，讓你士為知己者死。如果老闆沒替你出頭，你大概有個爛老闆，或你是個爛員工。

經營你的職涯

替自己的職涯負起責任，好好經營。所謂的「追尋你的熱情」，同樣是胡說八道。我想當紐約噴射機隊（New York Jets）的四分衛。我夠高，手臂夠壯，有一定的領導能力，而且想在膝蓋壞掉後去賣車，但我運動神經不太好，我在 UCLA 大學很早就覺悟自己不是那塊料。叫你追尋熱情的那些人，他們不愁吃穿。

不要追尋你的熱情，追尋你的才能，（趁早）找出自己擅長的事，努力更上一層樓。你不必熱愛那件事，只要不討厭就行了。如果勤快就能讓你從 A 到 A+，你獲得的讚賞與報酬，就會讓你開始愛上它。到了最後，你將可引導自己的職涯與專長，專心做自己最享受的部分。萬一沒辦法，那就賺一大筆錢，然後追尋自己的熱情。世上沒有任何一個孩子夢想成為稅務會計師，但全球最優秀的稅務會計師出入都是搭乘頭等艙，還和長得比自己好看的人結婚──這兩件事孩子們大概會有熱情。

公理正義

如果你追求公理正義，你在企業的世界會失望。你會得到不公平的待遇，還會因為不是自己的錯，碰上窒礙難行的情境。做好心理準備，有些失敗不是你所能掌控，你可能得忍耐，或是換公司。如果選擇離開，記住，人們會記住你離開時的身影，不會記得你替公司做過多少。不論發生什麼事，下台要優雅。

最好的報復就是過得比仇人好，或至少不要再去想起對方。10 年後，那個人搞不好還能幫你一把，也或者不要來攪局就好。老實講，會成天在那邊抱怨別人、講自己遭受多少不公平待遇的人，都是些失敗者，但要記住：如果確定自己遭受不道德的對待（例如遇上騷擾），要勇敢和律師與導師商量該怎麼做（不同情況有不同的處理方法）。

平常心看待

事情永遠沒表面上那麼美好，也沒表面上那麼糟糕，一切終將過去，一笑泯恩仇。大獲全勝時，記得謙虛，有一陣子要低調。一切終將回歸平淡，好運（很多事只是運氣）終將消失，也因此許多靠一個事業賺大錢的企業家，後來會慘賠，因為他們認為先前會成功，都是因為自己英明神武，應該要做更大的事業才對。反過來說，跌倒的時候，要記住自己並非外界當下認為的那麼無能。遭受打擊時，重點是站起來，拍拍灰塵，接著比先前更努力。我這輩子好幾次受挫，但一直重新站起來。此外，我曾兩度打算買下私人飛機（在景氣正好／泡沫經濟的時候），結果被宇宙提醒我不夠格，不過至少我累積到捷藍航空（JetBlue）的頂級馬賽克會員（Mosaic）。

待在你的專長會被賞識的地方

找出你的公司在行的事，公司的核心職能是什麼。如果想在公司那間公司出人頭地，你得擅長那些領域。Google 的核心是工程師，銷售人員在 Google 受重視的程度，就不如工程師（雖然依舊是工作的好地方）。民生消費性用品公司注重品牌經理，工程師則很少能在那種類型的公司做到最高職位。如果你的領域是公司火車頭，是公司在行的事，你將和最優秀的人才一起進行最具挑戰性的專案，你的表現更有可能被資深管理階級看到。這不代表你就無法在成本中心成功，或一定得是公司產品的製造者，但你要研究一下公司資深主管的履歷：如果他們大多來自銷售背景，代表公司重視銷售。如果他們是營運人員，代表營運工作是公司的核心。廣告強打的事就是公司的重心。

性感工作 VS. 投資報酬率

產業就像投資項目，酷的人人搶著進場，人力資本的報酬率（在那個產業工作的收入）因而被壓低。各位如果想在《Vogue》雜誌工作、拍電影或開餐廳，最好光從工作中，就能得到大量成就感等心理報酬，因為你的薪水、你的努力所換得的金錢報酬，大概不成比例。入行的競爭很激烈，就算真的進去了，也很容易就被取代。長江後浪推前浪，永遠有比你更年輕、更潮、能力也不相上下的求職者。很少有中學畢業生的夢想是替埃克森石油工作，然而大產業的大公司能給你性感產業不會提供的陞遷管道。如果想生孩子，工作穩定度很重要，45歲還在擔心自己的未來是很痛苦的一件事。你可以週末再玩樂團，晚上再去學攝影，一次做一點點，等存夠錢，再全心投入自己的興趣。靠著複利的力量，愈早開始有好收入，需要賺的錢就愈少。在性感產業工作，到期的房租就能逼死一名好漢，你不會有職涯與穩定未來，也很難建立起業界口碑。

我不會投資冰沙店、新的潮牌服飾或唱片公司。我最成功的事業是開了一間研究公司。當我面前有人聰明到對「軟體即服務」（SaaS）平台感到興奮，可以提供醫院更好的排程解決方案（那種無聊到我想拿把槍塞進自己嘴裡的東西），我就嗅到錢的味道。

■ 蓋洛威教授的職涯建議：好聽的工作，投資報酬率往往很低

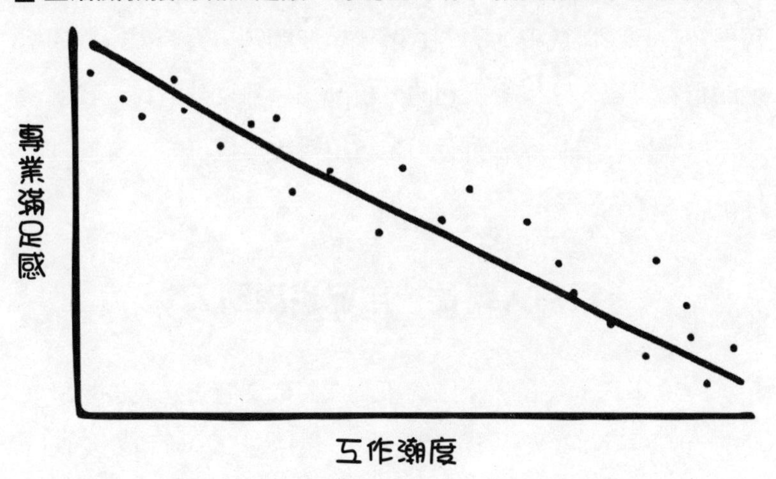

運動身體好

自己運動流汗／看著他人流汗（看別人在電視上打球）的比例也是一種成功指標。重點不是練到身材纖細苗條，或是有六塊肌，而是努力讓身心強大。各家執行長最常見的特質就是定期運動。走進任何會議室時，如果感受到萬一等一下發生什麼事，你有能力殺掉別人，吃掉別人，就會具備優勢與自信（只是打個比方，別真的做這種事）。

身體好，就不容易憂鬱，頭腦更清楚，睡眠品質較佳，可能看上你的潛在配偶也更多。工作時記得隨時展現身心兩方面

的力量，拿出你的恆毅力。一週工作 80 小時，但面對壓力時依舊保持冷靜，以快狠準的方式解決重要問題。人們會留意到這樣的精彩表現。摩根史坦利的分析師每週都要熬通宵，我們沒死，只變得更強壯，然而有年紀後還繼續這樣工作，身體真的扛不住，賣命要趁早。

請別人幫忙，自己也要助人

1990 年代，我在舊金山的事業即將成熟時，好幾位超級成功的 50 歲與 60 歲人士幫了我一把，包括圖立．傅利曼（Tully Friedman）、華倫．海爾曼（Warren Hellman）、哈米德．摩根丹（Hamid Moghadam）、保羅．史蒂芬斯（Paul Stephens）、鮑勃．史旺森（Bob Swanson）。他們出手相助，不是因為認識我父母，也不是因為看好我，而是因為我開口拜託他們。多數的成功人士有時間思考人生重要問題，包括：「為什麼我來到這個世上，我想留下什麼印記？」答案通常與助人有關。想成功，就得請人幫忙。此外，自己也該養成提攜後進的習慣。幫助比自己資深的人不叫幫助，叫拍馬屁。做好心理準備，大部分你幫過的人，不會知恩圖報，不要對人性感到太失望。就算一時沒好報，還是要助人，撒下善的種子，在你最意想不到的時候，援助可能從天而降。再說了，助人為快樂之本。

你處於A到Z，哪一階段？

公司走過生命週期的不同階段時，各自需要不同類型的領導者。大體上來講，新創期、成長期、成熟期、衰退期分別需要創業家、願景家、營運家與實務家。出乎意料的是，最難找的其實是實務家。創業家是說故事的人／推銷員，在一間公司尚不存在時，說服人們加入或投資。任何公司在創始之初，聽起來都是異想天開，要不然早就有人做了。願景家在公司推出第一個還不曉得可不可行的產品或服務時，同樣也是說故事的推銷員：即便沒有證據顯示，公司能夠一路撐到把產品做起來。

我開過好幾間公司，因此依據矽谷的定義，我是「連續創業家」（serial entrepreneur）。連續創業家有三大特質：

- 風險承受度高
- 具備銷售能力
- 笨到不曉得自己會失敗

跌倒再站起來，一遍又一遍。高度理性的聰明人通常不適合當創業者，尤其不會是連續創業家，因為他們把風險看得一清二楚。

公司一旦累積動能，取得資本，最好改由願景家帶領，將動能轉換成簡單、可擴充、可重複的流程，取得愈來愈便宜的資本。創業家通常會太寶貝自己的產品，不願接受能量化的東西。願景家和創業家一樣，需要賣故事，但賣的是幾章過後的故事。願景家或許沒有創業家的瘋狂才能，但他們懂組織需要什麼，尤其是讓組織得以放大規模的困難步驟。我成立的公司每當擴張到100人時，我永遠會招攬一名負責「組織」的人才，我本身沒有這方面的能力。

營運家適合成熟的企業，擅長整合，懂得管理相較於冒險犯難、愈來愈偏好一份安穩工作、寧選薪水不選股票的員工。這樣的執行長一年出差250天，巡視各地部門，應付憤怒股東，永遠在找下一個企業併購目標。人們羨慕企業執行長領高薪，但除了可以領幾千萬薪水，那個位子不好坐，是企業界最不是人幹的職位，這也是為什麼有的反社會人格者是出色執行長。

一間公司要是正在老化衰退，而此時台上的執行長是務實者，可說是員工和股東之福。務實的執行長對於公司往日的榮光不抱浪漫想法（主要原因是他們沒參與過那一段），永遠不會愛上公司。務實型的執行長知道公司正在衰退，收割現金流，砍支出的速度快過營收下滑速度，將尚有價值的資產賣給成熟企業的執行長（不會賣給願景型執行長，他們不喜歡公司有死亡氣息），接著跳樓大拍賣剩下的東西。

各位思考自己的職涯時，可以問一問：我會在字母表的哪一段如魚得水？把公司和產品想成走過 A 到 Z 的生命週期。待在哪一種時期你會最開心？需要一人身兼數職的新創公司（A 到 D）？創始／願景階段（E 到 H）？管理、擴張與再投資階段（I 到 P）？……也或者你有辦法管理正在衰退的企業／產品，依舊能夠獲利（Q 到 Z）？很少人同時適合好幾個字母，這個練習可以引導你目前的公司與專案，也可以協助你找出適合自己的工作地點。

很少有執行長適合兩個以上階段。多數執行長是創始人、願景家或營運家，但不是實務家。美國企業史上，有能力、有意願帶著公司走完整個字母表的執行長，大概屈指可數，畢竟誰想帶領自己數十年前創立的美好公司走向死亡？

今日出生在先進國家的孩子預期壽命是 100 歲。道瓊一百家企業（Dow 100）中，僅 11 家公司歲數超過 100，死亡率 89%。也就是說，我們的孩子會活得比幾乎是所有今天聽過的公司久。各位可以去看過去 60 年間，矽谷每 10 年最大間的 10 間公司排名，很少有公司能上榜兩次。

Yahoo 的命運可能是多數公司的命運。往日的超級明星，以 10 年前的零頭價售出。Yahoo!（那個驚嘆號今日看來諷刺，從驚豔變感嘆）停留在展示型廣告的年代，沒有證據顯示公司有辦法玩新把戲。如果當初是由實務家掌舵，Yhaoo 原本可以優雅老去，減少員工數，處分非核心資產，替忠誠投資者帶來大量現金。當一間賺錢公司開始減少支出，不再投資成長，可以產生大量現金。現在的 Yahoo 被納入 Oath 公司旗下，如今是一間舊經濟公司的資產，垂垂老矣。

肉毒桿菌

人要是年輕時因為是帥哥美女，長相備受關注，老了之後就比較可能整容。企業也一樣。曾經主要因為「炙手可熱」而獲得自信（市值）的公司，會選擇打昂貴肉毒桿菌與提眉，為求註定失敗的回春，併購前景不明的新創公司（例如 Yahoo 花 10 億買 Tumblr），執行自己騙自己的行動運算策略，還從年輕公司那高價挖角人才，但那些人才和牛郎一樣，拿了錢就跑。年華老去的網路公司，最後頂著一張恐怖老臉，不停打著肉毒桿菌，接二連三動美容手術。舊經濟或利基市場的企業，則似乎比較能夠接受老化的事實，比較不會碰上那種讓利益關係人痛苦萬分的昂貴中年危機。

公司走到字母表尾聲時，很難覓得實務家來管理，不過還是可能找到。候選人包括積極的股東或私募股權公司合夥人，他們見過公司死去，知道有比死還慘的事，最糟的是股東為了讓親愛的爺爺苟延殘喘，多活一天，傾家蕩產。實務家則有辦法做出不受情緒左右、甚至冷酷的決定，讓奶奶回家安享最後的日子（把大量現金還給投資者）。

赫斯特雜誌（Hearst Magazines）執行長大衛·凱里（David Carey）是我見過極少數能從願景家變營運家、再變實務家的執行長。人人都知道，雜誌面臨結構性衰退，但大衛不肯放棄希望，定期推出新刊物（而且還出乎意料成功），成立賺錢的數位頻道。不過他也知道，這是西西佛斯在推永遠又會再度掉下來的巨石。大衛引進赫斯特的新做法大多與縮減成本、把現金送回母艦有關，例如讓一個編輯同時負責好幾本雜誌，利用自家規模，在多個頻道與雜誌重複使用內容，嚴格控管人事。

最後的結局是什麼？赫斯特的刊物從數位掠食者手中偷回市占率，大衛和赫斯特旗下的大雜誌《柯夢波丹》（*Cosmopolitan*），一起過著幸福快樂的生活，對吧？嗯，不是的。赫斯特旗下的雜誌 10 年後大概會比現在更式微，不過母公司會沒事，因為赫斯特找到了解企業生命週期的管理者，知道如何收割才能種下新樹，過熟之前就要先行動。

各位如果求安穩，最好帶著創業者心態，進入已經撐過產痛的公司（D—F，而不是 A—C），因為科技新創公司（基本上就是所有 A 輪投資前的公司）的嬰兒夭折率超過 75%。當然，大膽的新創公司可能走對路，讓你致富，但機率不大，不過美國經濟繁榮的關鍵是無視於高失敗率，有的瘋狂風險冒下去之後，真的帶來瘋狂的成功，帶動美國經濟的關鍵區塊。

長尾與短尾

科技業的許多長尾正在萎縮。以數位廣告為例，Facebook與Google就占2016年90%的美國數位廣告營收成長。有可能的話，最好選少數幾個贏家（Google／Facebook／微軟），或是那幾個贏家生態系中的公司。成功開創新市場的顛覆者屈指可數，它們是樂透贏家。

不過，在有的傳統消費品產業，長尾正在成長，也因此雖然Google是比利基搜尋公司更好的工作選擇，在美樂啤酒（Miller）上班，不如在精釀啤酒公司上班。科技的世界高度集中在幾個主導的資訊平台上（Amazon使用心得、Google、Trip Advisor旅遊評論網站），默默無聞的公司製造的非科技產品，以及經過利基化的傳統產品類別，因而有機會因為得到介紹脫穎而出。大型競爭者從前憑藉龐大廣告預算與經銷通路霸占市場，然而如今小公司不需要這兩樣東西，就能得到全球曝光，快速建立信譽。消費者想把可支配所得花在特別的事物上，不想買到處都有的大品牌，長尾因而重獲新生。

前述現象發生在好幾個領域。以化妝品為例，NYX與安娜

Facebook 和 Google 包辦九成美國數位廣告成長

2016 年

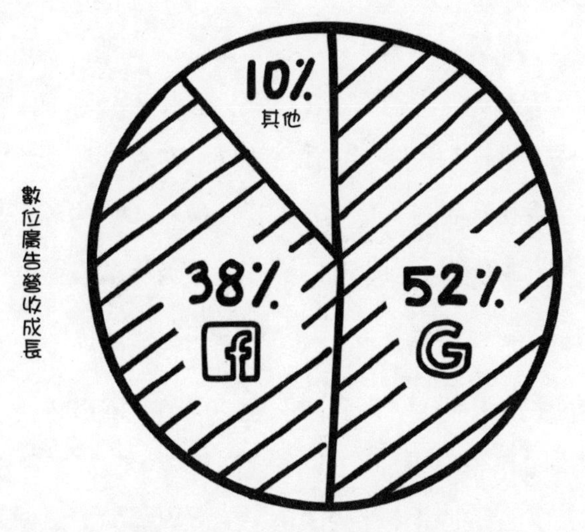

資料來源：Kint, Jason. "Google and Facebook Devour the Ad and Data Pie. Scraps for Everyone Else." Digital Content Next.

塔西亞比佛利（Anastasia Beverly Hills）等品牌，靠著 Instagram 及其他社群平台上的網紅，順應時下流行，在 Google 上得到曝光，供應鏈又以傳統公司追趕不及的速度，將產品送到市場上，得以挑戰傳統大品牌的地位。它們的品牌曝光度是傳統競爭者的數倍，廣告支出卻是九牛一毛，例如 NYX 的 Google 關鍵字購買，不到萊雅的 1%，自然搜尋能見度卻是 5 倍。以運動產品來講，滑雪板、登山車、跑步鞋等利基公司，同樣也靠簽下年輕網紅，以靈活的網路宣傳，超快速的產品上市，搶下高利潤玩家市場。

平衡的迷思

有的人除了專業領域很成功，沒事還寫美食部落格，在動物收容所當義工，外兼國標舞高手。萬一各位不是那種十項全能的奇才，替事業打基礎時，工作與生活要平衡的概念基本上是一種迷思。職涯發展的黃金上升期是（很不平均的）畢業後頭5年。如果希望有陡峭的上升曲線，就得焚膏繼晷。這世界不是任你拿，而是任你嘗試。努力嘗試，真的真的很努力。

我現在的生活很平衡，而我靠的是20歲和30歲時缺乏平衡。我在22到34歲那段期間，除了念商學院，我只記得自己在工作工作工作，其他事沒什麼印象。這世界靠的不是大，而是快，要以比同儕更短的時間，做完更多事。能力的確不可少，但主要其實是靠耐力。我在早期建立事業的歲月缺乏平衡，我付出的代價包括頭髮、第一段婚姻，以及20歲的青春年華，但一切是值得的。

你適合創業嗎？

本章的開頭提到數位時代各種領域的成功人士共通特質。不過，在我們五花八門的數位年代職涯道路上，許多人在某個時間點會考慮創業機會，例如自己開公司、加入已經成立的新創公司，或是和大型組織一起合作新事業。

創業是好事。新事業可以替經濟注入新活力與新點子，也是加入能夠一路披荊斬棘的公司的聰明幸運兒的主要致富之道。沃爾頓與祖克柏等億萬富翁創始人是企業傳說中耳熟能詳的人物。創業一旦成功，一夕之間就會冒出一群富人。「微軟百萬富翁俱樂部」（Microsoft millionaire）是西雅圖地區的成功評估標準。有一位經濟學者估算過，微軟到 2000 年時製造出一萬名百萬富翁。

美國文化把創業家當成偶像來崇拜，地位和運動英雄與娛樂明星一樣崇高。自小說家蘭德筆下今日依舊具備文化影響力、象徵獨立創業的漢克·李爾登（Hank Rearden），一直到因去世而成為神話的賈伯斯，創業家基本上是一種美國神話。創業家被視為白手起家的夢想家，可說是最純粹的美國英雄，甚至是超級英雄。超級英雄可以扭轉地球運行方向，但法說會上的鋼鐵人東尼·史塔克（Tony Stark）更是厲害。像伊隆·馬斯克那樣的人，是人類的超級英雄。

前文提過，不是人人都有辦法創業，而且年紀愈大，似乎成功機率就愈小。事實上，很少人擁有能成功創業的性格與能力，光是「夠好」或「夠聰明」還不夠。成功創業家的部分特質，甚至使他們人生其他領域有缺憾。

好吧，那怎麼知道自己是不是創業家？

成功創業家的特質在數位時代沒有太大變化：創造東西比打造品牌重要，而且創業團隊中必須有技術人才，或是能就近取得這樣的人才。此外，你可以用以下三個問題測試一下自己：

1. 你能否坦然在眾人面前失敗？
2. 你喜歡推銷嗎？
3. 你缺乏在大企業工作的能力嗎？

我認識一些人，他們有能力創辦很好的事業，但永遠不會自己開公司，因為他們無法接受自己一週工作 80 小時，只換來每個月月底要發薪給員工。

除非你已經打造好公司，還一路把公司護送到安全離開，或是取得種子基金（多數公司做不到這點，而且代價永遠高昂），要不然在你籌到錢之前，你得靠付錢給公司，換來工作到爆肝的權利，而多數新創公司從未募到需要的款項，多數人又無法理解工作沒錢領的概念。99%以上的人永遠不會自掏腰包，只為了享受……工作的樂趣。

你能否坦然在眾人面前失敗？

許多人失敗，都是偷偷失敗：你決定法學院不適合你（入學考試考砸了）；你決定要多陪陪孩子（被炒魷魚）；你手上有好幾個「計劃」（找不到工作）。然而，如果是自己的事業做不下去，人人都會知道。你就是那家公司。如果你真的很強，公司一定會成功，對吧？不對，而事業不順時，那就像是回到小學，市場是六年級的大孩子，嘲笑你尿褲子了……然後這種事會發生一百遍。

你喜歡推銷嗎？

「創業家」是「推銷員」的同義詞。你要推銷，讓人們想加入你的公司，想留在你的公司。你要推銷，讓投資人想投資你，還有沒錯，你要讓顧客想買你的東西。不論是在巷尾開了一間小店，或是推出圖片 APP「繽趣」（Pinterest），你要是打算開公司，最好具備超強推銷能力。推銷的意思，就是打電話給不想聽你講話的人，假裝喜歡那些人，被臭罵一頓，然後再次打電話。我這輩子大概不會再創一次業了，因為我已經變得過於自大（而且缺乏勇氣與決心），拉不下臉推銷。

我曾經誤以為在我的公司 L2 同仁齊心努力下，產品好，自然就能賣出去，有時真的會發生這種事。有的產品不需要你拿出湯匙，一遍又一遍試吃給眾人看。不，才怪，沒有這種產品。

Google 的演算法什麼問題都能回答，還能找到主動說想買你產品的人，並在那些人表達興趣的同一時間廣告相關商品。儘管如此，Google 依舊雇用數千名 IQ 普通但 EQ 過人、魅力十足的員工，幫忙把東西從……Google 賣出去。創業是一種推銷工作，在前 3 到 5 年（或是直到你關門大吉，看哪一個先發生），不但沒佣金可領，還要自掏腰包賣東西。

好消息是如果你喜歡賣東西，也很會賣東西，就不需要賺死薪水，賺到的錢永遠超過所有同事……他們會恨死你。

你缺乏在大企業工作的能力嗎？

在大公司成功不容易，需要擁有特定能力才行。你得笑臉迎人，隨時忍受一堆不公平和烏煙瘴氣的事，還得會玩政治，在關鍵人士面前展現能力，爭取上層的支持。然而，如果你擅長在大公司工作，那麼考量風險後，待在大公司比較好，不用去賭小公司那千萬分之一的成功機會。大公司是讓人一展長才的良好平台。

如果你不是那樣的人，做不到八面玲瓏，也無法把自己的命運交到他人手裡，像瘋子一樣執著於自己的新型產品或新服務願景，你可能是創業者。我自己就是這種人：我以前的雇主受不了我，我只好自行創業。對我來講，創業是一種生存機制，因為我沒能力好好待在史上最理想的平台：美國的大企業。

小公司起起落落，好的時候你會非常興奮，不好的時候打擊更是加倍。我人生最大的喜悅與自豪是我的孩子，第二是我成立過的公司，就算是失敗的也一樣。自己創立的公司就跟自己的孩子一樣，你們之間天生有著基因連結，公司看起來、聞起來、感覺起來就跟你本人一樣，公司踏出第一步時，你忍不住感受到為人父母的喜悅與驕傲。當你的公司榮登紐約朗康科馬（Ronkonkoma）成長最快速的公司，那種感覺就像是孩子帶考得好的成績單回家。

創業有一件重要的事和為人父母不同：多數人心底深處知道，他們和你不同，不是那塊料。人們仰慕創業者，創業者是工作機會成長的引擎，象徵著樂觀的美國人民願意冒險犯難的精神。

創業是一種美好精神，然而在今日的數位年代，大學中輟生變億萬富翁的故事被一再傳頌，我們把創業理想化了。問一問自己剛才的三個問題，也問一問你信任的人，看看自己是否具備創業所需的性格與能力。如果第一題和第二題你回答「是」，又缺乏在大公司工作的能力，那就來吧，走進這個關著一群潑猴的籠子。

第 11 章

騎士之後

四騎士主宰的未來世界，會變成什麼樣子？

民主社會中大量集中的私人力量，終將危害到自由幸福的生活。

——美國大法官路易士・布蘭迪斯（Louis Brandeis）

四騎士是神、愛、性、消費的化身，每日替數十億民眾的生活增添價值。然而，這四間公司不關心我們的心靈，在我們老的時候不會照顧我們，也不會握著我們的手。四騎士握有龐大權力，而權力使人腐化。在這個罹患了教宗所說的「金錢崇拜症」的社會，情況尤其嚴重。四騎士為求增加獲利，逃稅、侵犯隱私、摧毀工作機會，為所欲為。一般企業也會做這種事，現在的問題在於四騎士的力量過於強大。

Facebook 成立不到 10 年就擁有 10 億顧客，今日是全球性的通訊工具，有機會成為全球最大的廣告公司。Facebook 員工

1.7 萬人，市值 4,480 億美元，財富流入少數幾個幸運兒之手。相較之下，極度成功的傳統型媒體公司迪士尼，市值不到 Facebook 的一半（1,810 億），但員工數達 18.5 萬人。

新巨人的超級生產力創造出成長，但不一定會帶給社會繁榮。工業時代的通用汽車與 IBM 等巨人雇用數十萬員工，比起今日，人人都分得一杯羹。投資人與高階主管雖然沒成為億萬富翁，依舊變成有錢人。許多加入工會的勞工買得起房子與快艇，還有辦法送孩子念大學。

美國數百萬憤怒的選民希望那樣的日子能夠回來。他們通常怪罪全球貿易和移民，然而科技經濟與科技崇拜同樣難辭其咎。我們對科技感到著迷，將大量財富倒到一小群投資人與天才工作者腿上，其餘的廣大勞動力則碰不到（有一說是串流影片內容與超強大手機是民眾的鴉片）。

四騎士一共雇用 41.8 萬員工，等同美國明尼蘇達州明尼亞波利斯市（Minneapolis）的人口，而四騎士公開發行的股票市值相加達 2.3 兆美元。換句話說，2.0 版的明尼亞波利斯市手中握有的財富，幾乎等同法國這個人口 6,700 萬的已開發國家 GDP。明尼亞波利斯市這個富裕城市自己欣欣向榮，明尼蘇達州其他所有地方卻苦於找不到投資者、機會與工作。

以上所說的事是現在進行式。這種扭曲的現況，源自數位科技穩定前進、四騎士稱霸市場，以及「創新者」階級理應過得比其他人好千萬倍的看法。

此種現象對社會來講是一種危害，而且沒有跡象顯示這種現象正在趨緩。中產階級消失，城鎮破產，感到被騙的民眾抱持憤怒政治觀點，煽動人心的政客趁機崛起。我不是政策專家，本書的結尾不會提供一堆我不夠格提供的處方。然而種種扭曲的現象擺在眼前，令人心驚。

目的

我們如何運用自己的腦力？為了什麼目的？回想一下二十世紀中葉，當時的運算能力遠遠不如今日，電腦只是龐大的原始製表機，電晶體才在逐漸取代真空管。人工智慧不存在，搜尋速度慢如蝸牛爬，靠的是圖書館裡一種叫「索引卡」的東西。

儘管困難重重，當時的美國替人類執行重大計劃。我們先是得加快腳步拯救世界，分裂原子，希特勒已搶先一步，要是納粹率先抵達終點，一切就完了。1939 年時，美國政府展開研發原子彈的曼哈頓計劃，6 年內動員 13 萬人，大約是 Amazon 三分之一的員工數。

美國用不到 6 年的時間贏了原子彈競賽。各位可能不覺得那是什麼值得讚賞的目標，但當務之急是贏得科技競賽，我們動員全部人力去做那件事。接下來，為了登上月球，再度眾志成城，最高峰時動員美國、加拿大與英國 40 萬工作者。

和四騎士中的每一位成員比起來，曼哈頓計劃與阿波羅登月計劃運用的情報與技術相形見絀。四騎士擁有近乎無限而且便宜到不可思議的運算能力，還繼承三代以來的統計分析、最佳化與人工智慧研究。每一名騎士都悠遊在我們一週 7 天、一天 24 小時大量滲出的數據之中，並由全球最聰明、最具創意、意志力最堅定的人們負責分析。

四騎士集合史上最多人才與最龐大的資本，最後得出什麼？任務是什麼？治療癌症？消滅貧窮？探索宇宙？不，四騎士的目標是再多賣一台該死的 Nissan 汽車。

昔日的英雄與創新者在過去與今日，依舊替數十萬民眾創造出工作機會。聯合利華（Unilever）的 1,560 億市值，分散到 17.1 萬中產階級家庭。Intel 市值 1,650 億美元，員工數 10.7 萬人。相較之下，Facebook 市值高達 4,480 億美元，而員工數僅 1.7 萬人。

我們的印象是四騎士這些大公司創造出大量工作機會，然而事實上，它們只提供少量大口吃肉的高薪職位，其他人只能搶湯喝。美國正在走向 300 萬領主與 3.5 億農奴的人口分佈。今日是史上要當億萬富翁最容易的年代，但累積百萬財產卻是遙不可及的目標。

和四騎士抗爭，或是把它們統稱為「邪惡公司」，可能是狗吠火車，也可能是錯誤評論。我也不曉得，不過我確定一件事：弄懂四騎士可以讓我們更理解數位時代，也更能替自己與家人打造財務安全。我希望本書兩件事都幫上了各位的忙。

謝辭

我（萬分）高興人生的第一本書終於大功告成，但希望團隊日後還能繼續合作。我的經紀人吉姆・列文（Jim Levine）是專業中的專業，不需要我多說，意外收獲是他也成為我心目中的模範人物，婚姻已經維持 50 年，聰明絕頂，活力充沛。這本書是我的，也是他的。此外，我的編輯妮基・帕帕多帕洛斯（Niki Papadopoulos）讓這本書有話直說，趕上死線。

我的 L2 合夥人莫瑞・穆倫（Maureen Mullen）與凱薩琳・狄雍（Katherine Dillon）是我的好友，永遠替我加油打氣。我希望這本書能讓他們引以為榮，他們提供了本書的雛形。L2 執行長肯・阿拉德（Ken Allard）一直無私地大力支持，好幾位 L2 的傑出專業人士也提供本書提出的觀點：

——丹妮爾・貝里（Danielle Bailey）

——陶德・班森（Todd Benson，董事）

——科林・吉伯特（Colin Gilbert）

——克勞德・喬卡斯（Claude de Jocas）

——梅博・麥卡林（Mabel McClean）

參與本書的L2團隊伊麗莎白・艾德（Elizabeth Elder）、愛瑞兒・梅拉納斯（Ariel Meranus）、瑪利亞・裴卓方（Maria Petrova）、凱爾・史家侖（Kyle Scallon）點石成金，化腐朽為神奇。紐約大學史登商學院同仁亞當・布蘭登伯格（Adam Brandenburger）、安納塔西亞・克羅斯懷特（Anastasia Crosswhite）、凡賽・達爾（Vasant Dhar）、彼得・亨利（Peter Henry）、伊麗莎白・莫瑞森（Elizabeth Morrison）、瑞卡・南森（Rika Nazem）、路克・威廉斯（Luke Williams）也都以包容態度提供支持。

我也要感謝我的父母當年有勇氣飄洋過海到美國，感謝加州納稅人與加州大學董事會給了一個平凡孩子不凡的機會。

碧塔（Beata），謝謝妳，我愛妳。

圖表來源

Market Capitalization, as of April 25, 2017
Yahoo! Finance. https:// finance.yahoo.com/

Return on Human Capital, 2016
Forbes, May, 2016. https:// www.forbes.com/ companies/general-motors/
Facebook, Inc. https:// newsroom.fb.com/company-info/
Yahoo! Finance. https:// finance.yahoo.com/

The Five Largest Companies, in 2006
Taplin, Jonathan. "Is It Time to Break Up Google?" *The New York Times.*

Where People Start Product Searches, 2016
Soper, Spencer. "More Than 50% of Shoppers Turn First to Amazon in Product *Search." Bloomberg.*

Percent of American Households Using Amazon Prime, 2016
"Sizeable Gender Differences in Support of Bans on Assault Weapons, Large Clips." Pew Research Center.
ACTA, "The Vote Is In—78 *P*ercent of U.S. Households Will Display Christmas Trees This Season: No Recount Necessary Says American Christmas Tree Association." ACTA.
"2016 November General Election Turnout Rates." United States Elections Project.
Stoffel, Brian. "The Average American Household's Income: Where Do You Stand?" *The Motley Fool.*

Green, Emma. "It's Hard to Go to Church." *The Atlantic.*
"Twenty Percent of U.S. Households View Landline Telephones as an Important Communication Choice." The Rand Corporation.
Tuttle, Brad. "Amazon Has Upper-Income Americans Wrapped Around Its Finger." *Time*.

Flash Sale Sites' Industry Revenue

Lindsey, Kelsey. "Why the Flash Sale Boom May Be Over—And What's Next." RetailDIVE.

2006–2016 Stock Price Growth

Choudhury, Mawdud. "Brick & Mortar U.S. Retailer Market Value—2006 Vs Present Day." ExecTech.

Stock Price Change on 1/ 5/ 2017

Yahoo! Finance. https:// finance.yahoo.com/

U.S. Market Shares, Apparel & Accessories

Peterson, Hayley. "Amazon Is About to Become the Biggest Clothing Retailer in the US." *Business Insider.*

Average Monthly Spend on Amazon, U.S. Average 2016

Shi, Audrey. "Amazon Prime Members Now Outnumber Non-Prime Customers." *Fortune.*

Percentage of Affluents Who Can Identify a "Favorite Brand"

Findings from the 10th Annual Time Inc./YouGov Survey of Affluence and Wealth, April 2015.

Industry Value in the U.S.

Farfan, Barbara. "2016 US Retail Industry Overview." The Balance.
"Value of the Entertainment and Media Market in the United States from 2011 to 2020 (in Billion U.S. Dollars)." Statista.
"Telecommunications Business Statistics Analysis, Business and Industry Statistics." Plunkett Research.

U.S. Retail Employees

"Retail Trade." DATAUSA.

The Smartphone Global Marketshare vs. Profits

Sumra, Husain. "Apple Captured 79% of Global Smartphone Profits in 2016." MacRumors.

Gap vs. Levi's: Revenue in Billions

Gap Inc., Form 10-K for the Period Ending January 31, 1998 (filed March 13,1998), from Gap, Inc. website.

Gap Inc., Form 10-K for the Period Ending January 31, 1998 (filed March 28,2006), from Gap, Inc. website.

"Levi Strauss & Company Corporate Profile and Case Material." Clean Clothes Campaign.

Levi Strauss & Co., Form 10-K for the Period Ending November 27, 2005 (filed February 14, 2006), p. 26, from Levi Strauss & Co. website.

Cost of College

"Do you hear that? It might be the growing sounds of pocketbooks snapping shut and the chickens coming home . . ." AEIdeas, August 2016. http://bit.ly/2nHvdfir.

Irrational Exuberance Robert Shiller. http://amzn.to/2o98DZE.

Time Spent on Facebook, Instagram, & WhatsApp per Day, December 2016

"How Much Time Do People Spend on Social Media?" MediaKik.

Number of Timeline Posts per Day—Single vs. In a Relationship

Meyer, Robinson. "When You Fall in Love This Is What Facebook Sees." *The Atlantic.*

Individuals Moving from/ to WPP to Facebook & Google

L2 Analysis of LinkedIn Data.

Global Reach vs. Engagement by Platform

L2 Analysis of Unmetric Data.

L2 Intelligence Report: Social Platforms 2017. L2, Inc.

U.S. Digital Advertising Growth, 2016 YOY
Kafka, Peter. "Google and Facebook are booming. Is the rest of the digital ad business sinking?" *Recode*.

Market Capitalization, February 2016
Yahoo! Finance. Accessed in February 2016. https:// finance.yahoo.com/

YOY Performance of Top CPG Brands, 2014–2015
"A Tough Road to Growth: The 2015 Mid-Year Review: How the Top 100 CPG Brands Performed." Catalina Marketing.

Percent Global Revenue Outside the U.S., 2016
"Facebook Users in the World." Internet World Stats.
"Facebook's Average Revenue Per User as of 4th Quarter 2016, by Region (in U.S. Dollars)." Statista.
Millward, Steven. "Asia Is Now Facebook's Biggest Region." Tech in Asia.
Thomas, Daniel. "Amazon Steps Up European Expansion Plans." *The Financial Times.*

Alibaba.com, YOY Growth, 2014–2016
Alibaba Group, FY16-Q3 for the Period Ending December 31, 2016 (filed January 24, 2017), p. 2, from Alibaba Group website.

Price:Sales Ratio, April 28, 2017
Yahoo! Finance. https:// finance.yahoo.com/.

LinkedIn Revenue Sources, 2015
LinkedIn Corporate Communications Team. "LinkedIn Announces Fourth Quarter and Full Year 2015 Results." LinkedIn.

The March to a Billion Users
Desjardins, Jeff. "Timeline: The March to a Billion Users [Chart]." Visual Capitalist.

Driving 90% of Digital Ad Growth, 2016
Kint, Jason. "Google and Facebook Devour the Ad and Data Pie. Scraps for Everyone Else." Digital Content Next.

注釋

第 1 章　四大超級公司

1. Zaroban, Stefany. "US e-commerce sales grow 15.6% in 2016." Digital Commerce 360. February 17, 2017. https:// www.digitalcommerce360.com/ 2017/02/17/us-e-commerce-sales-grow-156-2016/.
2. "2017 Top 250 Global Powers of Retailing." National Retail Federation. January 16, 2017. https://nrf.com/ news/2017-top-250-global-powers-of-re tailing.
3. Yahoo! Finance. https:// finance.yahoo.com/.
4. "The World's Billionaires." *Forbes.* March 20, 2017. https:// www.forbes.com/ billionaires/ list/.
5. Amazon.com, Inc., FY16-Q4 for the Period Ending December 31, 2016 (filedFebruary 2, 2017), p.13, from Amazon.com, Inc. website. http:// phx. corporate-ir.net/phoenix.zhtml?c= 97664&p=irol-reportsother.
6. "Here Are the 10 Most Profitable Companies." Forbes. June 8, 2016. http:// fortune.com/ 2016/ 06/ 08/fortune-500-most-profitable-companies-2016/
7. Miglani, Jitender."Amazon vs Walmart Revenues and Profits 1995-2014."Revenuesand Profits. July 25, 2015. https:// revenuesandprofits. com/ amazon-vs-walmart-revenues-and-profits-1995-2014/.
8. FY16-Q4 for the Period Ending December 31, 2016.
9. "Apple Reports Fourth Quarter Results." Apple Inc. October 25, 2016. http:// www.apple.com/newsroom/2016/10/apple-reports-fourth-quarter-results.html.
10. Wang, Christine. "Apple's cash hoard swells to record $246.09 billion." CNBC.

January 31, 2017. http://www.cnbc.com/2017/01/31/apples-cash-hoard-swells-to-record-24609-billion.html.

11. "Denmark GDP 1960-2017."Trading Economics. 2017. http://www.tradingeconomics.com/ denmark/gdp
12. "Current World Population." Worldometers. April 25, 2017.
13. Facebook, Inc. https:// newsroom.fb.com/company-info/.
14. Ng, Alfred. "Facebook, Google top out most popular apps in 2016." CNET.December 28, 2016. https://www.cnet.com/news/facebook-google-top-out- uss-most-popular-apps-in-2016/
15. Stewart, James B. "Facebook Has 50 Minutes of Your Time Each Day. It Wants More." *New York Times*. May 5, 2016. https://www.nytimes.com/ 2016/ 05/06/ business/facebook-bends-the-rules-of-audience-engagement-to-its-advantage.html?_r= 0.
16. Lella, Adam, and Andrew Lipsman. "2016 U.S. Cross-Platform Future in Focus."comScore. March 30, 2016. https://www.comscore.com/ Insights/ Presentations-and-Whitepapers/2016/2016-US-Cross-Platform-Future-in-Focus.
17. Ghoshal, Abhimanyu. "How Google handles search queries it's never seen before." *The Next Web*. October 26, 2015. https://thenextweb.com/google/ 2015/10/26/how-google-handles-search-queries-its-never-seen-before/#.tnw_ Ma3rOqjl.
18. "Alphabet Announces Third Quarter 2016 Results." Alphabet Inc. October 27, 2016. https://abc.xyz/investor/news/earnings/2016/Q3_ alphabet_ earnings/.
19. Lardinois, Frederic. "Google says there are now 2 billion active Chrome installs."*TechCrunch*. November 10, 2016. https:// techcrunch.com/ 2016/ 11/ 10/ google-says-there-are-now-2-billion-active-chrome-installs/.
20. *Forbes*. May, 2016. https://www.forbes.com/ companies/general-motors/.
21. Facebook, Inc. https:// newsroom.fb.com/company-info/.
22. Yahoo! Finance. https:// finance.yahoo.com/.
23. Ibid.
24. "Report for Selected Countries and Subjects." International Monetary Fund.October, 2016. http:// bit.ly/ 2eLOnMI.
25. Soper, Spencer. "More Than 50% of Shoppers Turn First to Amazon in Product Search." Bloomberg. September 27, 2016. https:// www.bloomberg.com/news/ articles/2016-09-27/more-than-50-of-shoppers-turn-first-to-amazon-in-product-search.

第2章　Amazon

1. “Sizeable gender differences in support of bans on assault weapons, largeclips.” Pew Research Center. August 9–16,2016. http://www.people-press .org/2016/08/26/opinions-on-gun-policy-and-the-2016-campaign/august guns_ 6/.
2. Ibid.
3. Gajanan, Mahita. “More Than Half of the Internet’s Sales Growth Now Comes From Amazon.” *Fortune*. February 1, 2017. http://fortune.com/2017/02/01/am azon- online-sales-growth-2016/.
4. Amazon. 2016 Annual Report. February 10, 2017. http://phx.corporate-ir.net/phoenix.zhtml?c=97664&p=irol-sec&control_selectgroup=Annual%20Fil ings#14806946.
5. “US Retail Sales, Q1 2016-Q4 2017 (trillions and % change vs. same quarter of prior year).” eMarketer. February 2017. http://dashboard-na1.emarketer.com /numbers/dist/index.html#/584b26021403070290f93a2d/5851918a0626310a2c186ac2.
6. Weise, Elizabeth. “That review you wrote on Amazon? Priceless.” USA Today.March 20,2017.https://www.usatoday.com/story/tech/news/2017/03/20/re view-you-wrote-amazon-priceless/99332602/.
7. Kim, Eugene. “This Chart Shows How Amazon Could Become the First $1 Trillion Company.” *Business Insider*. December 7, 2016. http://www.busines sinsider.com / how-amazon-could-become-the -first-1-trillion-business -2016 -12.
8. *The Cambridge Encyclopedia of Hunters and Gatherers*. Edited by Richard B. Lee and Richard Daly. (Cambridge University Press: 2004). “Introduction: Foreigners and Others.”
9. Taylor, Steve. “Why Men Don’t Like Shopping and (Most) Women Do: The Origins of Our Attitudes Toward Shopping.” *Psychology Today*. February 14, 2014. https://www.psychologytoday.com/blog/out-the-darkness/201402/why -men-dont-shopping-and-most-women-do.
10. “Hunter gatherer brains make men and women see things differently.” *Telegraph*. July 30, 2009. http://www.telegraph.co.uk/news/uknews/5934226/ Hunter-gat herer-brains-make-men-and-women-see-things-differently .html.
11. Van Aswegen, Anneke. “Women vs. Men—Gender Differences in Purchase Decision Making.” *Guided Selling*. October 29, 2015. http://www.guided-selling .org/women-vs-men-gender-differences-in-purchase-decision-making.
12. Duenwald, Mary. “The Psychology of...... Hoarding.” Discover. October 1, 2004. http://discovermagazine.com/2004/oct/psychology-of-hoarding.
13. “Number of Americans with Diabetes Projected to Double or Triple by 2050.” Centers for Disease Control and Prevention. October 22, 2010. https://www .cdc.gov/media/pressrel/2010/r101022.html.

14. "Paul Pressler Discusses the Impact of Terrorist Attacks on Theme Park In-dustry." CNN.com/Transcripts. October 6, 2001. http://transcripts.cnn.com /TR A NSCRIPTS/0110/06/smn.26.html.
15. "Euro rich list: The 48 richest people in Europe." *New European*. February 26, 2017. http://www.theneweuropean.co.uk/culture/euro-rich-list-the-48-richest -people-in-europe-1-4906517.
16. "LVMH: Luxury's Global Talent Academy." *The Business of Fashion*. April 25, 2017. https://www.businessoffashion.com/community/companies/lvmh.
17. Fernando, Jason. "Home Depot Vs. Lowes: The Home Improvement Battle." Investopedia. July 7, 2015.
18. Bleakly, Fred. R. "The 10 Super Stocks of 1982." *New York Times*. January 2, 1983. http://www.nytimes.com/1983/01/02/business/the-10-super-stocks-of -1982. html?pagewanted=all.
19. Friedman, Josh. "Decade's Hottest Stocks Reflect Hunger for Anything Tech." *Los Angeles Times*. December 28, 1999. http://articles.latimes.com/1999/dec /28/business/fi-48388.
20. Recht, Milton. "Changes in the Top Ten US Retailers from 1990 to 2012: Six of the Top Ten Have Been Replaced." *Misunderstood Finance*. October 21, 2013. http://misunderstoodfinance.blogspot.com.co/2013/10/changes-in-top -ten-us- retailers-from.htm l.
21. Farfan, Barbara. "Largest US Retail Companies on 2016 World 's Biggest Retail Chains List." The Balance. February 13, 2017. https://www.thebalance.com /largest-us-retailers-4045123.
22. Kim, Eugene. "Amazon Sinks on Revenue Miss." *Business Insider*. February 2, 2017. http://www.businessinsider.com/amazon-earnings-q4-2016-2017-2.
23. Miglani, Jitender. "Amazon vs Walmart Revenues and Profits 1995-2014." July 25, 2015. Revenues and Profits. http://revenuesandprofits.com/amazon-vs -walmart-revenues-and-profits-1995-2014/.
24. Baird, Nikki. "Are Retailers Over-Promoting for Holiday 2016?" *Forbes*. De-cember 16, 2016. https://www.forbes.com/sites/nikkibaird/2016/12/16/are -retailers-over-promoting-for-holiday-2016/#53bb6f bb3b8e.
25. Leibowitz, Josh. "How Did We Get Here? A Short History of Retail." LinkedIn. June 7, 2013. https://www.linkedin.com/pulse/20130607115409-12921524-how -did-we-get-here-a-short-histor y-of-retail.
26. Skorupa, Joe. "10 Oldest U.S. Retailers." *RIS*. August 19, 2008. https://risnews . com/10-oldest-us-retailers.

27. Feinberg, Richard A., and Jennifer Meoli. "A Brief History of the Mall." *Ad-vances in Consumer Research* 18 (1991): 426–27. Acessed April 4, 2017. http:// www.acrwebsite.org/volumes/7196/volumes/v18/NA-18.
28. Ho, Ky Trang. "How to Profit from the Death of Malls in America." *Forbes.* December 4, 2016. https://www.forbes.com/sites/trangho/2016/12/04/how -to-profit-from-the-death-of-malls-in-america/#7732f3cc61cf.
29. "A Timeline of the Internet and E-Retailing: Milestones of Influence and Con-current Events." Kelley School of Business: Center for Education and Research in Retailing. https://kelley.iu.edu/CERR/timeline/print/page14868.html.
30. Nazaryan, Alexander. "How Jeff Bezos Is Hurtling Toward World Domina-tion." *Newsweek.* July 12, 2016. http://www.newsweek.com/2016/07/22/jeff -bezos-amazon-ceo-world-domination-479508.html.
31. "Start Selling Online—Fast." Amazon.com, Inc. https://services.amazon.com /selling/benefits.htm.
32. "US Retail Sales, Q1 2016-Q4 2017." eMarketer. January 2017. http://totalaccess .emarketer.com/Chart.aspx?R=20 4545&dsNav=Ntk:basic%7cdepartment+of+comm erce%7c1%7c,Ro:-1,N:1326,Nr:NOT(Type%3aComparat ive+Estimate)&kwredirect=n.
33. Del Rey, Jason. "Amazon has at least 66 million Prime members but subscriber growth may be slowing." *Recode.* February 3, 2017. https://www.recode.net/2017/2/3/14496740/amazon-prime-membership-numbers-66-million-g rowth-slowing.
34. Gajanan, Mahita. "More Than Half of the Internet's Sales Growth Now Comes From Amazon." *Fortune* . February 1, 2017. http://fortune.com/2017/02/01/amazon-online-sales-growth-2016/.
35. Cassar, Ken. "Two extra shopping days make 2016 the biggest holiday yet." *Slice Intelligence.* January 5, 2017. https://intelligence.slice.com/two-extra-shopping -days-make-2016-biggest-holiday-yet/.
36. Cone, Allen. "Amazon ranked most reputable company in U.S. in Harris Poll." *UPI.* February 20, 2017. http://www.upi.com/Top_News/US/2017/02/20/Ama zon-ranked-most-reputable-company-in-US-in-Harris-Poll/6791487617347/.
37. "Amazon's Robot Workforce Has Increased by 50 Percent." CEB Inc. December 29, 2016. https://www.cebglobal.com/talentdaily/amazons-robot-workforce -has-increased-by-50-percent/.
38. Takala, Rudy. "Top 2 U.S. Jobs by Number Employed: Salespersons and Ca-shiers." CNS News. March 25, 2015. http://www.cnsnews.com/news/article /rudy-takala/top-

2-us-jobs-number-employed-salespersons-and-cashiers.

39. "Teach Trends." National Center for Education Statistics. https://nces.ed.gov / fastfacts/display.asp?id=28.
40. Full transcript: Internet Archive founder Brewster Kahle on Recode Decode. *Recode.* March 8, 2017. https://www.recode.net/2017/3/8/14843408/transcript -internet-archive-founder-brewster-kahle-wayback-machine-recode-decode.
41. Amazon Dash is a button you place any where in your home that connects to the Amazon app through Wi-Fi for one-click ordering. https://www.amazon .com/Dash-Buttons/b?ie=UTF8&node=10667898011.
42. http://www.businessinsider.com/amazon-prime-wardrobe-2017-6.
43. Daly, Patricia A. "Agricultural employment: Has the decline ended?" Bureau of Labor Statistics. November 1981. https://stats.bls.gov/opub/mlr/1981/11/art2full.pdf.
44. Hansell, Saul. "Listen Up! It's Time for a Profit; A Front-Row Seat as Amazon Gets Serious." *New York Times.* May 20, 2001. http://www.nytimes.com /2001/05/20/ business/listen-up-it-s-time-for-a-profit-a-front-row-seat-as-ama zon-gets-serious. html.
45. Yahoo! Finance. https://finance.yahoo.com/.
46. Damodaran, Aswath. "Enterprise Value Multiples by Sector (US)." N YU Stern. January 2017. http://pages.stern.nyu.edu/~adamodar/New_Home_Page/data file/ vebitda.html.
47. Nelson, Brian. "Amazon Is Simply an Amazing Company." Seeking Alpha. December 6, 2016. https://seekingalpha.com/article/4028547-amazon-simply -amazing-company.
48. "Wal-Mart Stores' (WMT) CEO Doug McMillon on Q1 2016 Results— Earnings Call Transcript." Seeking Alpha. May 19, 2015. https://seekingalpha .com/ article/3195726-wal-mart-stores-wmt-ceo-doug-mcmillon-on -q1-2016 -results-earnings-call-transcript?part=single.
49. Rego, Matt. "Why Walmart's Stock Price Keeps Falling (WMT)." Seeking Alpha. November 11, 2015. http://www.investopedia.com/articles/markets/111115 /why-walmarts-stock-price-keeps-falling.asp.
50. Rosoff, Matt. "Jeff Bezos: There are 2 types of decisions to make, and don't con-fuse them." *Business Insider.* April 5, 2016. http://www.businessinsider.com /jeff-bezos-on-type-1-and-type-2-decisions-2016-4.
51. Amazon.com. 2016 Letter to Shareholders. Accessed April 25, 2017. http:// phx. corporate-ir.net/phoenix.zhtml?c=97664&p=irol-reportsannual.
52. Bishop, Todd. "The cost of convenience: Amazon's shipping losses top $7B for.first

time." GeekWire. February 9, 2017. http://www.geekwire.com/2017 / true-cost-convenience -amazons -annual-shipping-losses -top -7b -first -time/.
53. Letter to Shareholders.
54. Stanger, Melissa, Emmie Martin, and Tanza Loudenback. "The 50 richest peo-ple on earth." *Business Insider.* January 26, 2016. http://www.businessinsider .com/50-richest-people-on-earth-2016-1.
55. "The Global Unicorn Club." *CB Insights.* https://www.cbinsights.com/research -unicorn-companies.
56. Amazon.com. FY16-Q4 for the Period Ending December 31, 2016 (filed Feb-ruary 2, 2017), p. 13, from Amazon.com, Inc. website. http://phx.corporate-ir .net/phoenix.zhtml?c=97664&p=irol-reportsother.
57. Goodkind, Nicole. "Amazon Beats Apple as Most Trusted Company in U.S.: Harris Poll." Yahoo! Finance. February 12, 2013. http://finance.yahoo.com / blogs/daily-ticker/amazon-beats-apple-most-trusted-company-u-harris -133107001.html.
58. Adams, Susan. "America's Most Reputable Companies, 2015." *Forbes.* May 13, 2015. https://www.forbes.com/sites/susanadams/2015/05/13/americas-most-reputable-companies-2015/#4b231fd21bb6.
59. Dignan, Larry. "Amazon posts its first net profit." CNET. February 22, 2002. https://www.cnet.com/news/amazon-posts-its-first-net-profit/.
60. Amazon.com. 2015 Q1-Q3 Quarterly Reports. Accessed April 7, 2017. http:// phx.corporate-ir.net/phoenix.zhtml?c=97664&p=irol-sec&control _ select group=Quarterly%20Filings#10368189.
61. King, Hope. "Amazon's $160 billion business you've never heard of." CNN Tech. November 4, 2015. http://money.cnn.com/2015/11/04/technology/amazon-aws -160-billion-dollars/.
62. http://www.market watch.com/investing/stock/twtr/financials.
63. L2 Inc. "Scott Galloway: This Is the Top of the Market." L2 Inc. February 16, 2017. https://www.youtube.com/watch?v=uIXJNt-7aY4&t=1m8s.
64. htt ps:// www.nytimes.com/2017/06/16/business/dealbook/amazon-whole -foods.html?_r=0.
65. Rao, Leena." Amazon Prime Now Has 80 Million Members." *Fortune.* April 25, 2017. http://fortune.com/2017/04/25/amazon-prime-growing-fast/.
66. Griffin, Justin. "Have a look inside the 1-million-square-foot Amazon fulfill-ment center in Ruskin." *Tampa Bay Times.* March 30, 2016. http://www.tam pabay.com/news/business/retail/have-a-look-inside-the-1-million-square -foot-amazon-fulfillment-center-in/2271254.

67. Tarantola, Andrew. "Amazon is getting into the oceanic freight shipping game." *Engadget.* January 14, 2016. https://www.engadget.com/2016/01/14/amazon -is-getting-into-the-oceanic-freight-shipping-game/.
68. Ibid.
69. Yahoo! Finance. https://finance.yahoo.com/.
70. Kapner, Suzanne. "Upscale Shopping Centers Nudge Out Down-Market Malls." *Wall Street Journal.* April 20, 2016. https://www.wsj.com/articles/upscale -shopping-centers-nudge-out-down-market-malls-1461193 411?ru=yahoo? mod=yahoo_itp.
71. https://www.nytimes.com/2017/06/16/business/dealbook/amazon-whole-foods . html?_r=0.
72. https:// www.nytimes.com/2017/06/16/business/dealbook/amazon-whole -foods. html?_r=0.
73. https://www.recode.net/2017/3/8/14850324/amazon-books-store-bellevue-ma ll-expansion.
74. Addady, Michal. "Here's How Many Pop-Up Stores Amazon Plans to Open." *Fortune.* September 9, 2016. http://fortune.com/2016/09/09/amazon-pop-up -stores/.
75. Carrig, David. "Sears, J.C. Penney, Kmart, Macy's: These retailers are closing stores in 2017." *USA Today*. May 9, 2017. https://www.usatoday.com/story/money/2017/03/22/retailers-closing-stores-sears-kmart-jcpenney-macys -mcsports-gandermountian/99492180/.
76. http://clark.com/shopping-retail/confirmed-jcpenney-stores-closing/.
77. WhatIs.com. "Bom File Format." http://whatis.techtarget.com/fileformat/BOM-Bill-of-materials-file.
78. Coster, Helen. "Diapers.com Rocks Online Retailing." *Forbes.* April 8, 2010. https://www.forbes.com/forbes/2010/0426/entrepreneurs-baby-diapers -e-commerce-retail-mother-lode.html.
79. Wauters, Robin. "Confirmed: Amazon Spends $545 Million on Diapers.com Parent Quidsi." *TechCrunch.* November 8, 2010. https://techcrunch.com/2010 /11/08/confirmed-amazon-spends-545-million-on-diapers-com-parent-quidsi/.
80. L2 Inc. "Jet.com: The $3B Hair Plugs." L2 Inc. August 9, 2016. https://www . youtube.com/watch?v=6rPEhFTFE9c.
81. Jhonsa, Eric. "Jeff Bezos' Letter Shines a Light on How Amazon Sees Itself." Seeking Alpha. April 6, 2016. https://seekingalpha.com/article/3963671-jeff -bezos-letter-shines-light-amazon-sees#alt2.
82. Boucher, Sally. "Survey of Affluence and Wealth." *WealthEngine.* May 2, 2014. https://www.wealthengine.com/resources/blogs/one-one-blog/survey-affluence-and-

wealth.
83. Shi, Audrey. "Amazon Prime Members Now Outnumber Non-Prime Cus-tomers." *Fortune.* July 11, 2016. http://fortune.com/2016/07/11/amazon-prime -customers/.
84. L2 Inc. "Scott Galloway: Innovation is a Snap." L2 Inc. October 13, 2016. https://www.youtube.com/watch?v=PhB8n-ExMck.
85. Tuttle, Brad. "Amazon Has Upper-Income Americans Wrapped Around Its Finger." *Time.* April 14, 2016. http://time.com/money/4294131/amazon-prime -rich-american-members/.
86. Holum, Travis. "Amazon's Fulfillment Costs Are Taking More of the Pie." *The Motley Fool.* December 22, 2016. https://www.fool.com/investing/2016/12 /22/amazons-fulfillment-costs-are-taking-more-of-the-p.aspx.
87. L2 Inc. "Scott Galloway: Amazon Flexes." *L2 Inc.* March 3, 2016. https://www . youtube.com/watch?v=Nm7gIEK YWnc.
88. L2 Inc. "Amazon IQ: Personal Care," February 2017.
89. Kantor, Jodi and David Streitfeld. "Inside Amazon: Wrestling Big Ideas in a Bruising Workplace." *New York Times.* August 15, 2015. https://www.nytimes . com/2015/08/16/technolog y/inside-amazon-wrestling-big-ideas-in-a-bruising -workplace.html?_r=1.
90. Rao, Leena. "Amazon Acquires Robot-Coordinated Order Fulfillment Com-pany Kiva Systems for $775 Million in Cash." *TechCrunch.* March 19, 2012. https://techcrunch.com/2012/03/19/amazon-acquires-online-fulfillment -company-kiva-systems-for-775-million-in-cash/.
91. Kim, Eugene. "Amazon sinks on revenue miss." *Business Insider.* February 2, 2017. http://www.businessinsider.com/amazon-earnings-q4-2016-2017-2.
92. "Scott Galloway: Amazon Flexes."
93. Yahoo! Finance. https://finance.yahoo.com/.
94. Centre for Retail Research. "The Retail Forecast for 2017-18." Centre for Retail Research. January 24, 2017. http://www.retailresearch.org/retailforecast.php.
95. "2016 Europe 500 Report." *Digital Commerce 360.* https://www.digitalcom merce360.com/product/europe-500/#!/.
96. http://www.cnbc.com/2016/05/17/amazon-planning-second-grocery-store -report.html.
97. Amazon.com Inc. 2016 Letter to Shareholders. Accessed April 25, 2017. http:// phx.corporate-ir.net/phoenix.zhtml?c=97664&p=irol-reportsannual.
98. Farfan, Barbara. "2016 US Retail Industry Over view." The Balance. August 13, 2016. https://www.thebalance.com/us-retail-industr y-overview-2892699.

99. "Value of the entertainment and media market in the United States from 2011 to 2020 (in billion U.S. dollars)." Statista. https://www.statista.com/sta-tistics/237769/value-of-the-us-entertainment-and-media-market/.
100. "Telecommunications Business Statistics Analysis, Business and Industry Statistics." Plunkett Research. https://www.plunkettresearch.com/statistics /telecommunications-market-research/.
101. https://www.nytimes.com/2017/06/16/business/dealbook/amazon-whole -foods.html?_r=0
102. "IBISWorld Industry Report 44511: Supermarkets & Grocery Stores in the US." IBISWorld. 2017. https://www.ibisworld.com/industry-trends/market -research-reports/retail-trade/food-beverage-stores/supermarkets-grocery -stores.html.
103. Rao, Leena. "Amazon Go Debuts as a New Grocery Store Without Checkout Lines." *Fortune.* December 5, 2016. http://fortune.com/2016/12/05/amazon -go-store/.
104. https://www.nytimes.com/2017/06/16/business/dealbook/amazon-whole -foods.html?_r=0.
105. https://techcrunch.com/2017/06/17/in-wake-of-amazonwhole-foods-deal -instacart-has-a-challenging-opportunity/.
106. https://www.nytimes.com/2017/06/16/ business/walmart-bonobos-merger .html?_r=0.
107. https:// www.nytimes.com/2017/06/16/business/dealbook/amazon-whole -foods.html?_r=0.
108. Soper, Spencer. "More Than 50% of Shoppers Turn First to Amazon in Product Search." Bloomberg. September 27, 2016. https://www.bloomberg.com/news / articles/2016 -09-27/more-than-50 -of-shoppers-turn-first-to -a mazon-in -product-search.

第3章 Apple

1. Schmidt, Michael S., and Richard Perez-Pena. "F.B.I. Treating San Bernardino Attack as Terrorism Case." *New York Times.* December 4, 2015. https://www .nytimes.com/2015/12/05/us/tashfeen-malik-islamic-state.html.
2. Perez, Evan, and Tim Hume. "Apple opposes judge's order to hack San Bernardino shooter's iPhone." CNN. http://www.cnn.com/2016/02/16/us/san-bernardino -shooter-phone-apple/.
3. "Views of Government's Handling of Terrorism Fall to Post-9/11 Low." Pew Research Center. December 15, 2015. http://www.people-press.org/2015/12 /15/views-of-governments-handling-of-terrorism-fall-to-post-911-low/#views

-of-how-the-government-is-handling-the-terrorist-threat.
4. "Millennials: A Portrait of Generation Next." Pew Research Center. February, 2010. http://www.pewsocia ltrends.org/files/2010/10/millennials-confident -connected-open-to-change.pdf.
5. "Apple: FBI seeks 'dangerous power' in fight over iPhone." The Associated Press. February 26, 2016. http://www.cbsnews.com/news/apple-fbi-seeks-dangerous -power-in- fight-over-iphone/.
6. Cook, Tim. "A Message to Our Customers." Apple Inc. February 16, 2016. https://www.apple.com/customer-letter/.
7. "Government's Ex Parte Application for Order Compelling Apple, Inc. to Assist Agents in Search; Memorandum of Points and Authorities; Declara-tion of Christopher Pluhar." United States District Court for the Central Dis-trict of California. February 16, 2016. https://www.wired.com/wp-content / uploads/2016/02/SB-shooter-MOTION-seeking-asst-iPhone1.pdf.
8. Tobak, Steve. "How Jobs dodged the stock option backdating bullet." CNET. August 23, 2008. https://www.cnet.com/news/how-jobs-dodged-the-stock -option-backdating-bullet/.
9. Apple Inc., Form 10-K for the Period Ending September 26, 2015 (filed Novem-ber 10, 2015), p. 24, from Apple, Inc. website. http://investor.apple.com/finan cials.cfm.
10. Gardner, Matthew, Robert S. McIntyre, and Richard Phillips. "The 35 Percent Corporate Tax My th." Institute on Taxation and Economic Policy. March 9, 2017. http://itep.org/itep_reports/2017/03/the-35-percent-corporate-tax-myth .php#.WP5ViVPyvVp.
11. Sumra, Husain. "Apple Captured 79% of Global Smartphone Profits in 2016." *MacRumors.* March 7, 2017. https://www.macrumors.com/2017/03/07/apple -global-smartphone-profit-2016-79/.
12. "The World 's Billionaires." *Forbes.* March 20, 2017. https://www.forbes.com / billionaires/list/.
13. Yarow, Jay. "How Apple Really Lost Its Lead in the '80s." *Business Insider.* December 9, 2012. http://www.businessinsider.com/how-apple-really-lost-its -lead-in-the-80s-2012-12.
14. Bunnell, David. "The Macintosh Speaks For Itself (Literally)......" *Cult of Mac.* May 1, 2010. http://www.cultofmac.com/40440/the-macintosh-speaks-for-itself -literally/.
15. "History of desktop publishing and digital design." Design Talkboard. http:// www.designtalkboard.com/design-articles/desktoppublishing.php.

16. Burnham, David. "The Computer, the Consumer and Privacy." *New York Times.* March 4, 1984. http://www.nytimes.com/1984/03/04/weekinreview/ the-computer-the-consumer-and-privacy.html.
17. Ricker, Thomas. "Apple drops 'Computer' from name." *Engadget.* January 1, 2007. https://www.engadget.com/2007/01/09/apple-drops-computer-from -name/.
18. Edwards, Jim. "Apple's iPhone 6 Faces a Big Pricing Problem Around the World." *Business Insider.* July 28, 2014. http://www.businessinsider.com/an droid-and-iphone-market-share-and-the-iphone-6-2014-7.
19. Price, Rob. "Apple is taking 92% of profits in the entire smartphone industry." *Business Insider.* July 13, 2015. http://www.businessinsider.com/apple-92 -percent-profits-entire-smartphone-industry-q1-samsung-2015-7.
20. "Louis Vuitton Biography." *Biography*. http://www.biography.com/people/louis -vuitton-17112264.
21. Apple Newsroom. "'Designed by Apple in Calfornia' chroicles 20 years of Ap-ple design." https://www.apple.com/newsroom/2016/11/designed-by-apple-in -california-chronicles-20-years-of-apple-design/.
22. Ibid.
23. Norman, Don. *Emotional Design: Why We Love (or Hate) Everyday Things* (New York: Basic Books, 2005).
24. Turner, Daniel. "The Secret of Apple Design." MIT *Technology Review*, May 1, 2007. https://www.technologyreview.com/s/407782/the-secret-of-apple-design/.
25. Munk, Nina. "Gap Gets It: Mickey Drexler Is Turning His Apparel Chain into a Global Brand. He wants buying a Gap T-shirt to be like buying a quart of milk. But is this business a slave to fashion?" *Fortune.* August 3, 1998. http://archive.for tune.com/magazines/fortune/fortune_archive/1998/08/03/246286/index.htm.
26. Gap Inc., Form 10-K for the Period Ending January 31, 1998 (filed March 3, 1998), from Gap, Inc. website. http://investors.gapinc.com/phoenix.zhtml?c=111302&p=IROL-secToc&TOC=aHR0cDovL2FwaS50Z W5rd2l6YXJkLmN vbS9vdXRsaW5lLnhtbD9yZXBvPXRlbmsmaXBhZ2U9Njk0NjY5JnN1YnNpZD01Nw%3d%3d&List All=1.
27. Gap Inc., Form 10-K for the Period Ending January 31, 1998 (filed March 28, 2006), from Gap, Inc. website. http://investors.gapinc.com/phoenix.zhtml?c=111302&p=IROL-secToc&TOC=aHR0cDovL2FwaS50ZW5rd2l6YXJkLmN vbS9vdXRsaW5lLnhtbD9yZXBvPXRlbmsmaXBhZ2U9NDA1NjM2OSZzdWJzaWQ9NTc%3d&ListAll=1.
28. "Levi Strauss & Company Corporate Profile and Case Material." Clean Clothes

Campaign. May 1, 1998. https://archive.cleanclothes.org/news/4-companies /946-case-file-levi-strauss-a-co.html.

29. Levi Strauss & Co., Form 10-K for the Period Ending November 27, 2005 (filed February 14, 2006), p. 26, from Levi Strauss & Co. website. http://levistrauss.com/investors/sec-filings/.
30. Warkov, Rita. "Steve Jobs and Mickey Drexler: A Tale of Two Retailers." CNBC. May 22, 2012. http://www.cnbc.com/id/47520270.
31. Edwards, Cliff. "Commentary: Sorry, Steve: Here's Why Apple Stores Won't Work." *Bloomberg.* May 21, 2001. https://www.bloomberg.com/news/articles /2001-05-20/commentary-sorry-steve-heres-why-apple-stores-wont-work.
32. Valdez, Ed. "Why (Small) Size Matters in Retail: What Big-Box Retailers Can Learn From Small-Box Store Leaders." Seeking Alpha. April 11, 2017. https:// seekingalpha.com/article/4061817-small-size-matters-retail.
33. Farfan, Barbara. "Apple Computer Retail Stores Global Locations." The Balance. October 12 , 2016. https://www.thebalance.com/apple-retail-stores-g lobal -locations-2892925.
34. Niles, Robert. "Magic Kingdom tops 20 million in 2015 theme park atten-dance report." *Theme Park Insider.* May 25, 2016. http://www.themeparkin sider.com/flume/201605/5084.
35. Apple Inc. https://www.apple.com/shop/buy-iphone/iphone-7/4.7-inch-display -128gb-gold?afid=p238|sHVGkp8Oe-dc_mtid_1870765e38482_pcrid _138112045124_&cid=aos-us-kwgo-pla-iphone—slid—product-MN8N2LL/A.
36. http://www.techradar.com/news/phone-and-communications/mobile-phones/ best-cheap-smartphones-payg-mobiles-compared-1314718.
37. Dolcourt, Jessica. "BlackBerry KeyOne keyboard phone kicks off a new Black-Berry era (hands-on)." CNET. February 25, 2017. https://www.cnet.com/prod locations ucts/blackberry-keyone/preview/.
38. Nike, Inc., Form 10-K for the Period Ending May 31, 2016 (filed July 21, 2016), p. 72, from Nike, Inc. website. http://s1.q4cdn.com/806093406/files/doc_finan cials/2016/ar/docs/nike-2016-form-10K.pdf.
39. Apple Inc., Form 10-K for the Period Ending September 24, 2016 (filed October 26, 2016), p. 43, from Apple, Inc. website. http://files.shareholder.com/downloads/AAPL/4635343320x0x913905/66363059-7FB6-4710-B4A5 -7ABFA14CF5E6/10 -K_2016_9.24.2016_-_as_filed.pdf. [
40. Damodaran, Aswath. "Aging in Dog Years? The Short, Glorious Life of a Suc-cessful Tech Company!" *Musings on Markets.* December 9, 2015. http://aswath damodaran.

blogspot.com/2015/12/aging-in-dog-years-short-glorious-life.html.
41. Smuts, G. L. *Lion* (Johannesburg: Macmillan South Africa: 1982), 231.
42. Dunn, Jeff. "Here's how Apple's retail business spreads across the world." *Busi-ness Insider*. February 7, 2017. http://www.businessinsider.com/apple-stores -how-many-around-world-chart-2017-2.
43. Kaplan, David. "For Retail, 'Bricks' Still Overwhelm 'Clicks' As More Than 90 Percent of Sales Happened in Stores." GeoMarketing. December 22, 2015. http://www.geomarketing.com/for-retail-bricks-still-overwhelm-clicks-as -more-than-90-percent-of-sales-happened-in-stores.
44. Fleming, Sam, and Shawn Donnan. "America's Middle-class Meltdown: Core shrinks to half of US homes." *Financial Times*. December 9, 2015. https://www.ft.com/content/98ce14ee-99a6-11e5-95c7-d47aa298f 769#axzz43kCxoYVk.
45. Gates, Dominic. "Amazon lines up fleet of Boeing jets to build its own air-cargo net work." *Seattle Times*. March 9, 2016. http://www.seattletimes.com / business/boeing-aerospace/amazon-to-lease-20-boeing-767s-for-its-own-air -cargo-network/.
46. Rao, Leena. "Amazon to Roll Out a Fleet of Branded Trailer Trucks." *Fortune*. December 4, 2015. http://fortune.com/2015/12/04/amazon-trucks/.
47. Stibbe, Matthew. "Google's Next Cloud Product: Google Blimps to Bring Wireless Internet to Africa." *Fortune* . June 5, 2013. https://www.forbes.com /sites/matthewstibbe/2013/06/05/googles-next-cloud-product-google-blimps -to-bring-wireless-internet-to-africa/#4439e478449b.
48. Weise, Elizabeth. "Microsoft, Facebook to lay massive undersea cable." *USA Today*. May 26, 2016. https://www.usatoday.com/story/experience/2016/05 /26/microsoft-facebook-undersea-cable-google-marea-amazon/84984882/.
49. "The Nokia effect." *Economist*. August 25, 2012. http://www.economist.com / node/21560867.
50. Downie, Ryan. "Behind Nokia's 70% Drop in 10 Years (NOK)." Investopedia. September 8, 2016. http://www.investopedia.com/articles/credit-loans-mort gages/090816/behind-nokias-70-drop-10-years-nok.asp.

第 4 章　Facebook

1. "Population of China (2017)." Population of the World. http://www.livepopu lation.com/country/china.html.
2. "World's Catholic Population Grows to 1.3 Billion." *Believers Portal*. April 8, 2017. http://www.believersportal.com/worlds-catholic-population-grows-1-3

-billion/.
3. Frias, Carlos. "40 fun facts for Disney World's 40th anniversary." *Statesman.* December 17, 2011. http://www.statesman.com/travel/fun-facts-for-disney -world-40th-anniversary/7ckezhCnZnB6pyiT5olyEOF/.
4. Facebook, Inc. https://newsroom.f b.com/company-info/.
5. McGowan, Tom. "Google: Getting in the face of football's 3.5 billion fans." CNN. February 27, 2015. http://edition.cnn.com/2015/02/27/football/roma -juventus-google-football/.
6. "How Much Time Do People Spend on Social Media?" Mediakik. December 15, 2016. http://mediakix.com/2016/12/how-much-time-is-spent-on-social -media-lifetime/#gs.GM2awic.
7. Stewart, James B. "Facebook Has 50 Minutes of Your Time Each Day. It Wants More." *New York Times.* May 5, 2016. https://www.nytimes. com/2016/05/06/business/facebook-bends-the-rules-of-audience-engagement-to-its-advantage.html.
8. Pallotta, Frank. "More than 111 million people watched Super Bowl LI." CNN. February 7, 2017. http://money.cnn.com/2017/02/06/media/super-bowl-rat ings-patriots-falcons/.
9. Facebook, Inc. https://newsroom.fb.com/company-info/.
10. Shenk, Joshua Wolf. "What Makes Us Happy?" Atlantic. June 2009. https:// www. theatlantic.com/magazine/archive/2009/06/what-makes-us-happy /307439/.
11. Swanson, Ana. "The science of cute: Why photos of baby animals make us happy." Daily Herald. September 4, 2016. http://www.dailyherald.com/arti cle/20160904/ entlife/160909974/.
12. "World Crime Trends and Emerging Issues and Responses in the Field of Crime Prevention and Social Justice." UN Economic and Social Council. Feb-ruary 12, 2014; and UNODC, Global Study on Homicide 2013: Trends, Con-texts, Data (Vienna: UNODC https://www.unodc.org/documents/data-and -analysis/statistics/ crime/ECN.1520145_EN.pdf. 2013). https://www.unodc .org/unodc/en/data-and-analysis/statistics/reports-on-world-crime-trends .html.
13. Meyer, Robinson. "When You Fall in Love, This Is What Facebook Sees." At-lantic. February 15, 2014. http://www.theatlantic.com/technology/archive /2014/02/when-you-fall-in-love-this-is-what-facebook-sees/283865/.
14. "Number of daily active Facebook users worldwide as of 1st quarter 2017 (in millions)." Statista. https://www.statista.com/statistics/346167/facebook-global -dau/.
15. Jones, Brandon. "What Information Does Facebook Collect About Its Users?" PSafe

Blog. November 29, 2016. http://www.psafe.com/en/blog/information -facebook-collect-users/.
16. Mike Murphy, "Here's how to stop Facebook from listening to you on your phone." Quartz. June 2, 2016. https://qz.com/697923/heres-how-to-stop-face book-from-listening-to-you-on-your-phone.
17. Krantz, Matt. "13 big companies keep growing like crazy." USA Today. March 10, 2016. https://www.usatoday.com/story/money/markets/2016/03/10/13-big -companies-keep-growing-like-crazy/81544188/.
18. Grassegger, Hannes, and Mikael Krogerus. "The Data That Turned the World Upside Down" Motherboard. January 28, 2017. https://motherboard.vice.com /en_us/article/how-our-likes-helped-trump-win.
19. Cadwalladr, Carole. "Robert Mercer: the big data billionaire waging war on mainstream media." *Guardian.* February 26, 2017. https://www.theguardian .com/politics/2017/feb/26/robert-mercer-breitbart-war-on-media-steve-ban non-donald-trump-nigel-farage.
20. "As many as 48 million Twitter accounts aren't people, says study." CNBC. April 12, 2017. http://www.cnbcafrica.com/news/technology/2017/04/10/many -48-million-twitter-accounts-arent-people-says-study/.
21. L2 Analysis of LinkedIn Data.
22. Novet, Jordan. "Snapchat by the numbers: 161 million daily users in Q4 2016, users visit 18 times a day." VentureBeat . February 2, 2017. https://venturebeat . com/2017/02/02/snapchat-by-the-numbers-161-million-daily-users-in-q4 -2016-users-visit-18-times-a-day/.
23. Balakrishnan, Anita. "Snap closes up 44% after rollicking IPO." CNBC. March 2, 2017. http://www.cnbc.com/2017/03/02/snapchat-snap-open-trading-price -stock-ipo-first-day.html.
24. Pant, Ritu. "Visual Marketing: A Picture's Worth 60,000 Words." Business 2 Community. January 16, 2015. http://www.business2communit y.com/digital -marketing/visual-marketing-pictures-worth-60000-words-01126256 #uaLl H2bk76Uj1zYA.99.
25. Khomami, Nadia, and Jamiles Lartey. "United Airlines CEO calls dragged passenger 'disruptive and belligerent.'" *Guardian.* April 11, 2017. https://www. theguardian. com/world/2017/apr/11/united-airlines-boss-oliver-munoz-says -passenger-belligerent.
26. Castillo, Michelle. "Netflix plans to spend $6 billion on new shows, blowing away all but one of its rivals." CNBC. October 17, 2016. http://www.cnbc.com /2016/10/17/

netflixs-6-billion-content-budget-in-2017-makes-it-one-of-the -top-spenders.html.

27. Kaf ka, Peter. "Google and Facebook are booming. Is the rest of the digital ad business sinking?" Recode. November 2, 2016. https://www.recode.net/2016 /11/2/13497376/google-facebook-advertising-shrinking-iab-dcn.
28. Ungerleider, Neal. "Facebook Acquires Oculus VR for $2 Billion." Fast Com-pany. March 25, 2014. https://www.fastcompany.com/3028244/tech-forecast /facebook-acquires-oculus-vr-for-2-billion.
29. "News companies and Facebook: Friends with benefits?" *Economist.* May 16, 2015. http://www.economist.com/news/business/21651264-facebook-and -several-news-firms-have-entered-uneasy-partnership-friends-benefits.
30. Smith, Gerry. "Facebook, Snapchat Deals Produce Meager Results for News Outlets." Bloomberg. January 24, 2017. https://www.bloomberg.com/news / articles/2017-01-24/facebook-snapchat-deals-produce-meager-results-for -news-outlets.
31. Constine, Josh. "How Facebook News Feed Works." TechCrunch. September 06, 2016. https://techcrunch.com/2016/09/06/ultimate-guide-to-the-news-feed/.
32. Ali, Tanveer. "How Every New York City Neighborhood Voted in the 2016 Presidential Election." DNAinfo. November 9, 2016. https://www.dnainfo.com /new-york/numbers/clinton-trump-president-vice-president-every-neighbor hood-map-election-results-voting-general-primary-nyc.
33. Gottfried, Jeffrey and Elisa Shearer. "News Use Across Social Media Plat-forms 2016." Pew Research Center. May 26, 2016. http://www.journalism.org/ 2016/05/26/ news-use-across-social-media-platforms-2016/.
34. Briener, Andrew. "Pizzagate, explained: Everything you want to know about the Comet Ping Pong pizzeria conspiracy theory but are too afraid to search for on Reddit." Salon. December 10, 2016. http://www.salon.com/2016/12/10/pizzagate-explained-everything-you-want-to-know-about-the-comet-ping -pong-pizzeria-conspiracy-theory-but-are-too-afraid-to-search-for-on-reddit/.
35. Williams, Rhiannon. "Facebook: 'We cannot become arbiters of truth—it's not our role.' " *iNews*. April 6, 2017. https://inews.co.uk/essentials/news/tech nology/ facebook-looks-choke-fake-news-cutting-off-financial-lifeline/.
36. "News Use Across Social Media Platforms 2016."
37. Pogue, David. "What Facebook Is Doing to Combat Fake News." *Scientific American.* February 1, 2017. https://www.scientificamerican.com/article/pogue -what-facebook-is-doing-to-combat-fake-news/.
38. Harris, Sam. *Free Will* (New York: Free Press, 2012), 8.

39. Bosker, Bianca. "The Binge Breaker." Atlantic, November 2016. https://www . theatlantic.com/magazine/archive/2016/11/the-binge-breaker/501122/.

第 5 章 Google

1. Dorfman, Jeffrey. "Religion Is Good for All of Us, Even Those Who Don't Fol-low One." *Forbes.* December 22, 2013. https://www.forbes.com/sites/jeffrey-dorfman/2013/12/22/religion-is-good-for-all-of-us-even-those-who-dont -follow-one/#797407a64d79.
2. Barber, Nigel. "Do Religious People Really Live Longer?" *Psychology Today.* February 27, 2013. https://www.psychology today.com/blog/the-human-beast /201302/do-religious-people-really-live-longer.
3. Downey, Allen B. "Religious affi liation, education, and Internet use." arXiv. March 21, 2014. https://arxiv.org/pdf/1403.5534v1.pdf.
4. Alleyne, Richard. "Humans 'evolved' to believe in God." *Telegraph.* September 7, 2009. http://www.telegraph.co.uk/journalists/richard-a lleyne/614 6411/Humans-evolved-to-believe-in-God.html.
5. Winseman, Albert L. "Does More Educated Really = Less Religious?" Gallup. February 4, 2003. http://www.gallup.com/poll/7729/does-more-educated-really -less-religious.aspx.
6. Rathi, Akshat. "New meta-analysis checks the correlation between intelli-gence and faith." *Ars Technica.* August 11, 2013. https://arstechnica.com/sci ence/2013/08/new-meta-analysis-checks-the-correlation-between-intelligence -and-faith/.
7. Carey, Benedict. "Can Prayers Heal? Critics Say Studies Go Past Science's Reach." *New York Times.* October 10, 2004. http://www.nytimes.com/2004 /10/10/health/can-prayers-heal-critics-say-studies-go-past-sciences-reach.html.
8. Poushter, Jacob. "2. Smartphone ownership rates skyrocket in many emerging economies, but digital divide remains." Pew Research Center. February 22, 2016. http://www.pewg loba l.org/2016/02/22/smartphone-ownership-rates -skyrocket-in-many-emerging-economies-but-digital-divide-remains/.
9. "Internet Users." Internet Live Stats. http://www.internetlivestats.com/inter net-users/.
10. Sharma, Rakesh. "Apple Is Most Innovative Company: PricewaterhouseCooper (AAPL)." Investopedia. November 14, 2016. http://www.investopedia.com /news/

apple-most-innovative-company-pricewaterhousecooper-aapl/.

11. Strauss, Karsten. "America's Most Reputable Companies, 2016: Amazon Tops the List." *Forbes*. March 29, 2016. https://www.forbes.com/sites/karstenstrauss /2016/03/29/americas-most-reputable-companies-2016 -amazon-tops-the -list/#7967310a3712 .
12. Elkins, Kathleen. "Why Facebook is the best company to work for in America." *Business Insider*. April 27, 2015. http://www.businessinsider.com/facebook-is -the-best-company-to-work-for-2015-4.
13. Clark, Jack. "Google Turning Its Lucrative Web Search Over to AI Machines." *Bloomberg*. October 26, 2015. https://www.bloomberg.com/news/articles /2015-10-26/google-turning-its-lucrative-web-search-over-to-ai-machines.
14. Schuster, Dana. "Marissa Mayer spends money like Marie Antoinette." *New York Post*. January 2, 2016. http://nypost.com/2016/01/02/marissa-mayer-is-throwing -around-money-like-marie-antoinette/.
15. "Alphabet Announces Third Quarter 2016 Results." Alphabet Inc. October 27, 2016. https://abc.xyz/investor/news/earnings/2016/Q3_alphabet_earnings/.
16. Alphabet Inc., Form 10-K for the Period Ending December 31, 2016 (filed Jan-uary 27, 2017), p. 23, from Alphabet Inc. website. https://abc.xyz/investor/pdf /20161231_ alphabet_10K.pdf.
17. Yahoo! Finance. Accessed in February 2016. https://finance.yahoo.com/.
18. Godman, David. "What is Alphabet...... in 2 minutes." CNN Money. August 11, 2015. http://money.cnn.com/2015/08/11/technology/alphabet-in-two-minutes/.
19. Basu, Tanya. "New Google Parent Company Drops 'Don't Be Evil ' Motto." *Time*. October 4, 2015. http://time.com/4060575/alphabet-google-dont-be-evil/.
20. http://www.internetlivestats.com/google-search-statistics/
21. Sullivan, Danny. "Google now handles at least 2 trillion searches per year." *Search Engine Land*. May 24, 2016. http://searchengineland.com/google-now -handles-2-999-trillion-searches-per-year-250247.
22. Segal, David. "The Dirty Little Secrets of Search." *New York Times*. February 12, 2011. http://www.nytimes.com/2011/02/13/business/13search.html.
23. Yahoo! Finance. https://finance.yahoo.com/.
24. Pope, Kyle. "Revolution at *The Washington Post." Columbia Journalism Review*. Fall/Winter 2016. http://www.cjr.org/q_and_a/washington_post_bezos_am azon_ revolution.php.
25. Seeyle, Katharine Q. "The Times Company Acquires About.com for $410 Million." *New York Times*. February 18, 2005. http://www.nytimes.com/2005 /02/18/ business/

media/the-times-company-acquires-aboutcom-for-410 -million.html.

26. Iyer, Bala, and U. Srinivasa Rangan. "Google vs. the EU Explains the Digital Economy." *Harvard Business Review.* December 12, 2016. https://hbr.org/2016 /12/google-vs-the-eu-explains-the-digital-economy.
27. Drozdiak, Natalia, and Sam Schechner. "EU Files Additional Formal Charges Against Google." *Wall Street Journal.* July 14, 2016. https://www.wsj.com/arti cles/google-set-to-face-more-eu-antitrust-charges-1468479516

第 6 章　別對我說謊

1. Hamilton, Alexander. *The Papers of Alexander Hamilton,* vol. X, *December 1791–January* 1792. Edited by Harold C. Syrett and Jacob E. Cooke (New York: Columbia University Press, 1966), p. 272.
2. Morris, Charles R. "We Were Pirates, Too." *Foreign Policy.* December 6, 2012. http://foreignpolicy.com/2012/12/06/we-were-pirates-too.
3. Gladwell, Malcolm. "Creation Myth." *New Yorker.* May 16, 2011. http://www.new yorker.com/magazine/2011/05/16/creation-myth.
4. Apple Inc. "The Computer for the Rest of Us." Commercial, 35 seconds. 2007. https://www.youtube.com/watch?v=C8jSzLAJn6k.
5. "Testimony of Marissa Mayer. Senate Committee on Commerce, Science, and Transportation. Subcommittee on Communications, Technology, and the Internet Hearing on 'The Future of Journalism.'" The Future of Journalism. May 6, 2009. https://www.gpo.gov/fdsys/pkg/CHRG-111shrg52162/pdf/CHRG -111shrg52162.pdf.
6. Ibid.
7. Ibid.
8. Ibid.
9. Ibid.
10. Warner, Charles. "Information Wants to Be Free." *Huffington Post.* February 20, 20 08. http://www.huffingtonpost.com/charles-warner/information-wants -to-be-f_b_87649.html.
11. Manson, Marshall. "Facebook Zero: Considering Life After the Demise of Organic Reach." *Social@Ogilvy, EAME*. March 6, 2014. https://social.ogilv y .com/facebook-zero-considering-life-after-the-demise-of-organic-reach.
12. Gladwell, Malcolm. "Creation Myth." *New Yorker.* May 16, 2011. http://www. new yorker.com/magazine/2011/05/16/creation-myth.

13. Alderman, Liz. "Uber's French Resistance." *New York Times.* June 3, 2015. https://www.nytimes.com/2015/06/07/magazine/ubers-french-resistance .html?_r=0.
14. Diamandis, Peter. "Uber vs. the Law (My Money's on Uber)." *Forbes.* September 8, 2014. http://www.forbes.com/sites/peterdiamandis/2014/09/08/uber-vs-the-law-my-moneys-on-uber/#50a69d201fd8.

第 7 章　商業與人體的關係

1. Satell, Greg. "Peter Thiel's 4 Rules for Creating a Great Business." *Forbes.* Oc-tober 3, 2014. https://www.forbes.com/sites/gregsatell/2014/10/03/peter-thiels -4-rules-for-creating-a-great-business/#52f096f 754df.
2. Wohl, Jessica. "Wal-mart U.S. sales start to perk up, as do shares." Reuters. Au-gust 16, 2011. http://www.reuters.com/ar ticle/us-wa lmart-idUSTR E77F0KT 20110816.
3. Wilson, Emily. "Want to live to be 100?" *Guardian.* June 7, 2001. https://www .theguardian .com/education/ 2001/jun/07/medical science.healt handwel l being.
4. Ibid.
5. Ibid.
6. Huggins, C. E. "Family caregivers live longer than their peers." Reuters. October 18, 2013. http://www.reuters.com/article/us-family-caregivers-idUSBRE99H12I20131018.
7. Fisher, Maryanne L., Kerry Worth, Justin R. Garcia, and Tami Meredith. (2012). Feelings of regret following uncommitted sexual encounters in Cana-dian universit y students. *Culture, Health & Sexuality*, 14: 45–57. doi: 10.1080/13691058.2011.619579.
8. "'Girls & Sex' and the Importance of Talking to Young Women About Plea-sure." NPR. March 29, 2016. http://www.npr.org/sections/health-shots/2016/03/29/472211301/girls-sex-and-the-importance-of-talking-to-young-women-about-pleasure.
9. "The World 's Biggest Public Companies: 2016 Ranking." *Forbes*. https://www .forbes.com/companies/estee-lauder.
10. "The World 's Biggest Public Companies: 2016 Ranking." *Forbes*. https://www . forbes.com/companies/richemont.
11. "LVMH: 2016 record results." Nasdaq. January 26, 2017. https://globenews wire. com/news-release/2017/01/26/911296/0/en/LVMH-2016-record-results .html.

12. https:// www.sec.gov/Archives/edgar/data/1018724/000119312517120198/d373368dex991.htm.

第 8 章　兆演算法

1. Yahoo! Finance. https://finance.yahoo.com.
2. "L2 Insight Report: Big Box Black Friday 2016." L2 Inc. December 2, 2016. https://www.l2inc.com/research/big-box-black-friday-2016.
3. Sterling, Greg. "Survey: Amazon beats Google as starting point for product sea rch." *Search Engine Land*. June 28, 2016. http://searchengineland.com/sur vey-amazon-beats-google-starting-point-product-search-252980.
4. "Facebook Users in the World." Internet World Stats. June 30, 2016. http://www.internetworldstats.com/facebook.htm.
5. "Facebook 's average revenue per user as of 4th quarter 2016, by region (in U.S dollars)." Statista. https://www.statista.com/statistics/251328/facebooks-av erage-revenue-per-user-by-region.
6. Millward, Steven. "Asia is now Facebook's biggest region." Tech in Asia. February 1, 2017. https://www.techinasia.com/facebook-asia-biggest-region-daily -active-users.
7. Thomas, Daniel. "Amazon steps up European expansion plans." *Financial Times*. January 21, 2016. https://www.ft.com/content/97acb886-c039-11e5-846f-79 b0e3d20eaf.
8. "Future of Journalism and Newspapers." C-SPAN. Video, 5:38:37. May 6, 2009.https://www.c-span.org/video/?285745-1/future-journalism-newspapers& start=4290.
9. Wiblin, Robert. "What are your chances of getting elected to Congress, if you try?" *80,000 Hours*. July 2, 2015. https://80000hours.org/2015/07/what-are -your-odds-of-getting-into-congress-if-you-try.
10. Dennin, James. "Apple, Google, Microsoft, Cisco, IBM and other big tech companies top list of tax-avoiders." *Mic*. October 4, 2016. https://mic.com/arti cles/155791/apple-google-microsoft-cisco-ibm-and-other-big-tech-companies-top-list-of-tax-avoiders#.Hx5lomyBl.
11. Bologna, Michael J. "Amazon Close to Breaking Wal-Mart Record for Subsi-dies." Bloomberg BNA. March 20, 2017. https://www.bna.com/amazon-close -breaking-n57982085432.
12. https://www.usnews.com/ best-graduate-schools/top-engineering-schools /eng-

rankings/page+2

第9章　第五名騎士？

1. “Alibaba passes Walmart as world’s largest retailer,” RT. April 6, 2016. https://www.rt.com/business/338621-alibaba-overtakes-walmart-volume/.
2. Lim, Jason. “Alibaba Group FY2016 Revenue Jumps 33%, EBITDA Up 28%.” *Forbes.* May 5, 2016. https://www.forbes.com/sites/jlim/2016/05/05/alibaba -fy2016 -revenue-jumps-33-ebitda-up-28/#2b6a6d2d53b2 .
3. Picker, Leslie, and Lulu Yilun Chen. “Alibaba’s Banks Boost IPO Size to Record of $25 Billion.” *Bloomberg*. September 22, 2014. https://www.bloomberg.com/news/articles/2014-09-22/alibaba-s-banks-said-to-increase-ipo-size-to-record-25-billion.
4. Alibaba Group, FY16-Q3 for the Period Ending December 31, 2016 (filed January 24, 2017), p. 10, from Alibaba Group website. http://www.alibabagroup.com/en/ir/presentations/presentation170124.pdf.
5. Alibaba Group, FY16-Q3 for the Period Ending December 31, 2016 (filed January 24, 2017), p. 2, from Alibaba Group website. http://www.alibabagroup.com/en/news/press_pdf/p170124.pdf.
6. “Alibaba’s Banks Boost IPO Size to Record of $25 Billion.”
7. “Alibaba Group Holding Ltd: NYSE:BABA:AMZN.” Google Finance. Accessed April 12,2017.https://www.google.com/finance?chdnp=1&chdd=1&chds=1&chdv=1&chvs=Logarithmic&chdeh= 0&chfdeh=0&chdet=1467748800000&chddm=177905& chls= Interva l Ba sed Line& cmpto= INDEXSP%3A.INX%3BNASDAQ%3AAMZN&cmptdms=0%3B0&q=NYSE%3ABABA&ntsp=0&fct=big&ei=7vl7V7G5O4iPjAL-pKiYDA.
8. Wells, Nick. “A Tale of Two Companies: Matching up Alibaba vs. Amazon.” CNBC. May 5, 2016. http://www.cnbc.com/2016/05/05/a-tale-of-two-companies-matching-up-alibaba-vs-amazon.html.
9. “The World’s Most Valuable Brands.” *Forbes.* May 11, 2016. https://www.forbes.com/powerful-brands/list/#tab:rank.
10. Einhorn, Bruce. “How China’s Government Set Up Alibaba’s Success.” Bloomberg. May 7,2014.https://www.bloomberg.com/news/articles/2014-05-07/ how-chinas-government-set-up-alibabas-success.
11. “Alibaba’s Political Risk,” *Wall Street Journal.* September 19, 2014. https://www .wsj.com/articles/alibabas-political-risk-1411059836.

12. Cendrowski, Scott. “Investors Shrug as China’s State Press Slams Alibaba for Fraud.” *Fortune.* May 17, 2016. http://fortune.com/2016/03/17/investors-shrug -as-chinas-state-press-slams-alibaba-for-fraud/.
13. Gough, Neil and, Paul Mozur. “Chinese Government Takes Aim at E-Com-merce Giant Alibaba Over Fake Goods.” *New York Times.* January 28, 2015. https:// bits.blogs.nytimes.com/2015/01/28/chinese-government-takes-aim-at-e-commerce-giant-alibaba/.
14. “JACK MA: It’s hard for the US to understand Alibaba.” Reuters. June 3, 2016. http://www.businessinsider.com/r-amid-sec-probe-jack-ma-says-hard-for-us-to-understand-alibaba-media-2016-6.
15. DeMorro, Christopher. “How Many Awards Has Tesla Won? This Infographic Tells Us.” Clean Technica. February 18, 2015. https://cleantechnica.com/2015 /02/18/many-awards-tesla-won-infographic-tells-us/.
16. Cobb, Jeff. “Tesla Model S Is World’s Best-Selling Plug-in Car For Second Year In A Row.” GM-Volt. January 20, 2017. http://gm-volt.com/2017/01/27/tesla -model-s-is-worlds-best-selling-plug-in-car-for-second-year-in-a-row/.
17. Hull, Dana. “Tesla Says It Received More Than 325,000 Model 3 Reserva-tions.” Bloomberg. April 7, 2016. https://www.bloomberg.com/news/articles /2016-04-07/tesla-says-model-3-pre-orders-surge-to-325-000-in-first-week.
18. “Tesla raises $1.46B in stock sale, at a lower price than its August 2015 sale: IFR.” Reuters. May 20, 2016. http://www.cnbc.com/2016/05/20/tesla-raises -146b-in-stock-sale-at-a-lower-price-than-its-august-2015-sale-ifr.html.
19. “Tesla isn’t just a car, or brand. It’s actually the ultimate mission—the mother of all missions......” Tesla. December 9, 2013. https://forums.tesla.com/de_AT /forum/forums/tesla-isnt-just-car-or-brand-its-actually-ultimate-mission -mother-a ll-missions.
20. L2 Inc. “Scott Galloway: Switch to Nintendo.” YouTube. March 30, 2017. https://www.youtube.com/watch?v=UwMhGsKeYo4&t=3s.
21. Shontell, Alyson. “Uber is the world’s largest job creator, adding about 50,000 drivers per month, says board member.” *Business Insider*. March 15, 2015. ht t p:// www.businessinsider.com/uber-of fering-50000-jobs-per-month -to -drivers-2015-3.
22. Uber Estimate. http://uberestimator.com/cities.
23. Nelson, Laura J. “U ber and Lyf t have devastated L.A.’s taxi industry, city re-cords show.” *Los Angeles Times*. April 14, 2016. http://www.latimes.com/lo cal/lanow/la-me-ln-uber-lyft-taxis-la-20160413-story.html.
24. Schneider, Todd W. “Taxi, Uber, and Lyft Usage in New York City.” *Todd W.*.

Schneider. February 2017. http://toddwschneider.com/posts/taxi-uber-lyft -usage-new-york-city/.

25. "Scott Galloway: Switch to Nintendo."
26. Deamicis, Carmel. "Uber Expands Its Same-Day Delivery Service: 'It's No Lon-ger an Experiment'." *Recode*. October 14, 2015. https://www.recode.net/2015/10/14/11619548/uber-gets-serious-about-delivery-its-no-longer-an -experiment.
27. Smith, Ben. "Uber Executive Suggests Digging Up Dirt on Journalists." Buzz-Feed. November 17, 2014. https://www.buzzfeed.com/bensmith/uber-executive-suggests-digging-up-dirt-on-journalists?utm _term=.rcBNNLypG #.bhlEEWy0N.
28. Warzel, Charlie. "Sexist French Uber Promotion Pairs Riders With "Hot Chick " Drivers." BuzzFeed. October 21, 2014. https://www.buzzfeed.com/charliewarzel/french-uber-bird-hunting-promotion-pairs-lyon-riders-with-a?utm_term= .oeNgLXer7#.boMKaOG9q.
29. Welch, Chris. "Uber will pay $20,000 fine in settlement over 'God View' tracking." *The Verge*. January 6, 2016. https://www.theverge.com/2016/1/6 /10726004/uber-god-mode-settlement-fine.
30. Fowler, Susan J. "Reflecting On One Very, Very Strange Year At Uber." *Susan J. Fowler*. February 19, 2017. https://www.susanjfowler.com/blog/2017/2/19 /reflecting-on-one-very-strange-year-at-uber.
31. Empson, Rip. "Black Car Competitor Accuses Uber Of DDoS-Style Attack; Uber Admits Tactics Are 'Too Aggressive.'" *TechCrunch*. January 24, 2014. https://techcrunch.com/2014/01/24/black-car-competitor-accuses-uber-of -shady-conduct-ddos-st yle-attack-uber-expresses-regret/.
32. "Drive with U ber." Uber. https://www.uber.com/a/drive-pp/?exp=nyc.
33. Isaac, Mike. "What You Need to Know About #DeleteUber." *New York Times*. January 31, 2017. https://www.nytimes.com/2017/01/31/business/delete-uber .html?_r=0.
34. "Our Locations." Walmart. http://corporate.walmart.com/our-story/our-lo cations.
35. Peters, Adele. "The Hidden Ecosystem of The Walmart Parking Lot." *Fast Company*. January 3, 2014. https://www.fastcompany.com/3021967/the-hid den-ecosystem-of-the-walmart-parking-lot.
36. http://www.and now uknow.com/ buy side-news/walmarts-strateg y-under -marc-lore-unfolding-prices-and-costs-cut-online/jessica-donnel/53272# .WUdVw4nyvMU.
37. "Desktop Operating System Marketshare." Net Marketshare. https://www .net marketshare.com/operating-system-market-share.aspx?qprid=10&qp customd=0.

38. "About Us." LinkedIn. https://press.linkedin.com/about-linkedin.

39. Bose, Apurva. "Numbers Don't Lie: Impressive Statistics and Figures of Linke-dIn." BeBusinessed.com. February 26, 2017. http://bebusinessed.com/linked in/linkedin-statistics-figures/.

40. International Business Machines Corporation. Annual Report for the Period Ending December 31, 2016 (filed February 28, 2017), p. 42, from International Business Machines Corporation website. https://www.ibm.com/investor/fi nancials/financial-reporting.html.

第 10 章　四騎士與你

1. "Do you hear that? It might be the growing sounds of pocketbooks snapping shut and the chickens coming home......" AEIdeas, August 2016. http://bit.ly/2nHvdfr.

2. *Irrational Exuberance*, Robert Shiller. http://amzn.to/2o98DZE.

3. https://www.nytimes.com/2017/03/14/books/henry-lodge-dead-co-author-younger-next-year.htm l?_r=1.

第 11 章　騎士之後

1. Yahoo! Finance. https://finance.yahoo.com/.

2. Facebook, Inc. https://newsroom.f b.com/company-info/.

3. Yahoo! Finance. https://finance.yahoo.com/.

4. "The World's Biggest Public Companies." *Forbes.* May 2016. https://www.forbes .com/global2000/list/.

5. Ibid.

6. Yahoo! Finance. https://finance.yahoo.com/.

7. "France GDP." Trading Economics. 2015. http://www.tradingeconomics.com / france/gdp.

8. Yahoo! Finance. https://finance.yahoo.com/.

9. "The World 's Biggest Public Companies." *Forbes.* May 2016. https://www.forbes .com/global2000/list/.

10. Yahoo! Finance. https://finance.yahoo.com/.

11. "The World 's Biggest Public Companies."

12. Facebook, Inc. https://newsroom.f b.com/company-info/.

13. "The World 's Biggest Public Companies."

國家圖書館出版品預行編目（CIP）資料

四騎士主宰的未來：解析地表最強四巨頭 Amazon、Apple、Facebook、Google 的兆演算法，你不可不知道的生存策略與關鍵能力／史考特．蓋洛威（Scott Galloway）著；許恬寧譯 . -- 第一版 . -- 臺北市：天下雜誌 , 2018.08
面；　公分 . --（天下財經；359）
譯自：The four : the hidden DNA of Amazon, Apple, Facebook, and Google
ISBN 978-986-398-354-5（平裝）

1. 網路產業　2. 歷史

484.6　　107010176

訂購天下雜誌圖書的四種辦法：

◎ 天下網路書店線上訂購：www.cwbook.com.tw
會員獨享：
1. 購書優惠價。
2. 便利購書、配送到府服務。
3. 定期新書資訊、天下雜誌網路群活動通知。

◎ 在「書香花園」選購：
請至本公司專屬書店「書香花園」選購
地址：台北市建國北路二段 6 巷 11 號
電話：(02) 2506 － 1635
服務時間：週一至週五　上午 8：30 至晚上 9：00

◎ 到書店選購：
請到全省各大連鎖書店及數百家書店選購

◎ 函購：
請以郵政劃撥、匯票、即期支票或現金袋，到郵局函購
天下雜誌劃撥帳戶：01895001 天下雜誌股份有限公司

＊ 優惠辦法：天下雜誌 GROUP 訂戶函購 8 折，一般讀者函購 9 折
＊ 讀者服務專線：(02) 2662-0332（週一至週五上午 9：00 至下午 5：30）

四騎士主宰的未來

解析地表最強四巨頭 Amazon、Apple、Facebook、Google 的兆演算法，你不可不知道的生存策略與關鍵能力

THE FOUR: The Hidden DNA of Amazon, Apple, Facebook, and Google

作　　者／史考特・蓋洛威（Scott Galloway）
譯　　者／許恬寧
封面完稿／ Javick 工作室
責任編輯／許湘

發 行 人／殷允芃
出版一部總編輯／吳韻儀
出 版 者／天下雜誌股份有限公司
地　　址／台北市 104 南京東路二段 139 號 11 樓
讀者服務／（02）2662-0332　　傳真／（02）2662-6048
天下雜誌 GROUP 網址／ http://www.cw.com.tw
劃撥帳號／ 01895001 天下雜誌股份有限公司
法律顧問／台英國際商務法律事務所・羅明通律師
總 經 銷／大和圖書有限公司　　電話／（02）8990-2588
出版日期／ 2018 年 8 月 29 日第一版第一次印行
　　　　　2018 年 9 月 11 日第一版第二次印行
定　　價／ 450 元

書號：BCCF0359P
ISBN：978-986-398-354-5（平裝）

天下網路書店　http://www.cwbook.com.tw
天下雜誌出版部落格我讀網　http://books.cw.com.tw/
天下讀者俱樂部 Facebook　http://www.facebook.com/cwbookclub

天下雜誌
觀念領先